新版 フィードバック制御の基礎

Fundamentals of Feedback Control Theory

片山 徹 著

朝倉書店

新版へのはしがき

　フィードバック制御は Watt の遠心調速器 (1788) と Black の負フィードバック増幅器 (1927) に起源をもつとされている．フィードバック制御は第 2 次世界大戦中のアメリカにおける高性能サーボ機構などの研究を契機として急速な発展を遂げ，1950 年代の初めには古典的な自動制御の体系はほぼ完成した．さらに 20 世紀後半では，Kalman の状態空間法 (1960) に基づく現代制御理論が大きな成果を生み出した．本書で解説するフィードバック制御の理論は古典制御理論の根幹をなすだけでなく，ロバスト制御を中心とする現代制御理論を習得する上でも必須の基礎事項である．

　本書は大学理工系専門課程における自動制御，制御工学の入門的教科書として書かれたものである．考察する対象を 1 入力 1 出力の線形連続時間システムに限定して，フィードバック制御の基礎を詳しくかつできるだけわかりやすく解説する．またやや高度な内容であっても，最近の制御理論の論文を読む上で参考になると思われる古典制御からの話題はなるべく取り入れるように配慮しているので，本書は技術者諸氏をはじめとしてすでに一通り自動制御の学習をすまされた方々の参考書としても十分に役立つものと考えている．

　初版が出版されて以来，15 年が経過しようとしている．この間幸いにも読者の支持を得て，今回の LaTeX 2_ε による改訂版を出す運びとなった．改訂に際しては，本書の構成と内容について種々の検討を行ったが，構成は初版のとおりとすることにした．記述の正確さとわかりやすさを改善するとともに，読んで「なぜなのか」ということが理解できるような説明をすることに重点をおいて改訂作業を行った．初版からの主な変更点は以下のとおりである．

- 各章にわたって例題，演習問題を一部新しいものと入れ替え，また参考文献を更新して巻末にまとめた．
- 第 4 章では新たにラウス・フルビッツの安定定理の証明を与えた．初版ではこの証明を与えていなかったが，予備知識をあまり必要としない定理の証明はできないものかということがずっと気掛かりであった．最近になって根軌跡法を利用した比較的理解しやすい方法が発表されたので，これを紹介す

- 第5章ではベクトル軌跡という言葉の使用をやめナイキスト線図(軌跡)に統一し、またBodeの読みをボーデに改めた。さらにスペクトル分解に関する従来の記述を削除し、要点のみを付録Bに記載した。
- 第6章ではいくつかの命題や定理の証明が不備であったが、これらを改良した。
- 第7章では合成可能な伝達関数と関連して、2自由度制御系を実用的なフィードバック制御系の標準形として紹介した。
- 第8章ではPID制御に関する内容を改訂し、I-PD制御系やスミスのむだ時間系の予測制御の説明を新規に付け加えた。

　本書の構成について簡単にまとめておく。第1章ではフィードバック制御の基本的な考え方と自動制御の用語、自動制御の歴史と意義、本書の概要について述べている。第2章は伝達関数を基礎とする古典制御理論を展開する上で必要となるラプラス変換の説明にあてる。第3章は動的システムのモデル、インパルス応答、伝達関数、ブロック線図などシステムの表現について述べる。第4章は線形システムの過渡応答、線形システムの入出力安定性、ラウス・フルビッツの安定判別法および根軌跡について説明する。第5章はナイキスト線図、ボーデ線図を中心として線形システムの周波数応答と伝達関数の周波数領域における性質について概説する。第6章では伝達関数が結合される場合に生ずる極零点消去とフィードバック制御系の安定性について述べた後、複素関数論に基づくナイキストの安定判別法について説明する。第7章は制御系設計への入門として、感度関数、フィードバック制御の効用、定常特性などフィードバック制御系の性質について考察する。第8章は根軌跡法、周波数応答法によるサーボ系の設計およびPID制御系、むだ時間系の制御などプロセス制御について解説する。第9章は2次形式評価関数に基づいた最適制御系の解析的設計法について述べる。また付録には複素関数論、フーリエ変換、両側ラプラス変換、スペクトル分解に関する基礎事項をまとめた。

　本書では主要結果は定理あるいは命題としてまとめ、なるべく証明を与えるようにした。しかしむずかしいと思われる証明には∗印を付けているので、初学者は例題を中心として学習されることを薦めたい。賢明な読者諸兄が拙著を通してフィードバック制御に興味を覚え、さらにロバスト最適制御を中心とする現代制御論や非線形制御、ディジタル制御、確率システム制御を扱った書物に進まれることを希望する次第である。

今回の LaTeX 2_ε による改訂版の原稿作成に関しては多くの方のお世話になった．京都大学大学院情報学研究科酒井英昭教授には初版の誤植に関して少なからぬご指摘を頂いた．同じく鷹羽浄嗣助教授は新原稿を読んで多くの貴重なコメントを寄せられた．Matlab[†]による数値計算と EPS ファイルの作成に関しては，研究室の助手田中秀幸君ならびに大学院生井上徹君，仲田勇人君に負うところが大きい．また田中明美さんには初版を LaTeX 2_ε 原稿にする段階でお世話になった．最後に改訂版を出す機会を与えて頂いた (株) 朝倉書店の各位に謝意を表します．

2002 年 1 月

片　山　　　徹

[†] Matlab は登録商標です．

目　　次

第1章　序　　論　　1
1.1　自動制御　　1
1.2　フィードバック制御系の構成　　4
1.3　制御系の分類　　5
1.4　自動制御の意義と歴史　　7
1.5　本書の概要　　10
1.6　ノート　　11
1.7　演習問題　　12

第2章　ラプラス変換　　13
2.1　ラプラス変換　　13
2.2　ラプラス変換の正則性　　19
2.3　ラプラス変換の性質　　21
2.4　初期値定理と最終値定理　　24
2.5　逆ラプラス変換　　25
2.6　微分方程式への応用　　29
2.7　ノート　　31
2.8　演習問題　　31

第3章　システムモデルと伝達関数　　33
3.1　システムの入出力表現　　33
3.2　インパルス応答と伝達関数　　36
3.3　各種システムの伝達関数　　39
3.4　フィードバック増幅器　　44
3.5　ブロック線図　　46
3.6　シグナルフローグラフ　　50
3.7　ノート　　52

3.8　演習問題 52

第4章　過渡応答と安定性　　55
4.1　時間領域における応答 55
4.2　低次系の応答 58
　4.2.1　微分要素 58
　4.2.2　1次系 59
　4.2.3　2次系 59
4.3　3次系の応答 62
4.4　線形システムの安定性 65
4.5　ラウス・フルビッツの安定判別法 67
4.6　根軌跡 73
4.7　ラウスの定理の証明 79
4.8　ノート 81
4.9　演習問題 81

第5章　周波数応答　　83
5.1　周波数応答関数 83
5.2　ナイキスト線図 86
　5.2.1　微分，近似微分要素 86
　5.2.2　積分要素，1次系 87
　5.2.3　2次系 88
　5.2.4　むだ時間要素 89
　5.2.5　結合系のナイキスト線図 89
5.3　ボーデ線図 91
　5.3.1　微分，近似微分要素 91
　5.3.2　積分要素，1次系 93
　5.3.3　2次系 94
　5.3.4　結合系のボーデ線図 95
5.4　伝達関数の性質 96
　5.4.1　全域通過関数，最小位相関数 96
　5.4.2　ボーデの定理 99
5.5　閉ループ系の周波数応答 100

5.5.1　ナイキスト線図 101
　　5.5.2　ニコルス線図 102
　5.6　ノート 103
　5.7　演習問題 104

第6章　フィードバック制御系の安定性 **105**
　6.1　結合系の特性 105
　6.2　フィードバック制御系の安定性 108
　6.3　ナイキストの安定定理 112
　6.4　安定余裕, ロバスト安定性 117
　6.5　ノート 121
　6.6　演習問題 121

第7章　フィードバック制御系の特性 **123**
　7.1　フィードバック制御 123
　7.2　感度関数とフィードバック制御系の性質 124
　7.3　定常特性 130
　7.4　内部モデル原理 133
　7.5　合成可能な伝達関数 135
　7.6　2自由度制御系 137
　7.7　ノート 138
　7.8　演習問題 138

第8章　フィードバック制御系の設計 (1) —— 特性補償法 —— **141**
　8.1　制御系設計の概要 141
　8.2　制御性能の評価 143
　　8.2.1　時間領域における特性 143
　　8.2.2　周波数領域における特性 145
　8.3　根軌跡法 148
　　8.3.1　直列補償 148
　　8.3.2　フィードバック補償 151
　8.4　周波数応答法 153
　　8.4.1　ゲイン調整 153

- 8.4.2 位相進み補償 154
- 8.4.3 位相遅れ補償 156
- 8.5 PID 制御系 158
- 8.6 積分器のワインドアップ 161
- 8.7 むだ時間系の制御 162
- 8.8 ノート 164
- 8.9 演習問題 164

第 9 章 フィードバック制御系の設計 (2) —— 解析的方法 —— **167**
- 9.1 2 次形式評価関数 167
- 9.2 最適制御系の設計 168
  - 9.2.1 最適条件の導出 168
  - 9.2.2 最適な伝達関数の決定 171
  - 9.2.3 簡単な例題 173
- 9.3 フィードバック制御系の構成 175
- 9.4 サーボ系の設計 178
- 9.5 パラメータ最適化法 182
- 9.6 ノート 185
- 9.7 演習問題 185

付録 A 複 素 関 数 論 187
付録 B フ ー リ エ 変 換 193

演習問題の略解 203

参 考 文 献 219

索   引 223

1
序　　論

　自動制御は家庭用電化製品から自動車のエンジン制御，航空機のオートパイロット，自動化工場にいたるまで，現代文明社会の中で非常に重要な位置を占めている．本章では以下のような項目を中心にして，自動制御の入門的な事項について解説する．

- 自動制御とは何か，自動制御の用語，制御系の構成と分類
- フィードバック制御の起源，自動制御の意義と歴史
- 本書の概要

1.1　自　動　制　御

　自動車を運転するには，ハンドル，アクセル，ブレーキを適切に操作しなければならない．ガスヒータを室内暖房に用いる場合には，火力を調整するためにガスバルブの開閉操作を必要とする．このように，ある目的を達成するために対象に操作を加えることを制御 (control) という．自動車の運転のように人間が制御する場合を手動制御 (manual control)，これに対してサーモスタットによる室内の温度制御のように，人手を介さずに行われる制御を自動制御 (automatic control) という．自動制御機能をもつシステムを自動制御系あるいは制御系 (control system) と呼んでいる．

　自動制御系の例はわれわれの身近なものとしては，電子レンジ，自動洗濯機，冷蔵庫などの家庭用電気器具がある．また大きなビルにおいては，エネルギー利用の効率を高めるために，最近の空調システムはコンピュータ制御されている．さらに製品の品質管理，ロボットをはじめとする自動工作機械，化学プラント，電力システム，交通システムなど制御システムの例は産業や社会のあらゆる部門にみられる．人間を含むすべての生物の恒常性維持機構 (ホメオスタティス) も高度に発達した自動制御系の一種である．

一般に制御方式には開ループ制御 (open loop control) と閉ループ制御 (closed loop control) という2つの方式がある．後者はフィードバック制御 (feedback control) と呼ばれることが多い．例を用いて，両方式の違いを説明しよう．

例 1.1 ガスヒータによる室内の温度制御について考えよう．図 1.1(a) の場合には，室温を希望温度にするためにガスバルブを調節して必要なガス量がヒータに供給されている．指令信号は左から右へ一方的に流れるだけであるから，この制御方式は開ループ制御である．開ループ制御では，ガス供給量を一定に保持しても，外気温の変化やドアの開閉による熱損失により室温が変化するという欠点がある．したがって，この場合室温を一定に保つには人が室温を監視しながらガスバルブを調整しなければならない．

これに対して，図 1.1(b) の方式では，室温を検出し希望の設定温度と比較するためにサーモスタットが用いられ，フィードバック回路が形成されている．室温が設定温度より低ければ，サーモスタットは ON の状態となり，ガスバルブが開きヒータにより熱が室内に供給されて室温は上昇する．室温が設定温度より高くなればサーモスタットは OFF の状態となり，ガスバルブは閉じられて室温は下がり始める．室温が設定温度より低くなると再びサーモスタットが ON の状態となり，以下同様のサイクルが繰り返される．このように，出力の測定値と希望の設定値を比較し，その差に基づいて制御信号が生成される方式をフィードバック制御という．フィードバック制御により，外気温が変化しても室内の温度を自動的にほぼ一定に保つことができる．　　□

フィードバック制御系は制御結果 (= 出力) をみて制御信号を修正するという動作を含むので，制御不可能な外部信号が存在しても，また対象の特性が正確にはわかっていない場合でも制御系としての機能を果たすことができる．冷蔵庫の

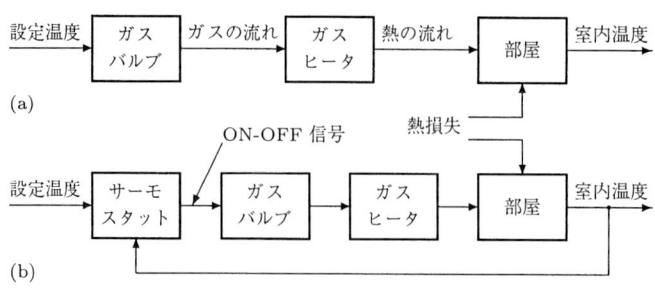

図 **1.1** 部屋の温度制御

温度制御, フロートによるタンクの水位制御, 飛行機および船舶の自動操縦 (= オートパイロット) などはフィードバック制御の例である. これに対して, 自動トースタはパンの焼け具合を検出してタイマを自動調節することはしないし, 全自動洗濯機も洗濯物の汚れの落ち具合を調べながら洗濯の時間を変更することはしないので, これらは開ループ制御系である.

つぎに, 最新の制御技術が用いられている大型望遠鏡の例を紹介しよう.

例 1.2 ハワイ Mauna Kea 山頂のすばる望遠鏡の外観を図 1.2 に示す[†]. すばる望遠鏡の主鏡は, 6 角形の部分鏡材 44 枚が融着されて作られた直径 8.2m の 1 枚鏡であり, 望遠鏡の姿勢が変化すると重力の影響によって主鏡表面の形状は大きく変化する. この表面形状の歪を除去しなければ, 望遠鏡は深宇宙の興味ある天体を捉えることはできない. 望遠鏡の姿勢とともに時々刻々変化する主鏡表面の形状は 264 個の高性能アクチュエータからなる主鏡能動支持システムによる力制御で常に最適に保たれている. また, 主鏡の熱時定数は約 10 時間と非常に長いので, 夜間の撮影精度を確保するために日中のドーム内の温度は山頂付近の夜間気温の予測値 (より 2 度低い目標値) に基づいて制御されている. さらに超高精度な天体の (自動) トラッキングシステムなど最新の制御技術に基づくコンピュータ制御によって, 観測システム全体が最適な観測状態を維持するように制御・監視されている [9].

他方アメリカの Keck ツイン望遠鏡のそれぞれの主鏡は直径 10m にもなるが, 実際は直径 1.8m の 36 枚の連結した 6 角形の小鏡群からなっている. このため, 全体としてあたかも 1 枚の鏡として機能するように主鏡の小鏡群の姿勢が $3 \times 36 = 108$ 個のアクチュエータによって精密に制御されている. Keck 望遠鏡の制御に関して, 詳しくは文献 [27], [45] を参照されたい. □

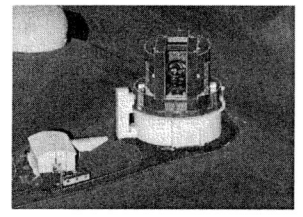

図 1.2 すばる望遠鏡全景

(国立天文台提供 http://subarutelescope.org/Gallery/j_index.html)

[†] 図 1.2 の左上端にはアメリカ Keck ツイン望遠鏡ドームの内 1 台の一部だけがみえている. この山頂には 10 台以上の大型望遠鏡がひしめいており, 宇宙のなぞ解きのための種々の研究が行われている.

1.2 フィードバック制御系の構成

自動制御の分野で用いられている標準的なフィードバック制御系のブロック線図および基本用語の説明をそれぞれ図 1.3 および表 1.1 に示す．図 1.1(b) のサーモスタットによる温度制御系では，部屋が制御対象，ガスヒータとバルブを合わ

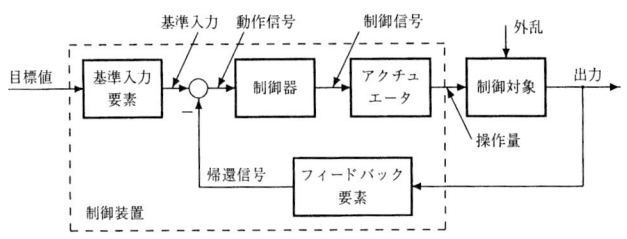

図 1.3 フィードバック制御系の標準的構成

表 1.1 自動制御の基本用語

用　語	定　義
システム，系 (system)	いくつかの要素から構成される集合体で，入力と出力があり全体として目的をもつ．
目標値 (desired value)	外部から与えられる制御の目標となる信号．
基準入力要素 (reference input element)	設定部ともいい，目標値を基準入力信号に変換する要素．
基準入力 (reference input)	直接フィードバック信号と比較される信号で，目標値と一定の関係をもつ．目標値ということも多い．
制御対象 (controlled object)	制御すべき対象．機械，プロセス，各種システムなど．
出力 (output)	制御量．目標値に追従すべき信号．
フィードバック要素 (feedback element)	出力をフィードバック信号に変換する要素．検出部あるいはセンサ．
フィードバック量 (feedback signal)	基準入力と比較されるためにフィードバックされる出力の測定値．
動作信号 (actuating signal)	基準入力信号とフィードバック信号の差で，制御器を駆動する．(制御偏差 = 目標値 − 出力)．
制御器 (controller)	動作信号に基づいてアクチュエータに送る制御信号を生成する要素．調節部．
アクチュエータ (actuator)	制御器からの信号をパワー増幅して，操作量に変換する要素．操作部．外部エネルギーを必要とする．
操作量 (controlled variable)	出力を制御するために，制御対象に加える信号．
外乱 (disturbance)	制御系の状態を乱す望ましくない外部からの信号．

せたものがアクチュエータであり，サーモスタットが基準入力要素，フィードバック要素および調節部を合わせた機能をもっている．また制御系内の信号に関しては，設定温度が目標値，室内温度が出力 (=制御量)，ヒータからの熱量が操作量，サーモスタットによる ON/OFF 信号が制御信号である．外気温の変化，ドアの開閉による熱損失が外乱である．

一般にほとんどのフィードバック制御系は図 1.3 の標準的な構成の特別な場合と考えられる．アクチュエータと制御器を合わせたものを制御要素というが，理論解析上は制御対象とアクチュエータを合わせたものをプラント (plant) として，これを「制御対象」として扱う方が便利である (8.1 節)．

また自動制御では対象の物理的な性質よりも制御系内を流れる信号/情報に注目するので，システム的なアプローチが基本となることに注意しておこう．

1.3 制御系の分類

フィードバック制御系は制御量の種類によってつぎのように分類できる．

a. サーボ機構 (servomechanisms)

物体の位置，速度，方位，姿勢などを制御量とし，目標値の任意の変化に追従 (tracking) することを目的とする制御系である．飛しょう体追跡用のレーダアンテナの制御，工作機械のならい制御，航空機のオートパイロットなどがその例である．

b. プロセス制御 (process control)

温度，圧力，流量，液位，pH など工業プロセスにおいて製品の品質を左右する変数が制御量となるもので，その目的は外乱の影響を抑制するとともに目標値変更に対して制御量を定常偏差なく追従させることである．プロセス制御の例は製鉄，化学工業，食品工業などに数多くみられる．

c. 自動調整 (automatic regulation)

モータの速度制御，発電機の電圧調整，電力系統の自動周波数制御のように，回転速度，電圧，周波数などを一定値に保つ制御である．フィードバック制御により負荷変動や外乱の影響を抑えるのが主目的である．フロートを用いた水時計の水位制御，Watt の遠心調速機など初期の制御のほとんどは自動調整であった．

また目標値の種類によりフィードバック制御は，追値制御と定値制御に分けられる．工作機械のならい制御のように目標値の変化があらかじめ与えられているプログラム制御も追値制御である．とくに目標値が時間的に任意に変化するサー

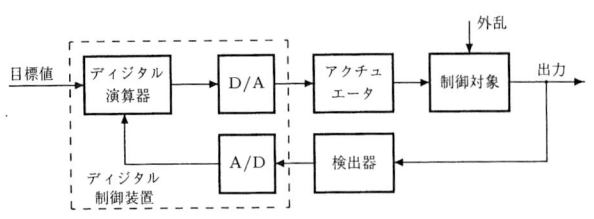

図 1.4 ディジタル制御系

ボ機構は追従制御と呼ばれる．

さらに近年マイクロプロセッサの発達・普及によりサンプル値制御 (sampled-data control) の理論に基づいたディジタル制御 (digital control) が広く用いられている．ディジタル制御系の一般的な構成図を図 1.4 に示すが，図 1.3 のフィードバック制御系と異なる点は，制御装置が A/D，D/A 変換器およびマイクロプロセッサで置き換えられていることである．

フィードバック制御ではないが，定められたプログラムに従って働く全自動洗濯機の制御はプログラム制御の一種である．プログラム制御に近いものとしてシーケンス制御 (sequence control) がある．シーケンス制御は制御の各ステップを定められた順序あるいは条件に従って逐次的に進めていくものである．火力発電プラントの起動 (あるいは停止) ではボイラ，タービンなどの状態を監視しながらステップが進められるので，各ステップにおいて多くのフィードバック情報が利用されている．したがって，本来開ループ制御であるシーケンス制御も広い意味におけるフィードバック制御と区別しにくくなっている．また生産工程における加工，組立，搬送，検査の自動化にみられるように，シーケンス制御はオートメーション (automation) にとって不可欠な技術であるが，論理演算が主体で，連続時間フィードバック制御の理論とは異なるので本書では触れない[†]．

上述のように，制御系にはさまざまなものがあるが，よい制御系はつぎのような条件を満足しなければならない．

(a) 制御系が安定に動作する．
(b) 目標値変化に対して，出力がすばやく追従する．
(c) 外乱の影響を抑えることができる．
(d) 制御対象の特性の経年変化にも対応できる．

[†] 離散 (事象) システムと連続時間システムが結合したハイブリッドシステムの制御が近年注目され，多くの研究が行われている．

1.4 自動制御の意義と歴史

　人類の歴史は道具や機械を発明し，それらを使いこなすことによって発展してきたと考えられる．機械を使う時間が長くなり，作業が複雑になると，作業を人の手から解放して機械自身によって行わせる自動制御はだれしも望むものとなり，人間の筋肉労働のみならず頭脳労働の一部も代替できる機械が考えられるようになってきた．自動制御には，(a) 作業の精密化，高速化，大量生産，(b) 製品の品質の向上，(c) 生産工程の安全性の向上などの多くの利点があり，これがオートメーションの柱となる考え方である．

　自動化の要求は現代に始まったというわけではなく，古くから制御に関する多くの発明がある．たとえば，紀元前から中近東ではフロートを用いた水時計の水位制御方式が考案され，ヨーロッパでは 17 世紀にいたるまで水時計が用いられていた．また，ギリシアでは祭壇に灯を点したり消したりすることにより神殿のドアを自動的に開閉する装置も考案されている．中国の指南車や日本における茶運び人形のようなからくりも初期の自動制御系と呼ぶことができる．

　工学的な意味では，18 世紀の中頃には自動方向制御方式の風車が開発され，18 世紀後半には Watt のガバナー (遠心調速器) が発明され，当時の蒸気機関に大きな改良が加えられた [29]．蒸気機関は人類に初めて水力，風力，家畜力といった自然力を超える動力源を与え，イギリスの第 1 次産業革命に貢献した．この意味でフィードバック制御は Watt のガバナー (1788) をもって嚆矢とするが，フィードバック制御のもう 1 つの起源は Black (1927) のフィードバック増幅器の発明にある．

例 1.3　図 1.5 は電話回線用中継器の低歪電子管増幅器の研究を行っていたベル研究所の Black が *The New York Times* の紙面に描いた負フィードバック増幅器のブロック線図と式である．真空管特性の変動に対して非常に線形性の高い増幅器を発明した Black は「… 必要以上に 40 デシベルも高いゲインをもつ増幅器を作り，そしてその出力を入力へフィードバックして余分なゲインを捨てるようにすると，増幅率を一定に保ち，かつ非線形性を避けることにおいて驚異的な改善ができることを発見した」と述べている [32]．

　その物理的特性から真空管のゲイン μ の値は不安定で大きく変動するが，それを非常に大きな値 (通常 10^5 以上) に保つことで

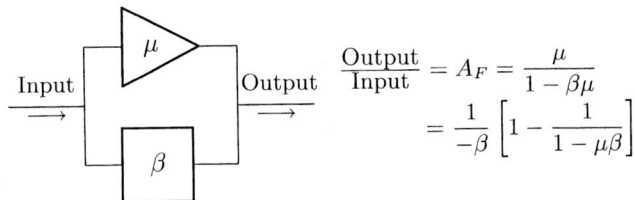

図 1.5 *The New York Times*, August 2, 1927 の紙面に描いた Black のメモ

$$A_F \simeq -\frac{1}{\beta}$$

を得る．したがって，β の値が正確であれば，入出力の比 A_F はフィードバックを用いない従来の増幅器に比べて格段に優れた特性を示すことができる．

1914 年アメリカの東海岸と西海岸約 4800km を結ぶ最初の電話回線が設置されたが，初期のリピーターは性能が悪く音声は不明瞭なものであった．高性能の負フィードバック増幅器の発明により，リピーターを何段にも接続することができるようになり，電話回線の性能は大幅に向上することになった．Black の発明は実に優れたもので，今日の大洋を横断し地球全体をカバーする通信ネットワークの基礎となっている．当時の研究の様子は文献に詳しい [32], [34]． □

フィードバック制御が他の分野に影響を与えた一例をあげよう．

例 1.4 1948 年アメリカの数学者 Wiener [74] は動物と機械における制御と通信の問題を統一的に扱うためにサイバネティックス (cybernetics) という新しい学問を提唱した．サイバネティックスという名称は舵をとる人という意味のギリシア語 $\kappa\upsilon\beta\varepsilon\rho\nu\eta\tau\eta\varsigma$ から生まれたもので，ガバナー (governor) の語源と同じである．制御と通信を行うものは動物も機械もオートメーションもすべてサイバネティックスの視点から研究することができる．システムがどのような物質で構成され，どのようなエネルギーを利用しているかではなく，情報をどのように処理し，通信し，そのことによってシステムをどのようにフィードバック制御しているかが中心課題となる．現在サイバネティックスは 1 つの学問分野を形成しているとは言いがたいが，人間をモデルとする機械の研究や機械をモデルとする生物あるいは脳の研究には大きな貢献をした．この他，サイバネティックスは方法論的には人工知能，自己組織系/学習理論，医学，生物学，言語学，社会学などの多くの分野に大きな影響を与えている． □

ここで 1960 年頃までの制御理論の歴史を簡単に振り返ってみよう．Watt のガ

バナーは比例制御であり，負荷変化によりオフセット (offset) が生ずる．その後この欠点を除くために積分型の調速機が発明されたが，今度は回転速度が周期的に大きく変動するハンティング (hunting) 現象が生ずるようになり，19世紀には制御系に生ずるオフセットと安定性の問題を解決することが最重要課題となった．このフィードバック制御系の安定問題は電磁気学で有名な Maxwell [62] による"On Governors"(1868) という論文で初めて詳しく解析され，3次系までの安定性の必要十分条件が得られている．高次系の安定問題に対する完全な解答は1877年 Routh [70] により与えられた．スイスの Stodola [69] は水力発電所のタービン調速機の研究で Maxwell と同値な条件を導いた．この問題に対する解答は1895年 Hurwitz [52] により得られた．現在ではこの安定判別法はラウス・フルビッツの方法と呼ばれている (第4章)．

20世紀に入り自動制御は飛行機や船舶のオートパイロット，プロセス工業を中心に急速に発達した．その頃の理論的研究としては，Minorsky [64] による船舶のオートパイロットの研究が有名である．1927年には Black の負フィードバック増幅器が発明されたが，1934年の Hazen [30] のサーボ系の理論あたりまでは，微分方程式と特性方程式による安定性の解析が主流をなしていた．しかし，負フィードバック増幅器を表す微分方程式の次数は一般に50以上ときわめて高く，ラウス・フルビッツの方法は役立たなかった．このため，1932年 Nyquist [67] はフィードバック増幅器の安定性をその周波数特性に基づいて判定する図式的方法を発表した (第6章)．さらにナイキストの方法を基礎とするフィードバック増幅器の設計論が Bode [33] により体系化された．またフィードバック増幅器の理論は第2次世界大戦中の MIT における高性能サーボ機構の研究に応用され，伝達関数，周波数応答の概念を生んだ (第5章)．

戦後これらの研究は周波数応答法によるサーボ系の設計法として James, Nichols & Phillips [54] により集大成された．1948年根軌跡法が Evans [46] により発表されるに及び，フィードバック制御系のいわゆる古典的設計法がほぼ完成した．しかし，古典的な設計法は図式的なもので設計というよりむしろ制御系解析の延長としての試行錯誤的な方法である (第8章)．

フィードバック増幅器の理論が発展した1930年代には，プロセス制御も普及した．Hartree, Porter & Callender [51] は PID 調節計を考案し，1942年には Ziegler & Nichols [77] は PID 調節計のパラメータを調整する実用的方法を提案した．PID 制御は現在でもプロセス制御の一つの基幹制御技術として用いられ，引き続き多くの改良が加えられている (第8章)．

Wiener [73] による最適フィルタの設計法は，従来の試行錯誤的な方法とは異なり2次形式評価関数を最小にするという画期的な方法であり，フィードバック制御系の設計にも大きなインパクトを与えた．この方法は制御系の解析的設計法として Newton, Gould & Kaiser [65] らによって体系化された (第9章)．

1.5 本書の概要

本書では，いわゆる古典制御理論と呼ばれる1入力1出力線形フィードバック制御系の解析と設計について述べる．扱う制御対象はむだ時間を含む場合を除いてスカラーの線形常微分方程式で表されるものに限定している．表1.2に示すように，制御の対象となるシステムには多くの型があり，たとえば熱や物質移動を伴うシステムは偏微分方程式で表される分布定数系である．分布定数系の制御問

表 1.2 システムの分類

	システム	説　明
1	動的システム (dynamic)	過去の入力が現在の出力に影響を与える．微分方程式，差分方程式などによって表される．
	静的システム (static)	出力が入力の現在 (瞬時) 値のみに依存する．
2	連続時間システム (continuous-time)	時間が連続的に変化．微分方程式で表される．
	離散時間システム (discrete-time)	時間が $t = \cdots, -1, 0, 1, \cdots$ のように，離散的に変化する．差分方程式で表される．
3	線形システム (linear)	$f(\alpha u_1 + \beta u_2) = \alpha f(u_1) + \beta f(u_2)$ となる．重ね合わせの原理が成立．
	非線形システム (nonlinear)	重ね合わせの原理が成立しない．
4	集中定数システム (lumped-parameter)	離散的な要素からなるシステム．常微分方程式で表される．
	分布定数システム (distributed-parameter)	空間的に分布したシステム．偏微分方程式で表される．
5	時不変システム (time-invariant)	システムのパラメータが時間的に変化しない．定係数システム．
	時変システム (time-variant)	システムのパラメータが時間とともに変化する．
6	確定システム (deterministic)	入力およびシステムのパラメータが時間的に不規則に変化しない．
	確率システム (stochastic)	入力あるいはシステムのパラメータが時間的に不規則に変化する．ランダム (random) 系．

題は数学的に高度で解析が困難であるが，分布定数系を集中定数系で近似すれば，集中定数系に対する線形フィードバック理論を適用することができる．また，多変数システムに対しては多変数制御理論，確率システムに対しては確率制御理論を必要とするが，本書で述べる1入力1出力システムに対するフィードバック制御の基礎理論を理解しておくことが進んだ理論を習得するためには必要不可欠である．

一般に，フィードバック制御の問題は

(a) システムモデリング (systems modeling)

(b) システム解析 (systems analysis)

(c) システム設計 (systems synthesis)

の3つの問題に大別することができる．

まず (a) のモデリングは制御すべき対象となるシステムの数理モデルを作成することである．システムはいくつかの要素から構成されているが，たとえば力学系であればニュートンの運動法則，電気回路であればキルヒホッフの法則によりその基礎式が導かれる．得られた微分方程式が非線形であれば，平衡点近傍で線形化し，ラプラス変換を援用することにより入出力の伝達関数が得られる．システムモデルと伝達関数については，第2章のラプラス変換の説明に続いて第3章で述べる．つぎに (b) の解析はシステムのモデル (あるいは伝達関数) および入力，初期条件が与えられたとき，システムの応答を評価するもので，過渡応答，周波数応答，およびフィードバック系の安定性としてそれぞれ第4章，第5章および第6章で説明する．また (c) の設計は制御対象，アクチュエータ，検出器および目標値が与えられたとき，外乱を抑制して出力を目標値に近づけるように制御器を設計する問題であり，第7章のフィードバック系の性質の説明に続いて，第8，第9章で述べる．

最後に，制御理論は解析や設計が対象の物理的性質やエネルギー利用の形態のいかんにかかわらず共通の数理モデルを用いる「システム的アプローチ」に準拠している．したがって，自動制御は機械，電気，化学工学などの個々の専門領域に限定されることのない総合工学の分野であり，制御の原理は社会・経済システムのような工学以外の領域にまで広く応用されている．

1.6 ノート

1.1～1.3節は主として [47], [44], [41], [74] を参考にした．自動制御の歴史につ

いては，洋書としては [65], [47], [54], [28], [70], [49], [29], [31], [53] など多くの文献があるが，和書 [10] を推奨したい．古典制御を扱った和書としては，[11], [14], [15] や Matlab に基づいた [2] がわかりやすい．ロバスト制御への入門としては [45] を引き続いて読まれることを勧めたい．ハンドブック [59] は膨大であるが，制御工学に関するほとんどの事項が含まれている．

1.7　演習問題

1.1 自動車を運転する場合の信号伝達のブロック線図を描き，図 1.3 の標準的フィードバック制御系との対応関係を示せ．

1.2 すばる望遠鏡，指南車，茶運び人形，Watt のガバナー，Black の負フィードバック増幅器 (negative feedback amplifier) を Web により検索して調べよ．また Watt のガバナーの動作を表すブロック線図を描け．

1.3 制御対象と制御装置を表 P1.1 のように自然システムと人工システムに分けるとき，各ブロックに対応する (広い意味での) 自動制御系の実例をあげよ．

表 P1.1

制御装置 \ システム	自　然	人　工
自　然	①	②
人　工	③	④

2

ラプラス変換

ラプラス変換は物理学,工学に現れる過渡現象の解析に広く用いられている.本章では自動制御の理論を展開するために必要となるラプラス変換について例題を交えて解説する.

- ラプラス変換の定義と具体例,ステップ関数,デルタ関数
- ラプラス変換の性質,初期値定理,最終値定理
- 逆ラプラス変換,ヘビサイドの展開定理,微分方程式の解法

2.1 ラプラス変換

区間 $[0, \infty)$ で定義された区分的に連続な時間関数 $f(t)$ に対して,積分

$$\lim_{T \to \infty} \int_0^T f(t) e^{-st} dt \tag{2.1}$$

を考える.ここにパラメータ s は複素数 (複素周波数) であり, $s = \sigma + j\omega$ ($j = \sqrt{-1}$) と表す.ある $s \in \mathbb{C}$ に対して,この積分が収束するとき,

$$F(s) = \int_0^\infty f(t) e^{-st} dt, \qquad s = \sigma + j\omega \tag{2.2}$$

を $f(t)$ のラプラス変換 (Laplace transform) といい,通常 $F(s) = \mathfrak{L}[f(t)]$ あるいは $F(s) = \mathfrak{L}[f(t)](s)$ と略記する.また $x(t), y(t), \cdots$ のラプラス変換を $X(s), Y(s), \cdots$ あるいは小文字のまま $x(s), y(s), \cdots$ で表す.

時間関数 $f(t)$ のラプラス変換を求めることを, t 領域から s 領域への変換といい, s の属する複素平面を s 平面という.またラプラス変換はその定義から, $t < 0$ における $f(t)$ には制限が付けられていないことに注意しておこう (2.5 節参照).以下では, s の実部,虚部をそれぞれ Re$[s]$ および Im$[s]$ で表す.

簡単ではあるが,重要な時間関数のラプラス変換を計算しよう (図 2.1).

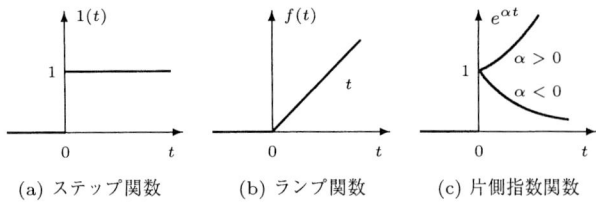

図 2.1 簡単な時間関数

例 2.1 (a) 単位ステップ関数はヘビサイド関数ともいい，

$$1(t) = \begin{cases} 1, & t > 0 \\ 0, & t < 0 \end{cases} \quad (2.3)$$

で定義される．以下では，この $1(t)$ を単にステップ関数 (step function) という．式 (2.3) から

$$I = \int_0^T 1(t) e^{-st} dt = \frac{1 - e^{-sT}}{s}$$

を得る．$\sigma = \mathrm{Re}[s] > 0$ のとき，

$$\lim_{T \to \infty} \left| e^{-sT} \right| = \lim_{T \to \infty} e^{-\sigma T} = 0$$

であるから，ステップ関数のラプラス変換は $\mathrm{Re}[s] > 0$ において収束して，つぎのようになる．

$$\mathfrak{L}[1(t)](s) = \frac{1}{s}, \quad \mathrm{Re}[s] > 0 \quad (2.4)$$

(b) ランプ関数 (ramp function) は次式で定義される．

$$f(t) = \begin{cases} t, & t > 0 \\ 0, & t < 0 \end{cases} \quad (2.5)$$

このとき，部分積分によって

$$I = \int_0^T t e^{-st} dt = -\frac{T e^{-sT}}{s} + \frac{1}{s} \int_0^T e^{-st} dt$$

を得る．上式右辺第 1 項は $\sigma = \mathrm{Re}[s] > 0$ のとき，

$$\lim_{T \to \infty} \left| T e^{-sT} \right| = \lim_{T \to \infty} T e^{-\sigma T} = 0$$

となり，また第 2 項は $\mathfrak{L}[1(t)]/s$ に収束するので，結局

$$\mathfrak{L}[t](s) = \frac{1}{s^2}, \qquad \mathrm{Re}[s] > 0 \tag{2.6}$$

を得る．

(c) 片側指数関数 $f(t) = e^{\alpha t}$, $t > 0$ (α: 複素数) のラプラス変換は

$$\begin{aligned} F(s) &= \int_0^\infty e^{\alpha t} e^{-st} dt = \int_0^\infty e^{-(s-\alpha)t} dt \\ &= \left[-\frac{e^{-(s-\alpha)t}}{s-\alpha} \right]_0^\infty = \frac{1}{s-\alpha}, \qquad \mathrm{Re}[s] > \mathrm{Re}[\alpha] \end{aligned} \tag{2.7}$$

となる．もちろん，α は実数であってもよい．とくに，$\alpha = \pm jb$ (b: 実数) とおくことにより，$\mathrm{Re}[s] > 0$ に対して

$$\mathfrak{L}[\sin bt](s) = \mathfrak{L}\left[\frac{1}{2j}(e^{jbt} - e^{-jbt})\right] = \frac{b}{s^2 + b^2} \tag{2.8a}$$

$$\mathfrak{L}[\cos bt](s) = \mathfrak{L}\left[\frac{1}{2}(e^{jbt} + e^{-jbt})\right] = \frac{s}{s^2 + b^2} \tag{2.8b}$$

が成立する． □

式 (2.2) の積分が絶対収束，すなわち

$$\int_0^\infty |f(t)e^{-st}| dt < \infty \tag{2.9}$$

であるとき，ラプラス変換は点 s において絶対収束するという．$s = \sigma + j\omega$ であるから，$|f(t)e^{-st}| = |f(t)|e^{-\sigma t}$ となるので，ラプラス変換の絶対収束性は s の実部 σ のみに依存する．

命題 2.1 定数 a および $M > 0$ に対して，$f(t)$ が

$$|f(t)| \leq Me^{at}, \qquad t \geq 0 \tag{2.10}$$

を満足すれば，$F(s)$ は 半平面 $\mathrm{Re}[s] > a$ において絶対収束する．

証明 $s = \sigma + j\omega$, $\sigma = \mathrm{Re}[s] > a$ とおくと

$$\int_0^\infty |f(t)e^{-st}| dt \leq M \int_0^\infty e^{-(\sigma-a)t} dt = \frac{M}{\sigma - a} < \infty$$

が成立する． □

表 2.1 ラプラス変換表

$f(t)$	$F(s)$	$f(t)$	$F(s)$
$\delta(t)$	1	$1(t)$	$\dfrac{1}{s}$
t	$\dfrac{1}{s^2}$	t^n	$\dfrac{n!}{s^{n+1}}$
e^{-at}	$\dfrac{1}{s+a}$	$t^n e^{-at}$	$\dfrac{n!}{(s+a)^{n+1}}$
$\sin bt$	$\dfrac{b}{s^2+b^2}$	$\cos bt$	$\dfrac{s}{s^2+a^2}$
$e^{-at}\sin bt$	$\dfrac{b}{(s+a)^2+b^2}$	$e^{-at}\cos bt$	$\dfrac{s}{(s+a)^2+b^2}$

式 (2.10) を満足する関数を位数 a の指数型 (exponential type) 関数という．とくに有界な関数のラプラス変換は $a=0$ とおくことにより $\mathrm{Re}[s] > 0$ で絶対収束する．しかし，たとえば e^{t^2} のようにラプラス変換が存在しない関数もある．

しばしば用いられるラプラス変換の公式を表 2.1 に示す．2.3 節で述べるラプラス変換の性質を利用することにより，表 2.1 の公式から種々の関数のラプラス変換を計算することができる．

$f(t)$, $t \geq 0$ のラプラス変換 $F(s)$ が $s = s_0$ で収束すると仮定し，$f(t)$ の不定積分を

$$\Phi(t) = \int_0^t f(\tau) e^{-s_0 \tau} d\tau \tag{2.11}$$

とおく．このとき，$\Phi(t)$ は $t \geq 0$ で有界，連続であり，かつ $\Phi(0) = 0$ および $\Phi(\infty) = \mathcal{L}[f(t)](s_0)$ を満足する．

命題 2.2 $f(t)$, $t \geq 0$ のラプラス変換 $F(s)$ が $s = s_0$ で収束すれば，半平面 $\mathrm{Re}[s] > \mathrm{Re}[s_0]$ において収束する．また $F(s)$ が $s = s_0$ で絶対収束すれば，閉半平面 $\mathrm{Re}[s] \geq \mathrm{Re}[s_0]$ において絶対収束する (図 2.2)．

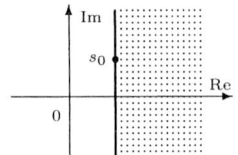

図 2.2 ラプラス変換の収束域

証明[*] $\text{Re}[s] > \text{Re}[s_0]$ と仮定する．式 (2.11) の $\Phi(t)$ を用いると，

$$\int_0^T f(t)e^{-st}dt = \int_0^T f(t)e^{-s_0 t}e^{-(s-s_0)t}dt$$
$$= \left[\Phi(t)e^{-(s-s_0)t}\right]_0^T + (s-s_0)\int_0^T \Phi(t)e^{-(s-s_0)t}dt$$
$$= \Phi(T)e^{-(s-s_0)T} + (s-s_0)\int_0^T \Phi(t)e^{-(s-s_0)t}dt \quad (2.12)$$

を得る．$\Phi(T)$ は連続，有界であるから，式 (2.12) の右辺第 1 項は $T \to \infty$ のとき 0 に収束する．また第 2 項の積分も収束する．よって，

$$\mathfrak{L}[f(t)](s) = (s-s_0)\mathfrak{L}[\Phi(t)](s-s_0), \qquad \text{Re}[s] > \text{Re}[s_0] \quad (2.13)$$

を得る．つぎに $\text{Re}[s] \geq \text{Re}[s_0]$ に対して，不等式

$$|f(t)e^{-st}| = |f(t)e^{-s_0 t}e^{-(s-s_0)t}|$$
$$= e^{-\text{Re}[s-s_0]t}|f(t)e^{-s_0 t}| \leq |f(t)e^{-s_0 t}| \quad (2.14)$$

が成立するので，仮定から $F(s)$ は $\text{Re}[s] \geq \text{Re}[s_0]$ において絶対収束する． □

この命題の後半の主張から一様収束に関するつぎの結果を得る．

命題 2.3 ラプラス変換 $F(s)$ が $s = s_0$ で絶対収束すれば，半平面 $\text{Re}[s] \geq \text{Re}[s_0]$ において一様収束する．

証明 式 (2.14) の右辺が s に無関係であることからただちにわかる． □

$|f(t)e^{-st}|$ が可積分となるような $\sigma = \text{Re}[s]$ の下限を σ_a とおくと，$F(s)$ は $\text{Re}[s] > \sigma_a$ において絶対収束し，$\text{Re}[s] < \sigma_a$ では絶対収束しない．このような σ_a をラプラス変換の絶対収束座標という．これに対して，$\text{Re}[s] > \sigma$ において式 (2.1) の $F(s)$ が収束するような σ の下限を σ_c とおくと，$\text{Re}[s] > \sigma_c$ において $F(s)$ は収束し，$\text{Re}[s] < \sigma_c$ では収束しない．もちろん一般に，$\text{Re}[s] = \sigma_c$ では $F(s)$ の収束性は不明である．このような σ_c をラプラス変換の (条件) 収束座標という．2 つの収束座標については $\sigma_c \leq \sigma_a$ という関係が成立する．例 2.1 の (a)～(c) の関数に対してはすべて $\sigma_c = \sigma_a$ が成立する．$\sigma_c \neq \sigma_a$ となる例は演習問題 2.4 を参照されたい．

ここで Dirac のデルタ関数 $\delta(t)$ のラプラス変換について述べよう．デルタ関数は形式的につぎの (i)，(ii) を満足する "関数" として定義される．

(i) $\qquad \int_{-\infty}^{\infty} \delta(t)dt = 1; \qquad \delta(t) = 0, \qquad t \neq 0 \quad (2.15)$

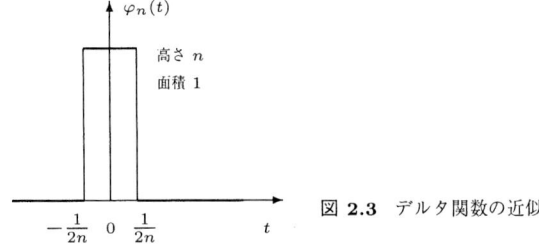

図 2.3 デルタ関数の近似

(ii) 任意の連続関数 $f(t)$ に対して次式が成立する.

$$\int_{-\infty}^{\infty} f(t)\delta(t-a)dt = f(a) \tag{2.16}$$

明らかに，$\delta(t)$ が $t=0$ で有限な値をとると，(i) の積分は 0 となるから，$\delta(0)$ は無限大と考えなければならない．したがって，$\delta(t)$ は通常の関数ではない．しかし，デルタ関数はたとえば

$$\varphi_n(t) = \begin{cases} n, & |t| \leq 1/2n \\ 0, & その他 \end{cases} \tag{2.17}$$

の $n \to \infty$ における極限であるインパルスと考えることができる (図 2.3)．つぎの関数 $\varphi_n(t)$ の極限もデルタ関数 $\delta(t)$ の資格をもっている．

(a) $\quad \varphi_n(t) = \sqrt{\dfrac{n}{2\pi}} e^{-nt^2/2} \quad$ (ガウス分布)

(b) $\quad \varphi_n(t) = \dfrac{1}{\pi}\dfrac{n}{1+n^2t^2} \quad$ (コーシー分布)

実際，上記 3 つの $\varphi_n(t)$ に対しては，つぎのような関係が成立する．

$$\int_{-\infty}^{\infty} \varphi_n(t)dt = 1, \quad n = 1, 2, \cdots; \quad \lim_{n\to\infty} \varphi_n(t) = \begin{cases} 0, & t \neq 0 \\ \infty, & t = 0 \end{cases}$$

デルタ関数のラプラス変換は式 (2.16) から

$$\mathfrak{L}[\delta(t)](s) = \int_{0-}^{\infty} \delta(t)e^{-st}dt = 1$$

となる．上式で積分の下限をとくに 0− としたのは $\lim_{\varepsilon\to 0}\int_{-\varepsilon}^{\infty}\delta(t)e^{-st}dt,\ \varepsilon > 0$ の意味である．もちろん，下限を $+\varepsilon$ とすると，性質 (i) から

$$\lim_{\varepsilon\to 0}\int_{+\varepsilon}^{\infty}\delta(t)e^{-st}dt = \int_{0+}^{\infty}\delta(t)e^{-st}dt = 0 \tag{2.18}$$

となる†．

ラプラス変換の下限を 0+ および 0− としたものをそれぞれ

$$\mathfrak{L}_+[f(t)](s) = \int_{0+}^{\infty} f(t)e^{-st}dt \qquad (2.19)$$

および

$$\mathfrak{L}_-[f(t)](s) = \int_{0-}^{\infty} f(t)e^{-st}dt \qquad (2.20)$$

として区別する場合がある．この記号を用いると $\mathfrak{L}_+[\delta(t)](s) = 0$, $\mathfrak{L}_-[\delta(t)](s) = 1$ であり，$f(t)$ が $t=0$ でインパルス $\delta(t)$ を含まなければ，明らかに $\mathfrak{L}_+$ と $\mathfrak{L}_-$ は一致する．本書では，$t=0$ におけるインパルス (デルタ関数) を取り扱う必要があるので，ラプラス変換の定義は以下では，式 (2.20) を用いることにする．

2.2 ラプラス変換の正則性

本節ではラプラス変換 $F(s)$ が収束域において正則であることを示す．

定理 2.1 ラプラス変換 $F(s)$ の収束座標を σ_c とすると，$F(s)$ は $\mathrm{Re}[s] > \sigma_c$ において正則であり，かつ次式が成立する．

$$\frac{d^k}{ds^k}F(s) = \int_0^{\infty} (-t)^k f(t)e^{-st}dt, \qquad k = 1, 2, \cdots \qquad (2.21)$$

証明* (文献 [43]) 簡単のために $F(s)$ は $\mathrm{Re}[s] > \sigma_a$ において絶対収束するという仮定の下で証明しよう．まず，$\mathrm{Re}[s] \geq \sigma_0 > \sigma_a$ とするとき

$$F_n(s) = \int_0^n f(t)e^{-st}dt \qquad (2.22)$$

が $\mathrm{Re}[s] \geq \sigma_0$ において正則であることを示す．h を複素数として $\delta_n(h)$ を

$$\delta_n(h) = \frac{F_n(s+h) - F_n(s)}{h} + \int_0^n tf(t)e^{-st}dt \qquad (2.23)$$

$$= \int_0^n e^{-st}\left\{\frac{e^{-ht}-1}{h} + t\right\}f(t)dt \qquad (2.24)$$

とおく．ここで，

$$\frac{e^{-ht}-1}{h} + t = ht^2\left(\frac{1}{2!} - \frac{1}{3!}ht + \frac{1}{4!}h^2t^2 - \cdots\right)$$

---

† このように積分の下限を 0− とするか 0+ とするかで結果が異なるのはデルタ関数が通常の関数ではなく超関数であるからである．

に注意すると，任意の t $(0 \leq t \leq n)$ に対して

$$\left|\frac{e^{-ht}-1}{h}+t\right| \leq \frac{|h|}{2}t^2\left(1+|h|t+\frac{|h|^2t^2}{2!}+\cdots\right)$$
$$\leq \frac{1}{2}|h|t^2e^{|h|t} \leq \frac{1}{2}|h|n^2e^{|h|n} \quad (2.25)$$

が成立する．したがって，式 (2.24)，(2.25) より

$$|\delta_n(h)| \leq \frac{1}{2}|h|n^2e^{|h|n}\int_0^n e^{-\mathrm{Re}[s]t}|f(t)|dt, \qquad \mathrm{Re}[s] \geq \sigma_0 \quad (2.26)$$

となるので，各 n について $\lim_{h \to 0}\delta_n(h)=0$ が成立する．したがって，式 (2.23) から

$$F_n'(s) = \lim_{h \to 0}\frac{F_n(s+h)-F_n(s)}{h} = -\int_0^n tf(t)e^{-st}dt \quad (2.27)$$

となり，$F_n(s)$ は $\mathrm{Re}[s] \geq \sigma_0$ において正則 (微分可能) となる．

また命題 2.3 から式 (2.22) の $F_n(s)$ は $n \to \infty$ のとき，半平面 $\mathrm{Re}[s] \geq \sigma_0$ において一様収束する．したがって，$\lim_{n \to \infty}F_n(s)=F(s)$ (一様収束極限) は $\mathrm{Re}[s] \geq \sigma_0$ において正則である．よって式 (2.27) から次式が成立する (文献 [16]，定理 57)．

$$\frac{dF(s)}{ds} = -\int_0^\infty tf(t)e^{-st}dt \quad (2.28)$$

つぎに式 (2.28) 右辺の積分も，$f(t)$ のラプラス変換の収束域において収束することを示そう．$\mathrm{Re}[s] > \mathrm{Re}[s_0] > \sigma_a$ として，$\Phi(t)$ を式 (2.11) のように定義する．ここで，$T > 0$ とすると

$$\int_0^T tf(t)e^{-st}dt = \int_0^T te^{-(s-s_0)t}f(t)e^{-s_0 t}dt$$
$$= \left[te^{-(s-s_0)t}\Phi(t)\right]_0^T - \int_0^T e^{-(s-s_0)t}\Phi(t)dt + (s-s_0)\int_0^T te^{-(s-s_0)t}\Phi(t)dt$$
$$= Te^{-(s-s_0)T}\Phi(T) - \int_0^T e^{-(s-s_0)t}\Phi(t)dt + (s-s_0)\int_0^T te^{-(s-s_0)t}\Phi(t)dt$$

を得る．上式右辺の第 1 項は $T \to \infty$ のとき 0 に収束し，第 2，第 3 項は $\Phi(t)$ の有界性からそれぞれ絶対収束する．したがって，式 (2.28) の右辺の積分は $\mathrm{Re}[s] > \mathrm{Re}[s_0] > \sigma_a$ において収束する．

以上の過程を繰り返すことにより，任意の k について式 (2.21) が証明できる．□

例 2.2 $f_1(t) = e^t$, $t > 0$ のラプラス変換 $F_1(s) = 1/(s-1)$ はその収束域 $\mathrm{Re}[s] > 1$ において正則である．明らかに，$F_1(s) = 1/(s-1)$ は $\mathrm{Re}[s] > 1$ で定義されているが，これは $s \neq 1$ で定義された複素関数とみなしてよい．一般の場合にも，$F(s)$ の特異点を除く全平面に $F(s)$ を延長して考えることができる[†]．このためラプラス変換の収束域はいちいち明示しないことも多い． □

[†] このことは，複素関数論の解析接続の理論により正当化することができる．詳しくは文献 [16]，[18] などを参照されたい．

2.3 ラプラス変換の性質

本節では，ラプラス変換の重要な性質について述べる．いろいろな関数のラプラス変換は以下の性質を利用することにより，基本的な関数のラプラス変換から導出できる．

L1（線形性）　ラプラス変換 $F_i(s) = \mathfrak{L}[f_i(t)](s)$, $\mathrm{Re}[s] > \sigma_i$ $(i=1,\,2)$ が存在すれば，任意の $c_1, c_2 \in \mathbb{C}$ について

$$\mathfrak{L}[c_1 f_1(t) + c_2 f_2(t)](s) = c_1 F_1(s) + c_2 F_2(s)$$

が成立する．

L2（t 領域推移）　$f(t) = 0$, $t < 0$ と仮定すると，

(a)　$\mathfrak{L}[f(t-a)1(t)](s) = e^{-as} F(s), \qquad a > 0$ 　　(2.29)

(b)　$\mathfrak{L}[f(t+a)1(t)](s) = e^{as} F(s) - e^{as} \int_0^a f(t) e^{-st} dt, \quad a > 0$ 　(2.30)

が成立する†．収束域はもとの関数の収束域と同じである．

L3（s 領域推移）

$$\mathfrak{L}[e^{\alpha t} f(t)](s) = F(s-\alpha), \qquad \mathrm{Re}[s] > \sigma_f + \mathrm{Re}[\alpha] \qquad (2.31)$$

ただし，σ_f は $F(s)$ の収束座標である．

L4（導関数）　$f(t)$ は指数型関数であり，$f'(t)$ は $t \geq 0$ において区分的に連続であるとすると，次式が成立する．

$$\mathfrak{L}\left[\frac{df(t)}{dt}\right](s) = sF(s) - f(0-), \qquad \mathrm{Re}[s] > a \qquad (2.32)$$

（証明）　仮定より $f'(t) e^{-st}$ は区間 $[0, T]$ で積分可能であるから，

$$\int_{0-}^T f'(t) e^{-st} dt = f(T) e^{-sT} - f(0-) + s \int_{0-}^T f(t) e^{-st} dt \qquad (2.33)$$

を得る．$|f(t)| \leq M e^{at}$, $t > 0$ を用いると，

$$|f(T) e^{-sT}| \leq M e^{aT} e^{-\sigma T} = M e^{-(\sigma-a)T}$$

---

† 両側ラプラス変換（付録 B.2 節）では式 (2.30) の右辺第 2 項は現れない．

となるので，$\lim_{T\to\infty} f(T)e^{-sT} = 0, \sigma > a$ を得る．よって式 (2.33) において $T \to \infty$ とすれば，式 (2.32) を得る． $\square$

例 2.3 式 (2.3) のステップ関数を考える．$1(t)$ は $t = 0$ では微分不可能であるが，超関数の意味では，微分可能でそれはデルタ関数となる．$1(t)$ に対して形式的に式 (2.32) を適用すると，$1(0-) = 0$ であるから，

$$\mathfrak{L}[1'(t)](s) = s\frac{1}{s} - 0 = 1 = \mathfrak{L}[\delta(t)](s)$$

となる．すなわち，$1(t)$ を微分したもののラプラス変換は $\delta(t)$ のラプラス変換と等しい．よって，(超関数の意味で) $1'(t) = \delta(t)$ を得る．一般に $f(t)$ が点 $t = a$ で不連続であっても，極限 $f(a-), f(a+)$ が存在すれば $f'(a) = (f(a+) - f(a-))\delta(t - a)$ となる． $\square$

L4′ (高階の導関数) $f(t)$ が n 階連続微分可能であり，かつ $f(t), f'(t), f''(t), \cdots, f^{(n)}(t)$ のラプラス変換が存在すれば，次式が成立する．

$$\mathfrak{L}\left[\frac{d^n f(t)}{dt^n}\right](s) = s^n F(s) - s^{n-1}f(0-) - \cdots - sf^{(n-2)}(0-) - f^{(n-1)}(0-)$$

L5 (時間積分) $f(t)$ を区分的に連続な位数 a の指数型関数とする．$f(t)$ の時間積分に対しては

$$\mathfrak{L}\left[\int_{0-}^{t} f(\tau)d\tau\right](s) = \frac{1}{s}F(s) \tag{2.34}$$

が成立する．ただし，左辺の収束域は $\mathrm{Re}[s] > \max(0, a)$ である．

(証明) $g(t) = \int_{0-}^{t} f(\tau)d\tau$ とおくと，$g'(t) = f(t), g(0-) = 0$ となるので，式 (2.32) より式 (2.34) を得る．また $g(t)$ は $a > 0$ であれば a 位の指数型関数，$a \leq 0$ であれば 0 位の指数型関数となる． $\square$

L6 (合成積) $f(t)$ と $g(t)$ の合成積 (convolution) を

$$h(t) = \int_{0}^{t} f(\tau)g(t - \tau)d\tau = (f * g)(t) \tag{2.35}$$

と表す．$f(t), g(t)$ のラプラス変換 $F(s), G(s)$ が $\mathrm{Re}[s] \geq \sigma_a$ においてそれぞれ絶対収束すれば，$H(s)$ は $\mathrm{Re}[s] \geq \sigma_a$ で絶対収束し，次式が成立する．

$$H(s) = \mathfrak{L}[h(t)](s) = F(s)G(s) \tag{2.36}$$

(証明) $\mathrm{Re}[s] \geq \sigma_a$ とすると，仮定から

$$\int_0^\infty |h(t)e^{-st}|dt = \int_0^\infty \left|\int_0^t f(\tau)g(t-\tau)e^{-st}d\tau\right|dt$$
$$\leq \int_0^\infty \int_0^t |f(\tau)e^{-s\tau}|d\tau |g(t-\tau)e^{-s(t-\tau)}|dt$$
$$\leq \int_0^\infty |f(\tau)e^{-s\tau}|d\tau \int_0^\infty |g(t)e^{-s\tau}|dt < \infty$$

となり，$H(s)$ は $\mathrm{Re}[s] \geq \sigma_a$ で絶対収束する．したがって，積分の順序が変更できるので

$$H(s) = \int_0^\infty \left(\int_0^t f(\tau)g(t-\tau)d\tau\right)e^{-st}dt$$
$$= \int_0^\infty f(\tau)e^{-s\tau}d\tau \int_\tau^\infty g(t-\tau)e^{-s(t-\tau)}dt \qquad (2.37)$$

を得る (図 2.4)．上式の第 2 番目の積分において，$\eta = t - \tau$ とおくと，

$$\int_\tau^\infty g(t-\tau)e^{-s(t-\tau)}dt = \int_0^\infty g(\eta)e^{-s\eta}d\eta = G(s)$$

となるので，式 (2.37) 右辺は $F(s)G(s)$ となる． □

ラプラス変換の性質 L1, L6 から，t 領域における和 $f(t) + g(t)$，スカラー倍 $\alpha f(t)$，および合成積 $(f*g)(t)$ はそれぞれ s 領域における和 $F(s) + G(s)$，スカラー倍 $\alpha F(s)$，および積 $F(s)G(s)$ に対応する．また L6 から

$$F(s) = \mathfrak{L}[f(t)](s) = \mathfrak{L}[(f*\delta)](s) = F(s) \cdot 1$$

であるので，デルタ関数のラプラス変換は s 領域における乗算の単位元である．さらに，L4, L5 より初期条件を無視すれば t 領域における微分および積分は s 領域においてはそれぞれ s および $1/s$ を掛けることに対応する．L6 から $G(s)$ が恒等的に 0 でなければ，割り算 $H(s)/G(s) = F(s)$ が実行できる．すなわち，t 領

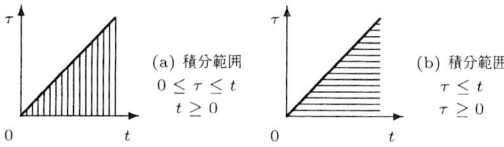

図 **2.4** 積分順序の変更: 式 (2.37)

域での各種の演算が s 領域では代数的四則演算に帰着される．このような性質のために，ラプラス変換は与えられた初期条件の下で線形微分方程式を解くための便利な方法を与える (2.6 節)．

2.4 初期値定理と最終値定理

つぎの定理を用いると，時間関数 $f(t)$ の初期値および最終値が $sF(s)$ の極限値として計算できる．本節では，s は実数とする．

定理 2.2 (初期値定理) $f(t)$ は指数型関数であると仮定する．このとき，極限 $\lim_{t\to 0+} f(t) = f(0+)$ が存在すれば，次式が成立する．

$$\lim_{s\to\infty} sF(s) = f(0+), \qquad s \in \mathbb{R} \tag{2.38}$$

証明* $f(t)$ は指数型関数であるから，

$$g(t) = (f(t) - f(0+))1(t)$$

とおくと，$g(t)$ も指数型関数となるので，$|g(t)| \leq Me^{at}, t \geq 0$ となるような $M > 0$, a が存在する．また $g(t)$ は $t = 0$ で連続であるから，

$$s\left(F(s) - \frac{f(0+)}{s}\right) = s\mathfrak{L}[g(t)] = \int_0^\delta g(t)se^{-st}dt + \int_\delta^\infty g(t)se^{-st}dt \tag{2.39}$$

を得る．任意の $\varepsilon > 0$ に対して，$\delta > 0$ を十分小さくとれば $|g(t)| < \varepsilon$, $0 < t \leq \delta$ となるので，式 (2.39) 右辺の第 1 項の積分は $s > 0$ のとき，

$$\left|\int_0^\delta g(t)se^{-st}dt\right| \leq \int_0^\delta |g(t)|se^{-st}dt < \varepsilon\int_0^\delta se^{-st}dt = \varepsilon(1 - e^{-s\delta}) < \varepsilon$$

となる．また式 (2.39) 右辺の第 2 項に関しては，$s > a$ のとき

$$\left|\int_\delta^\infty g(t)se^{-st}dt\right| \leq \int_0^\infty \left|g(t+\delta)se^{-s(t+\delta)}\right|dt \leq se^{-s\delta}\int_0^\infty Me^{a(t+\delta)}e^{-st}dt$$

$$= se^{-(s-a)\delta}M\int_0^\infty e^{-(s-a)t}dt = \frac{sMe^{-(s-a)\delta}}{s-a}$$

が成立する．$\delta > 0$ であるから，s を十分大きくとれば，上式右辺は ε 以下となる．よって，$|sF(s) - f(0+)| \leq 2\varepsilon$ を得る．ε は任意であるから，式 (2.38) が証明できる． □

初期値定理は $f(t)$ がデルタ関数を含む場合，すなわち $\mathfrak{L}_+ \neq \mathfrak{L}_-$ の場合には成立しない．実際 $f(t) = \delta(t) + e^{-t}$ とすると，$\lim_{s\to\infty} sF(s) = \lim_{s\to\infty} s(s+2)/(s+1) = \infty$ である．

定理 2.3 (最終値定理)　$f(t)$ は任意の区間 $[0, T], T > 0$ で積分可能で，かつ $f(\infty)$ が存在すれば，次の結果を得る．

$$\lim_{s \to 0} sF(s) = f(\infty), \qquad s \in \mathbb{R} \tag{2.40}$$

証明*　$g(t) = (f(t) - f(\infty))1(t)$ とおくと，定理 2.2 の証明と同様にして，

$$sF(s) - f(\infty) = s\int_{0-}^{\infty} g(t)e^{-st}dt = s\int_{0-}^{T} g(t)e^{-st}dt + s\int_{T}^{\infty} g(t)e^{-st}dt \tag{2.41}$$

を得る．まず仮定から，任意の $\varepsilon > 0$ に対して，T を十分大きくとると，$|g(t)| < \varepsilon$，$t > T$ となる．よって式 (2.41) 右辺の第 2 項は，$s > 0$ のとき

$$\left| s\int_{T}^{\infty} g(t)e^{-st}dt \right| < \varepsilon \int_{T}^{\infty} se^{-st}dt = \varepsilon e^{-sT} < \varepsilon$$

となる．また $s > 0$ のとき，$0 < e^{-st} \leq 1$ であるから，式 (2.41) 右辺の第 1 項は

$$\left| s\int_{0-}^{T} g(t)e^{-st}dt \right| \leq s\int_{0-}^{T} |g(t)|e^{-st}dt \leq s\int_{0-}^{T} (|f(t)| + |f(\infty)|)dt \tag{2.42}$$

と評価できる．仮定から $K := \int_{0-}^{T} (|f(t)| + |f(\infty)|)dt < \infty$ であるから，s を十分小さくとれば，式 (2.42) 右辺は ε 以下となる．よって，式 (2.41) から $|sF(s) - f(\infty)| \leq 2\varepsilon$ を得る．$\varepsilon > 0$ は任意であるから，式 (2.40) が成立する．　　□

定理 2.3 は $f(t)$ がデルタ関数を含んでいても成立する．しかし $sF(s)$ が $\operatorname{Re}[s] \geq 0$ で正則でない場合には成立しない．

例 2.4　(a)　$f(t) = \sin t$ のとき，$F(s) = 1/(s^2+1)$ より $\lim_{s \to 0} sF(s) = 0$ となるが，$\lim_{t \to \infty} \sin t \neq 0$ であり，定理 2.3 は成立しない．この場合，$sF(s) = s/(s^2+1)$ は虚軸上に極をもっている．

(b)　$f(t) = 1 - e^{-t}$ であれば，$F(s) = 1/s(s+1)$ より $\lim_{s \to 0} sF(s) = 1 = f(\infty)$ となる．$sF(s) = 1/(s+1)$ は $\operatorname{Re}[s] \geq 0$ で正則である．

(c)　$f(t) = e^t - 1$ の場合，$F(s) = 1/s(s-1)$，$\lim_{s \to 0} sF(s) = -1$ となるが，$\lim_{t \to \infty} f(t)$ は存在しない．実際 $sF(s) = 1/(s-1)$ は $s = 1$ に極をもつ．　　□

2.5　逆ラプラス変換

本節ではラプラス変換 $F(s)$ が与えられたとき，もとの時間関数 $f(t)$ を求める逆ラプラス変換の公式を与える．このとき $f(t)$ を $F(s)$ の原始関数という．以下では，$F(s)$ の逆ラプラス変換を $\mathfrak{L}^{-1}[F(s)]$ と表す．まず証明なしでラプラス変換の一意性について述べる．

定理 2.4 $[0,\infty)$ 上の区分的に連続な関数 $f_1(t)$ と $f_2(t)$ に対して

$$\mathcal{L}[f_1(t)](s) = \mathcal{L}[f_2(t)](s), \qquad \text{Re}[s] > \sigma_0$$

が成立すれば, $f_1(t)$ と $f_2(t)$ はそれらの不連続点を除いて一致する.

証明 文献 [19], [43] 参照. □

ラプラス変換は時間区間 $[0,\infty)$ 上の定積分として定義されるので, $t < 0$ に対する関数の値は任意でよかった. しかし, 逆ラプラス変換を考える場合には, $f(t) = 0, t < 0$ と限定しておく方が都合がよい. この場合 $f(0-) = 0$ である.

定理 2.5 $f(t)$ のラプラス変換 $F(s)$ が $\text{Re}[s] > \sigma_a$ において絶対収束すれば, $c > \sigma_a$ に対して次式が成立する.

$$\frac{1}{2\pi j}\int_{c-j\infty}^{c+j\infty} F(s)e^{st}ds = \begin{cases} \frac{1}{2}\{f(t+0) + f(t-0)\}, & t > 0 \\ \frac{1}{2}f(0+), & t = 0 \\ 0, & t < 0 \end{cases} \qquad (2.43)$$

証明 付録定理 B7 の証明参照. □

定理 2.5 では $F(s)$ が $\text{Re}[s] > \sigma_a$ で絶対収束すると仮定したが, $F(s)$ が $\text{Re}[s] > \sigma_c$ で (条件) 収束するとしても定理は成立する (文献 [21]). つぎに式 (2.43) 左辺の複素積分を計算する方法を与えよう.

定理 2.6 $F(s)$ は $\text{Re}[s] > \sigma_c$ で収束し, かつ $O(|s|^{-k})$, $k > 0$ であるとする. 半平面 $\text{Re}[s] < \sigma_c$ 内に存在する $F(s)$ の極を $s_i, i = 1, \cdots, n$ とすると,

$$\frac{1}{2\pi j}\int_{c-j\infty}^{c+j\infty} F(s)e^{st}ds = \begin{cases} \sum_{i=1}^{n} \text{Res}[F(s)e^{st}, s = s_i], & t > 0 \\ 0, & t < 0 \end{cases} \qquad (2.44)$$

が成立する. ここに $c > \sigma_c$ であり, $\text{Res}[F(s)e^{st}, s_i]$ は $s = s_i$ における $F(s)e^{st}$ の留数を表す.

証明 付録定理 B8 の証明参照. □

$t = 0$ に対しては, 式 (2.43) の第 2 式より次式が成立する.

$$\frac{1}{2\pi j}\int_{c-j\infty}^{c+j\infty} F(s)ds = \frac{1}{2}\lim_{s\to\infty} sF(s)$$

例 2.5 t 領域での推移公式 L2 から

$$F(s) = \mathcal{L}[e^{-(t-a)}1(t-a)](s) = \frac{e^{-as}}{s+1}, \qquad a > 0$$

は $\mathrm{Re}[s] > -1$ で絶対収束する．よって，

$$\mathfrak{L}^{-1}[e^{-as}/(s+1)] = e^{-(t-a)}1(t-a)$$

が成立するが，定理 2.6 からこの関係を導いてみよう．式 (2.44) 左辺は

$$I = \frac{1}{2\pi j}\int_{c-j\infty}^{c+j\infty}\frac{e^{-as}e^{st}}{s+1}ds = \frac{1}{2\pi j}\int_{c-j\infty}^{c+j\infty}\frac{e^{s\tau}}{s+1}ds, \quad \tau = t-a$$

であるから，上式右辺の積分は式 (2.44) によって $\mathrm{Res}[e^{s\tau}/(s+1), s=-1] = e^{-\tau}, \tau > 0$ となる．これより，$I = e^{-(t-a)}1(t-a)$ を得る． □

定理 2.7 定理 2.6 の仮定の下で，$s_i, i=1,\cdots,r$ が $F(s)e^{st}$ の n_i 位の極であれば，$f(t)$ は次式で与えられる．

$$f(t) = \sum_{i=1}^{r}\frac{1}{(n_i-1)!}\lim_{s\to s_i}\left\{\left(\frac{d}{ds}\right)^{n_i-1}\left[(s-s_i)^{n_i}F(s)e^{st}\right]\right\}, \quad t > 0 \tag{2.45}$$

証明 付録定理 A4 の式 (A.16) 参照． □

例 2.6 有理関数

$$F(s) = \frac{1}{(s+a)(s-b)^2}, \quad a, b > 0 \tag{2.46}$$

の逆ラプラス変換を式 (2.44) から求めてみよう．$s=-a$ は 1 位，$s=b$ は 2 位の極であるから，

$$\mathrm{Res}[F(s)e^{st}, s=-a] = \left[\frac{e^{st}}{(s-b)^2}\right]_{s=-a} = \frac{e^{-at}}{(a+b)^2}$$

$$\mathrm{Res}[F(s)s^{st}, s=b] = \left[\frac{d}{ds}\left(\frac{e^{st}}{s+a}\right)\right]_{s=b} = \frac{e^{bt}}{a+b}\left(t-\frac{1}{a+b}\right)$$

が成立するので，

$$f(t) = \frac{e^{bt}}{a+b}\left(t-\frac{1}{a+b}\right) + \frac{e^{-at}}{(a+b)^2}, \quad t \geq 0 \tag{2.47}$$

となる（図 B.2 参照）． □

つぎに $F(s)$ が一般の有理関数の場合，部分分数展開によって逆変換 $\mathfrak{L}^{-1}[F(s)]$ を求める方法について述べる．

定理 2.8 (ヘビサイドの展開定理)　$F(s)$ を s の有理関数とする．

$$F(s) = \frac{N(s)}{D(s)} = \frac{b_0 s^m + b_1 s^{m-1} + \cdots + b_{m-1} s + b_m}{s^n + a_1 s^{n-1} + \cdots + a_{n-1} s + a_n}, \qquad n > m \quad (2.48)$$

ここに $N(s), D(s)$ は互いに素であると仮定する．

(a)　分母多項式が $D(s) = (s-s_1)(s-s_2)\cdots(s-s_n)$ (ただし $s_i \neq s_k, i \neq k$) のように因数分解できるとすると，次式が成立する．

$$f(t) = \mathcal{L}^{-1}[F(s)] = \sum_{i=1}^{n} \frac{N(s_i)}{D'(s_i)} e^{s_i t}, \qquad t > 0 \quad (2.49)$$

(b)　$s = s_i$ が $F(s)$ の n_i 位の極，すなわち $D(s) = (s-s_1)^{n_1}\cdots(s-s_r)^{n_r}$, $n_1 + \cdots + n_r = n$ であれば次式が成立する．

$$\begin{aligned} f(t) = & \left(C_{11} + C_{12} t + \cdots + \frac{C_{1n_1}}{(n_1-1)!} t^{n_1-1} \right) e^{s_1 t} + \cdots \\ & + \left(C_{r1} + C_{r2} t + \cdots + \frac{C_{rn_r}}{(n_r-1)!} t^{n_r-1} \right) e^{s_r t}, \qquad t > 0 \end{aligned} \quad (2.50)$$

証明 (a)　s_i は $F(s)$ の単純極であるから

$$\frac{N(s)}{D(s)} = \frac{C_1}{s-s_1} + \frac{C_2}{s-s_2} + \cdots + \frac{C_n}{s-s_n} \quad (2.51)$$

と部分分数展開できる．$C_1, \cdots, C_n$ を定めよう．上式の両辺に $s - s_i$ を掛けて，$s \to s_i$ とすると

$$C_i = \lim_{s \to s_i} \left[(s-s_i) \frac{N(s)}{D(s)} \right] = \lim_{s \to s_i} \left[\frac{N(s) + N'(s)(s-s_i)}{D'(s)} \right] = \frac{N(s_i)}{D'(s_i)}$$

となる．よって，式 (2.51) を逆ラプラス変換すると式 (2.49) を得る．

(b)　$D(s) = \prod_{i=1}^{r}(s-s_i)^{n_i}$ のとき，$F(s)$ の部分分数展開は，

$$\begin{aligned} F(s) = & \left(\frac{C_{11}}{s-s_1} + \frac{C_{12}}{(s-s_1)^2} + \cdots + \frac{C_{1n_1}}{(s-s_1)^{n_1}} \right) + \cdots \\ & + \left(\frac{C_{r1}}{s-s_r} + \frac{C_{r2}}{(s-s_r)^2} + \cdots + \frac{C_{rn_r}}{(s-s_r)^{n_r}} \right) \end{aligned} \quad (2.52)$$

となるので式 (2.50) を得る．式 (2.52) の係数はつぎのようにして求められる．式 (2.52) の両辺に $(s-s_1)^{n_1}$ を掛けると次式を得る．

$$(s-s_1)^{n_1} F(s) = C_{11}(s-s_1)^{n_1-1} + C_{12}(s-s_1)^{n_1-2} + \cdots + C_{1n_1-1}(s-s_1)$$
$$+ C_{1n_1} + (s-s_1)^{n_1} \sum_{i=2}^{r} \sum_{k=1}^{n_i} \frac{C_{ik}}{(s-s_i)^k}$$

上式右辺最後の項を $H(s)$ とおくと，$H(s)$ は $(s-s_1)^{n_1}$ を因数としてもつので，

$$\lim_{s \to s_1} \left\{ \left(\frac{d}{ds}\right)^i H(s) \right\} = 0, \quad i = 0, 1, \cdots, n_1 - 1$$

が成立する．したがって，$k = 1, 2, \cdots, n_1$ に対して

$$C_{1k} = \frac{1}{(n_1-k)!} \lim_{s \to s_1} \left\{ \left(\frac{d}{ds}\right)^{n_1-k} \left[(s-s_1)^{n_1} F(s)\right] \right\}$$

を得る．他の C_{ik} についても同様である． □

次節では，ラプラス変換を利用して外部入力を受ける線形常微分方程式の解法について述べる．

2.6 微分方程式への応用

つぎの n 階線形常微分方程式について考察する．

$$\frac{d^n y}{dt^n} + a_1 \frac{d^{n-1} y}{dt^{n-1}} + \cdots + a_{n-1} \frac{dy}{dt} + a_n y = u(t), \quad t > 0$$
$$\frac{d^i}{dt^i} y(0-) = c_i, \quad i = 0, 1, \cdots, n-1 \quad (2.53)$$

ただし $a_1, \cdots, a_n$ は定数，右辺の $u(t)$ は $t \geq 0$ で定義された入力であり，$c_0, \cdots, c_{n-1}$ は初期条件である．$y(s) = \mathfrak{L}[y(t)]$, $u(s) = \mathfrak{L}[u(t)]$ とおくと，ラプラス変換の性質 L4' から

$$\mathfrak{L}\left[\left(\frac{d}{dt}\right)^m y(t)\right] = s^m y(s) - c_0 s^{m-1} - \cdots - c_{m-1}$$

が成立する．よって，式 (2.53) をラプラス変換すれば

$$(s^n + a_1 s^{n-1} + \cdots + a_{n-1} s + a_n) y(s) = d_1 s^{n-1} + \cdots + d_{n-1} s + d_n + u(s)$$

となる.ただし $d_m = a_{m-1}c_0 + a_{m-2}c_1 + \cdots + a_0 c_{m-1}$ $(a_0 = 1)$ である.よって

$$y(s) = \frac{d_1 s^{n-1} + \cdots + d_{n-1}s + d_n}{a(s)} + \frac{u(s)}{a(s)} \tag{2.54}$$

を得る.ここで $a(s) = s^n + a_1 s^{n-1} + \cdots + a_n$ を特性多項式という.したがって,式 (2.54) を逆変換すれば,解 $y(t)$, $t > 0$ が求められる.

例 2.7 つぎの微分方程式を解け.

(a) $\quad \ddot{y} + y = \sin t, \qquad y(0-) = c_0, \qquad \dot{y}(0-) = c_1$

(b) $\quad \dot{y} + ay = f(t), \qquad y(0-) = c$

解 (a) 両辺をラプラス変換して

$$s^2 y(s) - s c_0 - c_1 + y(s) = \frac{1}{s^2 + 1}$$

を得る.これを $y(s)$ について解くと

$$y(s) = \frac{c_0 s}{s^2 + 1} + \frac{c_1}{s^2 + 1} + \frac{1}{(s^2 + 1)^2}$$

となる.ここで性質 L6 を用いると

$$\mathfrak{L}^{-1}\left[\frac{1}{(s^2+1)^2}\right] = \int_0^t \sin(t-\tau) \sin\tau\, d\tau = \frac{\sin t - t\cos t}{2}$$

となるので,$y(s)$ を逆ラプラス変換すると次式を得る.

$$y(t) = c_0 \cos t + \left(c_1 + \frac{1}{2}\right) \sin t - \frac{t}{2} \cos t, \qquad t \geq 0 \tag{2.55}$$

これは,システムの固有振動数と外部入力の周波数が共振を起こして,出力 $y(t)$ の振幅が発散する例である.

(b) 同じく両辺をラプラス変換すると

$$y(s) = \frac{c}{s+a} + \frac{f(s)}{s+a}$$

となるので,再び L6 を用いることにより解の表現

$$y(t) = ce^{-at} + \int_{0-}^{t} e^{-a(t-\tau)} f(\tau) d\tau \tag{2.56}$$

を得る. □

上述の微分方程式の解法は表 2.2 のようにまとめることができる.

表 2.2 ラプラス変換による微分方程式の解法

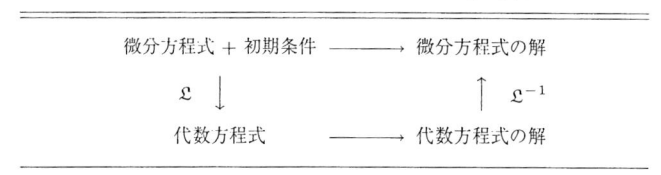

微分方程式 + 初期条件	$\longrightarrow$	微分方程式の解
$\mathfrak{L}\downarrow$		$\uparrow\mathfrak{L}^{-1}$
代数方程式	$\longrightarrow$	代数方程式の解

2.7 ノ ー ト

Heaviside (1875) が提唱した演算子法が，ラプラス変換の理論により正当化されたのは 20 世紀 (Carson 1917) になってからである．ラプラス変換に関する書物は数多くあるが，本書では [12], [19], [21], [25] を参考にした．また洋書としては，[43], [68], [76] がよい．本章では片側ラプラス変換について述べたが，両側ラプラス変換については，付録 B.2 を参照されたい．

2.8 演 習 問 題

2.1 図 P2.1 (a), (b), (c) に示す波形のラプラス変換を求めよ．

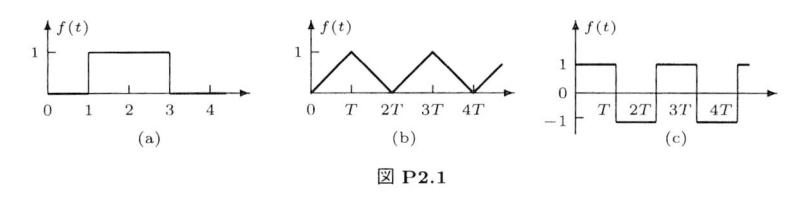

図 P2.1

2.2 $f_p(t)$ を区間 $[0,T]$ で定義された関数として，$f(t) = \sum_{n=0}^{\infty} f_p(t-nT)$ とおくと，ラプラス変換は $F(s) = F_p(s)/(1-e^{sT})$ となることを示せ．ここに $F_p(s) = \mathfrak{L}[f_p(t)](s)$ である．

2.3 ラプラス変換を計算せよ．

(a) $\mathfrak{L}[te^{jbt}]$　　(b) $\mathfrak{L}[t\sin bt]$　　(c) $\mathfrak{L}[t\cos bt]$

(d) $\mathfrak{L}[te^{at}\sin bt]$　　(e) $\mathfrak{L}[te^{at}\cos bt]$　　(f) $\mathfrak{L}[\sinh at]$

(g) $\mathfrak{L}[\cosh at]$　　(h) $\mathfrak{L}[t\sinh at]$　　(i) $\mathfrak{L}[t\cosh at]$

2.4 つぎの関数のラプラス変換の収束座標 σ_c および絶対収束座標 σ_a を求めよ．

$$f(t) = (-1)^{n+1}e^t, \quad \log n \le t < \log(n+1), \quad n=1,2,\cdots$$

2.5 α を複素数とするとき,
$$\mathcal{L}[t^\alpha](s) = \frac{\Gamma(\alpha+1)}{s^{\alpha+1}}$$
を証明せよ. ただし $\Gamma(\lambda) = \int_0^\infty e^{-t} t^{\lambda-1} dt$ はガンマ関数である.

2.6 デルタ関数の k 回微分を $\delta^{(k)}(t)$ と表すと, $\mathcal{L}[\delta^{(k)}(t)](s) = s^k$ となる.

2.7 逆ラプラス変換を求めよ.

   (a) $\mathcal{L}^{-1}\left[\dfrac{s}{(s^2+b^2)^2}\right]$ (b) $\mathcal{L}^{-1}\left[\dfrac{1}{s^2(s+a)}\right]$

   (c) $\mathcal{L}^{-1}\left[\dfrac{1}{s(s^2+2s+2)}\right]$ (d) $\mathcal{L}^{-1}\left[\dfrac{s+1}{(s+3)(s^2+2s+5)}\right]$

   (e) $\mathcal{L}^{-1}\left[\dfrac{s+2}{(s+1)^2(s+3)}\right]$ (f) $\mathcal{L}^{-1}\left[\dfrac{e^{-s}}{s(s+a)^2}\right]$

2.8 つぎの微分方程式を解け.

   (a) $\ddot{y} + 3\dot{y} + 2y = \sin t,\quad y(0-) = 0,\quad \dot{y}(0-) = 0$

   (b) $\ddot{y} + 4\dot{y} + 3y = \cos t,\quad y(0-) = 0,\quad \dot{y}(0-) = 1$

   (c) $\ddot{y} + 2\dot{y} + 5y = 1(t),\quad y(0-) = 2,\quad \dot{y}(0-) = 0$

2.9 つぎの $l_n(t)$ を正規化されたラゲール関数 (Laguerre function) という.
$$l_n(t) = \frac{(-1)^n}{n!} e^{t/2} \left(\frac{d}{dt}\right)^n (t^n e^{-t}), \quad n = 0, 1, 2, \cdots, \quad t \geq 0$$
ラゲール関数 $l_n(t)$ のラプラス変換が次式で与えられることを示せ.
$$L_n(s) = \mathcal{L}[l_n(t)](s) = \frac{(1/2-s)^n}{(1/2+s)^{n+1}}, \quad n = 0, 1, \cdots$$
この $L_n(s)$ をラゲールフィルタという. また, つぎの関係式を示せ.
$$\frac{1}{2\pi j} \int_{-j\infty}^{j\infty} L_n(s) L_m(-s) ds = \begin{cases} 1, & n = m \\ 0, & n \neq m \end{cases}$$

2.10 $\mathcal{L}[f(t)] = F(s),\ \text{Re}[s] > \sigma_f$ とする. $a > 0$ のとき,
$$\mathcal{L}[f(t/a)] = aF(as), \qquad \text{Re}[s] > \sigma_f/a$$
が成立することを示せ. これを利用して初期値定理を証明せよ.

3

システムモデルと伝達関数

本章では制御システムの解析・設計において重要な役割をになう動的システムのモデルと伝達関数に関連した事項について解説する.

- 動的システムの入出力表現
- インパルス応答,伝達関数とその具体的な計算法
- フィードバック増幅器
- ブロック線図とその結合,変換,簡単化の方法

3.1 システムの入出力表現

制御系の解析・設計を行うには,実システムの数理モデルを必要とする.実システムはいくつかの要素からなるが,各要素には電気回路であればキルヒホッフの電流・電圧法則やオームの法則,力学系であればニュートンの運動法則,流体プロセスであれば質量保存則 (あるいは連続の式) が存在する.

このような諸法則から得られる基礎式を用いると,1入力1出力動的システムの入出力関係は,一般に常微分方程式

$$\frac{d^n y(t)}{dt^n} + a_1 \frac{d^{n-1} y(t)}{dt^{n-1}} + \cdots + a_{n-1} \frac{dy(t)}{dt} + a_n y(t)$$
$$= b_0 \frac{d^m u(t)}{dt^m} + \cdots + b_{m-1} \frac{du(t)}{dt} + b_m u(t), \quad n \geq m \quad (3.1)$$

で表される (図 3.1). ここに $u(t), y(t)$ はそれぞれシステムの入力と出力である.

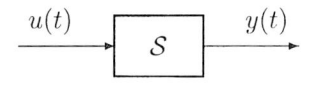

図 **3.1** 1入力1出力システム

また初期条件は

$$\left.\frac{d^i y(t)}{dt^i}\right|_{t=0-} = y_0^{(i)}, \quad i = 0, 1, \cdots, n-1 \qquad (3.2\text{a})$$

$$\left.\frac{d^k u(t)}{dt^k}\right|_{t=0-} = u_0^{(k)}, \quad k = 0, 1, \cdots, m-1 \qquad (3.2\text{b})$$

で与えられる．式 (3.1) において，$a_1, \cdots, a_n; b_0, b_1, \cdots, b_m$ はシステムパラメータである．パラメータが入出力変数 $u(t), y(t)$ およびそれらの導関数に依存しないとき，式 (3.1) は線形システムである．そうでない場合は非線形システム，またすべてのパラメータが一定で時間的に変化しないとき，時不変システムであるという (表 1.2 参照)．

まず簡単な熱プロセス，水位プロセスおよび電気回路の解析例を示そう．

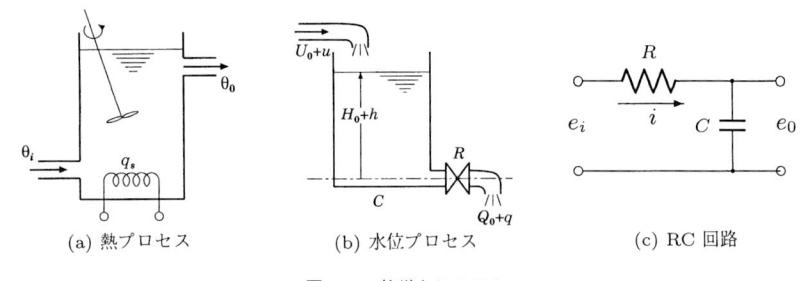

(a) 熱プロセス　　(b) 水位プロセス　　(c) RC 回路

図 3.2　簡単なシステム

例 3.1 (熱プロセス)　図 3.2(a) に示すように，温度 θ_i の水が一定量流入し，温度 θ_0 の温水となって流出している 1 容量熱プロセスの特性を解析しよう．タンク内の水は十分撹拌されていて，水温はタンク内で一様であるとし，またタンクは断熱材で囲まれていて，大気中への熱の消散はないものとする．タンクおよびタンク内の水を合わせた熱容量を $C\,[\text{J}/^\circ\text{C}]$ とすると，水温の上昇は微分方程式

$$C\frac{d\theta}{dt} = q = q_s + q_i - q_0 \qquad (3.3)$$

で表される．ここに $q\,[\text{J/sec}]$ は単位時間にタンクに貯えられる熱量であり，$q_s\,[\text{J/sec}]$ はヒータの発熱量，$q_i\,[\text{J/sec}]$ は流入水のもたらす熱量，$q_0\,[\text{J/sec}]$ は流出水のもち去る熱量である．q_0, q_i は水温に比例するので，

$$q_0 - q_i = \frac{\theta_0}{R} - \frac{\theta_i}{R} = \frac{\theta}{R} \qquad (3.4)$$

と表される．ここに $\theta = \theta_0 - \theta_i$ は水温の上昇分，R は仮想的な熱抵抗 [°C/J/sec] である．式 (3.4) を式 (3.3) に代入すると，1 次系の微分方程式

$$RC\frac{d\theta}{dt} + \theta = Rq_s \tag{3.5}$$

を得る．時間の単位をもつ $T = RC$ [sec] は時定数 (time constant)，右辺の R はゲイン (gain) と呼ばれる． □

例 3.2 (水位プロセス) 図 3.2(b) の水位系の流入量と水位の関係を求めてみよう．ここに $U_0\,[\mathrm{m^3/sec}]$，$Q_0\,[\mathrm{m^3/sec}]$，$H_0\,[\mathrm{m}]$ はそれぞれ平衡状態における流入量，流出量，水位であり，小文字の u, q, h はそれぞれの変化分を表している．タンクの底面積を $C\,[\mathrm{m^2}]$ とすると，水位の単位時間あたりの変化は流入量と流出量の差により生ずるので

$$C\frac{d}{dt}(H_0 + h) = U_0 + u - (Q_0 + q) \tag{3.6}$$

を満足する．他方，流出量 $Q_0 + q$ はベルヌーイの法則から

$$Q_0 + q = A\sqrt{2g(H_0 + h)} \tag{3.7}$$

と表される．ここに $A\,[\mathrm{m^2}]$ は等価流路面積，$g\,[\mathrm{m/sec^2}]$ は重力定数である．また平衡状態では $Q_0 = A\sqrt{2gH_0} = U_0$ が成立している．したがって，式 (3.6), (3.7) から

$$C\frac{dh}{dt} + A\left(\sqrt{2g(H_0 + h)} - \sqrt{2gH_0}\right) = u \tag{3.8}$$

という関係を得る．これは h に関する非線形微分方程式である．

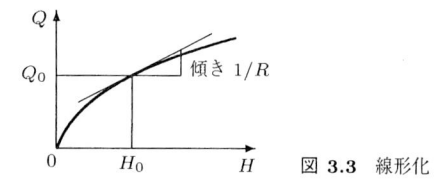

図 3.3 線形化

つぎに，式 (3.8) を平衡点 ($h = 0, q = 0, u = 0$) の近傍で線形化しよう．式 (3.7) から

$$q = A\sqrt{2gH_0}\left(\sqrt{1 + h/H_0} - 1\right) \simeq A\sqrt{2gH_0}\frac{h}{2H_0} = \frac{1}{R}h \tag{3.9}$$

を得る (図 3.3). ここに $R = \sqrt{2H_0/g}/A\,[\sec/\mathrm{m}^2]$ は仮想的な流路抵抗である. したがって, 式 (3.8) は平衡点の近傍では, 線形微分方程式

$$RC\frac{dh}{dt} + h = Ru \tag{3.10}$$

で近似できる. これは式 (3.5) と同一の 1 次系であり, $T = RC\,[\sec]$ を時定数, $K = R\,[\sec/\mathrm{m}^2]$ をゲインという. □

例 3.3 (RC 回路)　図 3.2(c) の回路電流を i とする. 入力電圧 e_i と出力電圧 e_0 の関係は, $i = Cde_0/dt$ から

$$RC\frac{de_0}{dt} + e_0 = e_i \tag{3.11}$$

となる. これも, 式 (3.5), (3.10) と同じタイプの 1 次系である. □

3.2　インパルス応答と伝達関数

以上のように, 1 次系の入出力方程式は

$$T\frac{dy}{dt} + y = Ku, \qquad y(0-) = y_0 \tag{3.12}$$

と表される. 式 (3.12) の一般解は例 2.7 の式 (2.56) より

$$y(t) = e^{-t/T}y_0 + \int_{0-}^{t}\frac{K}{T}e^{-(t-\tau)/T}u(\tau)d\tau \tag{3.13}$$

となる. 上式右辺第 1 項は初期値 y_0 によるもので, ゼロ入力応答と呼ばれ, 第 2 項は入力 $u(t)$ によるものでゼロ状態応答と呼ばれる. 一般に, 線形システムの応答はゼロ入力応答とゼロ状態応答の和として表される.

式 (3.13) において初期値を 0 とし, 入力を時刻 $t = 0$ におけるインパルス, すなわち $u(t) = \delta(t)$ とすると, 出力は

$$y(t) = \frac{K}{T}e^{-t/T}, \qquad t > 0 \tag{3.14}$$

となる. これを式 (3.12) のインパルス応答 (impulse response) という.

つぎに式 (3.1) の一般の定係数線形システムについて考え, そのインパルス応答を $g(t)$ で表す. インパルス応答は定義から $g(t) = 0, t < 0$ であり, $t \geq 0$ に対してのみ値をもつ. 一般に $g(t) = 0, t < 0$ であるようなシステムを因果的であるという (付録 B.1 節).

定理 3.1　式 (3.1) のシステムのインパルス応答を $g(t)$ とするとき，任意の入力 $u(t)$, $t \geq 0$ に対するゼロ状態応答 $y(t)$, $t \geq 0$ はつぎの合成積で与えられる．

$$y(t) = \int_{0-}^{t} g(t-\tau)u(\tau)d\tau, \qquad t > 0 \tag{3.15}$$

証明[*]([68])　まず，システムの入出力関係を作用素 $\mathcal{S}$ を用いて

$$y(t) = \mathcal{S}[u(\cdot)](t), \qquad t > 0 \tag{3.16}$$

のように表す (図 3.1 参照)．このとき，システムのインパルス応答は

$$g(t) = \mathcal{S}[\delta(\cdot)](t), \qquad t > 0 \tag{3.17}$$

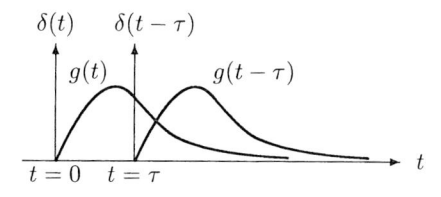

図 3.4　時不変システムのインパルス応答

となる．また時不変システムの場合，図 3.4 に示すように時刻 $t = \tau \, (> 0)$ において印加されたインパルス $\delta(t - \tau)$ に対する応答は式 (3.17) のインパルス応答を τ だけ右にシフトした (遅らせた) ものであるから，

$$\mathcal{S}[\delta(\cdot - \tau)](t) = \mathcal{S}[\delta(\cdot)](t - \tau) = g(t - \tau), \qquad t > \tau \tag{3.18}$$

が成立する．式 (2.16) から，$u(t)$ は δ 関数を用いて

$$u(t) = \int_{-\infty}^{\infty} \delta(t - \tau)u(\tau)d\tau \tag{3.19}$$

と表すことができる．式 (3.19) を式 (3.16) に代入して，式 (3.18) を用いると

$$\begin{aligned} y(t) &= \mathcal{S}\left[\int_{-\infty}^{\infty} \delta(\cdot - \tau)u(\tau)d\tau\right](t) \\ &= \int_{-\infty}^{\infty} \mathcal{S}[\delta(\cdot - \tau)](t)u(\tau)d\tau = \int_{-\infty}^{\infty} g(t-\tau)u(\tau)d\tau \end{aligned} \tag{3.20}$$

を得る[†]．$g(t) = 0$, $u(t) = 0$, $t < 0$ に注意すると，式 (3.15) を得る．　□

ゼロ状態応答 $y(t)$ は入力 $u(t)$ と重み関数 $g(t)$ の合成積で表されるので，インパルス応答を荷重関数 (weighting function) ともいう．

[†] 式 (3.20) において，時間積分と作用素 $\mathcal{S}$ の順序交換ができるためには，システムの線形性と連続性が必要である．

さて $g(t)$ がラプラス変換可能であるとき，

$$G(s) = \mathfrak{L}[g(t)](s) = \int_{0-}^{\infty} g(t)e^{-st}dt \tag{3.21}$$

を線形システムの伝達関数 (transfer function) という．伝達関数という名前はつぎの定理から明らかになる．

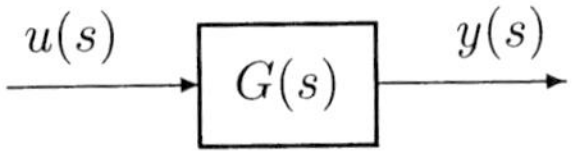

$$u(s) \longrightarrow \boxed{G(s)} \longrightarrow y(s)$$

図 **3.5** 伝達関数

定理 3.2 入出力のラプラス変換をそれぞれ $u(s), y(s)$ とすると，

$$y(s) = G(s)u(s) \tag{3.22}$$

という関係が成立する (図 3.5)．

証明 式 (3.15) とラプラス変換の性質 L6 から明らかである． □

つぎに初期値をすべて 0 とおいて式 (3.1) の両辺をラプラス変換すると

$$(s^n + a_1 s^{n-1} + \cdots + a_{n-1}s + a_n)y(s)$$
$$= (b_0 s^m + b_1^{m-1} + \cdots + b_{m-1}s + b_m)u(s)$$

を得る．ここで s の多項式 $D(s) = s^n + a_1 s^{n-1} + \cdots + a_n$, $N(s) = b_0 s^m + b_1 s^{m-1} + \cdots + b_m$ を定義すると，入出力のラプラス変換の間には

$$y(s) = \frac{N(s)}{D(s)}u(s) \tag{3.23}$$

という関係が成立する．$N(s)/D(s)$ は入力には無関係なシステムに固有のもので，式 (3.22) と比較することにより伝達関数 $G(s)$ と一致する．すなわち，式 (3.1) の線形システムの伝達関数はゼロ状態応答の入出力のラプラス変換の比

$$G(s) = \frac{N(s)}{D(s)} = \frac{b_0 s^m + b_1 s^{m-1} + \cdots + b_{m-1}s + b_m}{s^n + a_1 s^{n-1} + \cdots + a_{n-1}s + a_n} \tag{3.24}$$

で与えられる．このように定係数の線形常微分方程式で記述される動的システムの伝達関数は複素周波数 s の有理関数となる．また定義から伝達関数にはシステムの初期状態に関する情報は含まれていないことに注意しておこう．

式 (3.24) の伝達関数において，分母多項式の次数 n が分子多項式の次数 m より大きいとき，すなわち $n \geq m$ であれば $G(s)$ はプロパー (proper) であるという．

とくに $n > m$ であれば $G(s)$ は厳密にプロパー (strictly proper)，逆に $m > n$ であれば非プロパー (improper) という．また分母と分子の次数差 $\nu = n - m$ を $G(s)$ の相対次数 (relative degree) という．

式 (3.12) の伝達関数は $G(s) = K/(Ts+1)$ となるが，これは厳密にプロパーであり，そのインパルス応答は指数関数となる．しかし，たとえば

$$G(s) = \frac{s^2 + 4s + 5}{s^2 + 3s + 2} = 1 + \frac{s+3}{s^2 + 3s + 2}$$

の相対次数は 0 であり，そのインパルス応答は

$$g(t) = \mathfrak{L}^{-1}[G(s)] = \delta(t) + (2e^{-t} - e^{-2t})1(t), \qquad t \geq 0$$

となり，デルタ関数を含む．

また $y(t) = 0$，$t < t_0$ として入力 $u(t) = e^{st}$ が時刻 $t = t_0$ においてシステムに印加されたとすると

$$y(t) = \int_{t_0}^{t} g(t-\tau) e^{s\tau} d\tau$$

を得る．ここで $t_0 \to -\infty$ の極限をとると，出力の定常応答は

$$y_s(t) = \int_{-\infty}^{t} g(t-\tau) e^{s\tau} d\tau = \left(\int_0^{\infty} g(\tau) e^{-s\tau} d\tau \right) e^{st} = G(s) e^{st}$$

となる．したがって，伝達関数 $G(s)$ は形式的に

$$G(s) = \frac{e^{st} \text{ に対する定常応答}}{e^{st}} \tag{3.25}$$

と表すことができる．これは伝達関数の 1 つの解釈を与える．

3.3　各種システムの伝達関数

本節では，例題に基づいて 2 次系，3 次系とむだ時間要素の伝達関数について述べる．

例 3.4 (機械振動系)　力学系の運動はニュートンの運動方程式に支配される．ここでは直線運動をする機械振動系の伝達関数を求めてみよう．図 3.6 において，バネ K [N/m]，およびダンパー (ダッシュポット) D [N/m/sec] により支持されている質量 M [kg] の物体に力 f [N] が水平に作用しているとする．ただし物体と床の摩擦は無視できるものとする．f を入力，物体の平衡位置からの変位 y [m]

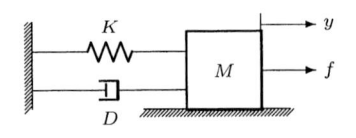

図 3.6 機械振動システム

を出力とするとき，このシステムの伝達関数を求めてみよう．バネ，ダンパーおよび質量に働く力をそれぞれ f_K, f_D, f_M [N] とすると

$$f_K = Ky \quad (\text{フックの法則}) \tag{3.26a}$$

$$f_D = D\dot{y} \quad (\text{粘性摩擦力}) \tag{3.26b}$$

$$f_M = M\ddot{y} \quad (\text{運動の第2法則}) \tag{3.26c}$$

となり，また力の平衡条件より

$$f = f_K + f_D + f_M \tag{3.27}$$

が成立する．式 (3.26) を式 (3.27) に代入すると，2 階線形常微分方程式

$$M\frac{d^2y}{dt^2} + D\frac{dy}{dt} + Ky = f \tag{3.28}$$

を得る．ここに初期値は，初期変位 $y(0-) = y_0$，および初期速度 $\dot{y}(0-) = v_0$ により定まる．初期値をすべて 0 として式 (3.28) をラプラス変換することにより伝達関数は次式となる．

$$G(s) = \frac{y(s)}{f(s)} = \frac{1}{Ms^2 + Ds + K} \tag{3.29}$$

これは 2 次系の伝達関数である． □

図 3.6 の質量・バネ・ダンパーシステムは構造物の振動モデルをはじめとして多くの機械振動システムの基本的なモデルとして広く利用されている．2 次系の時間応答は 4.2 節で考察する．

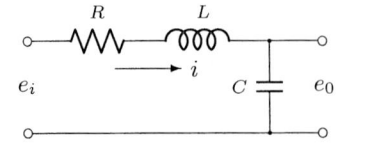

図 3.7 RLC 回路

例 3.5 (電気回路) 図 3.7 の RLC 回路において，e_i [V] は入力電圧であり，コンデンサの端子電圧 e_0 [V] を出力するとき，入出力関係を表す微分方程式を求め

よう．R [Ω], L [H], C [F] の両端電圧をそれぞれ v_R, v_L, v_C [V] とおき，回路電流を i [A] とすると，

$$R\,i = v_R \quad (\text{オームの法則}) \tag{3.30a}$$

$$L\frac{di}{dt} = v_L \quad (\text{ファラディの法則}) \tag{3.30b}$$

$$\frac{1}{C}\int_{0-}^{t} i\,dt = v_C - v_C(0) \quad (\text{クーロンの法則}) \tag{3.30c}$$

が成立する．ここに $v_C(0)$ はコンデンサの端子電圧の初期値である．また，キルヒホッフの電圧法則より

$$e_i = v_C + v_R + v_L \tag{3.31}$$

を得る．式 (3.30), (3.31) から i, v_R, v_L を消去すると，出力 $e_0 = v_C$ は

$$LC\frac{d^2 e_0}{dt^2} + RC\frac{de_0}{dt} + e_0 = e_i \tag{3.32}$$

を満足する．初期値 $v_C(0)$ とインダクタンス電流の初期値 i_0 から初期値 $e_0(0-)$, $\dot{e}_0(0-)$ が定まる．式 (3.32) をラプラス変換することにより，RLC 回路の伝達関数は

$$G(s) = \frac{e_0(s)}{e_i(s)} = \frac{1}{LCs^2 + RCs + 1} \tag{3.33}$$

となる．これも式 (3.28) と同じタイプの 2 次系の伝達関数である．また $RC, \sqrt{LC}$ はともに時間 [sec] の次元をもつ[†]．　□

式 (3.30) において電圧，電流のラプラス変換を $v_\alpha(s), i(s)$ とおく．ただし，$\alpha = L, R, C$ である．インピーダンスを $Z_\alpha(s) = v_\alpha(s)/i(s)$ により定義すると，インダクタンス，抵抗，コンデンサのインピーダンスはそれぞれ

$$Z_L(s) = sL, \qquad Z_R(s) = R, \qquad Z_C(s) = \frac{1}{sC}$$

と表される．これを用いると回路を流れる電流 $i(s)$ は

$$i(s) = \frac{e_i(s)}{Z_L(s) + Z_R(s) + Z_C(s)} = \frac{e_i(s)}{sL + R + 1/sC}$$

[†] 次元に関しては，[Ω] = [V]/[A], [H] = [V][sec]/[A], [F] = [C]/[V], [C] = [A][sec] という関係が成立する．

表 3.1 各種システムモデル間のアナロジー

電気系	機械系	水位系	熱系
電圧 e [V]	力 f [N]	水位 h [m]	温度 θ [°C]
電流 i [A]	速度 v [m/sec]	流量 q [m^3/sec]	熱流量 q [J/sec]
電荷 q [C]	変位 x [m]	液体量 V [m^3]	熱量 Q [J]
抵抗 R [Ω]	粘性摩擦係数 D [N/m/sec]	流路抵抗 R [sec/m^2]	熱抵抗 R [°C/J/sec]
容量 C [F]	バネ定数の逆数 $1/K$ [m/N]	液面断面積 C [m^2]	熱容量 C [J/°C]
インダクタンス L [H]	質量 M [kg]	—	—

となるので，$e_0(s) = Z_C(s)i(s)$ から式 (3.33) を得る．

式 (3.30) において，電流 i の代わりに電荷 $q = \int_{0_-}^{t} i\,dt + q_0$ を用いると，

$$v_C = \frac{1}{C}q, \quad v_R = R\dot{q}, \quad v_L = L\ddot{q} \tag{3.34}$$

を得るので，式 (3.26) と比較することにより，電気系と機械系のモデルの間には表3.1のような対応関係 (アナロジー) があることがわかる．この表には熱プロセス，水位プロセスとの対応関係も同時に示してある．

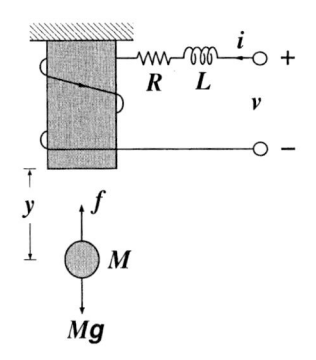

図 3.8 磁気浮上システム

例 3.6 (磁気浮上システム) 図3.8に示す電磁石と鋼鉄のボールからなる磁気浮上システムの目的は入力電圧 v によって電流 i を変化させてボールの位置を制御することである．ただし，鉛直方向の運動のみを考えるとする．図3.8において，R はコイルの抵抗，L はコイルのインダクタンス，g は重力定数，M はボールの質量，y は電磁石の下端から下向きに測った球の (中心) 位置である．

まず，電圧のキルヒホッフの法則を用いると，

$$L\frac{di}{dt} = -Ri + v \tag{3.35}$$

を得る．またボールに働く電磁石の磁気吸引力 f は，電流の 2 乗に比例し，距離 y に反比例すると仮定できるので，次式が成立する．

$$M\frac{d^2y}{dt^2} = Mg - Ki^2/y, \qquad K > 0 \tag{3.36}$$

ここでボールが平衡状態にあるときの各変数の値を (y_0, i_0, v_0) と定義する．式 (3.35), (3.36) の右辺をそれぞれ 0 とおくことにより，

$$Ri_0 = v_0, \qquad y_0 = Ki_0^2/(Mg)$$

を得る．式 (3.36) を平衡点の近傍で線形化するために，各変数の変化分を $\bar{y} = y - y_0, \bar{i} = i - i_0, \bar{v} = v - v_0$ とおく．このとき，式 (3.36) から近似的に

$$\frac{d^2\bar{y}}{dt^2} = g - \frac{K(i_0+\bar{i})^2}{M(y_0+\bar{y})} \simeq \alpha^2\bar{y} - 2\beta\bar{i} \tag{3.37}$$

が成立する．ただし $\alpha = \sqrt{g/y_0}$, $\beta = \sqrt{Kg/(My_0)}$ である．式 (3.35), (3.37) をラプラス変換すると，

$$(Ls + R)\bar{i}(s) = \bar{v}(s), \qquad (s^2 - \alpha^2)\bar{y}(s) = -2\beta\bar{i}(s)$$

を得る．よって，$\bar{v}$ から $\bar{y}$ までの伝達関数は

$$G(s) = \frac{-2\beta}{(Ls+R)(s^2-\alpha^2)} \tag{3.38}$$

となる．これは不安定なシステムである (4.4, 4.5 節参照)． □

例 3.7 (むだ時間要素)　集中定数系でないシステムの例としては，熱伝導プロセス，弾性体などがあるが，ここではむだ時間要素を取り上げよう．一定速度で動くベルトコンベアや管路の押出し流れ系では，入力信号を印加すると一定時間遅れて入力と同一の信号が出力に現れる．遠距離の衛星通信においても信号の伝送遅延が生ずる．このような系をむだ時間要素 (time-delay element) という．すなわち，むだ時間要素の入出力を $u(t), y(t)$ とすると，その入出力関係は

$$y(t) = u(t - L), \qquad L > 0 \tag{3.39}$$

と表される. 式 (3.39) のラプラス変換より, むだ時間要素の伝達関数は

$$G(s) = \frac{y(s)}{u(s)} = e^{-sL} \qquad (3.40)$$

となる (図 3.9). ここで L をむだ時間 (遅れ時間) という.

図 3.9 むだ時間要素

むだ時間要素の伝達関数は有理関数ではないので, むだ時間を含むシステムの解析は非常に困難である. このため, パデ (Padé) 近似

$$e^{-sL} \simeq \frac{1-Ls/2}{1+Ls/2}, \qquad \frac{1-Ls/2+L^2s^2/12}{1+Ls/2+L^2s^2/12} \qquad (3.41)$$

が用いられることが多い. 上式右辺は e^{-sL} の有理関数近似である. □

3.4 フィードバック増幅器

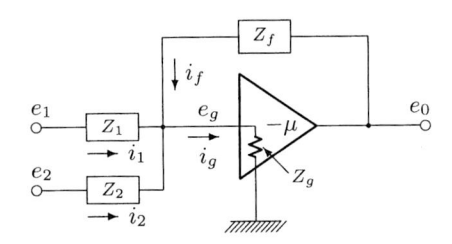

図 3.10 フィードバック増幅器

演算増幅器という能動的要素を含むフィードバック増幅器について述べる. 演算増幅器 (operational amplifier) は高いゲイン ($10^5 \sim 10^9$) と高い入力インピーダンス ($10^7 \sim 10^9 \, \Omega$) をもつ電圧増幅器である. しかし, 増幅器はそれ自身のゲインを一定に保つことは困難であるので, 図 3.10 のようにフィードバック回路を付加してフィードバック増幅器として用いられる. 増幅器のゲインを $-\mu$, 入力インピーダンスを Z_g とする. $\mu \gg 1$ であるから, 出力電圧が $\pm 10\,\mathrm{V}$ 程度以内であればグリッド電圧は $e_g(s) = -e_0(s)/\mu \simeq 0$ となる. 同様に $Z_g \gg 1$ であるから, グリッド電流は $i_g(s) = e_g(s)/Z_g \simeq 0$ となる. よって, 図 3.10 から

$$i_f(s) = -i_1(s) - i_2(s)$$

$$i_1(s) = \frac{e_1(s)}{Z_1(s)}, \qquad i_2(s) = \frac{e_2(s)}{Z_2(s)}, \qquad i_f(s) = \frac{e_0(s)}{Z_f(s)}$$

が成立する．上式では簡単のために，記号 $\simeq$ の代わりに，等号 $=$ を用いている．ここで $i_1(s), i_2(s), i_f(s)$ を消去すると

$$e_0(s) = -\frac{Z_f(s)}{Z_1(s)}e_1(s) - \frac{Z_f(s)}{Z_2(s)}e_2(s) \tag{3.42}$$

を得る．とくに $Z_f(s), Z_1(s), Z_2(s)$ がすべて抵抗であれば，式 (3.42) は

$$e_0(s) = -K_1 e_1(s) - K_2 e_2(s), \qquad K_i = R_f/R_i, \qquad i = 1, 2$$

となる．出力電圧は 2 つの入力電圧の加重和となるので，この場合のフィードバック増幅器は加算器 (adder) と呼ばれる．このように μ の値を一定に保つことができなくても，$\mu \gg 1$ であることを利用して，精度のよい抵抗を用いたフィードバック回路を構成することにより，増幅器は安定したゲイン特性をもつようにできる．これは，負フィードバックの重要な応用例の一つである（例 1.3）．

例 3.8 図 3.10 において入力信号は e_1 のみであるとする．
(a) $Z_1(s) = R_1, Z_f(s) = R_f$ とおくと，比例要素となる．

$$\frac{e_0(s)}{e_1(s)} = -K, \qquad K = \frac{R_f}{R_1} \tag{3.43}$$

とくに $R_1 = R_f$ とおくと $e_0(s) = -e_1(s)$ となる．これを符号変換器という．
(b) $Z_1(s) = R, Z_f(s) = 1/sC$ とおくと，

$$\frac{e_0(s)}{e_1(s)} = -\frac{1}{Ts}, \qquad T = RC \tag{3.44}$$

という積分要素 (=積分器) を得る．
(c) $Z_1(s) = 1/sC, Z_f(s) = R$ とおくと，増幅器は

$$\frac{e_0(s)}{e_1(s)} = -Ts, \qquad T = RC \tag{3.45}$$

という微分要素 (=微分器) となる．
(d) 同様に $Z_1(s) = R_1, Z_f(s) = R/(RCs+1)$（$R$ と C の並列結合）とおくと 1 次系の伝達関数

$$\frac{e_0(s)}{e_1(s)} = \frac{-K}{Ts+1}, \qquad T = RC, \qquad K = \frac{R}{R_1}$$

を得る．とくに，式 (3.43), (3.44), (3.45) で与えた比例要素，積分器，微分要素は制御系に現れる 3 つの基本要素である． □

上述のように，インピーダンスを適当に選ぶことによりフィードバック増幅器は種々の特性をもつ要素となる．加算器，積分器，符号変換器などを組み合わせることにより，種々の伝達関数をシミュレートすることができる．

3.5 ブロック線図

一般には制御系はいくつかの要素から構成される．本節ではこのような制御系の構造あるいは信号/情報の流れを図式的にみやすく表現するブロック線図 (block diagram) について述べる．

ブロック線図は，各ブロックの中に制御要素の伝達関数や入出力の特性を示す記号を書き込み，信号の流れを表す矢印を付けた線分で各ブロックを結んだものである．前節で述べた比例，積分，微分の3つの要素を図示すると，図 3.11 のようになる．

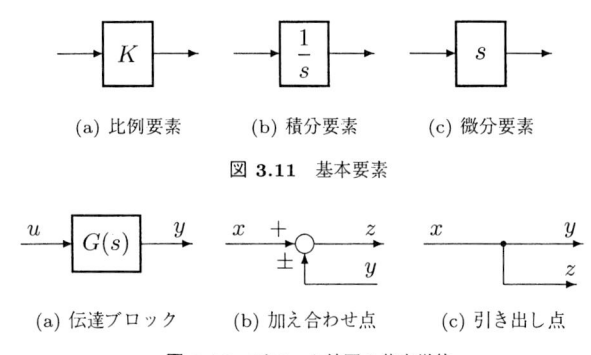

(a) 比例要素　　(b) 積分要素　　(c) 微分要素

図 **3.11** 基本要素

(a) 伝達ブロック　　(b) 加え合わせ点　　(c) 引き出し点

図 **3.12** ブロック線図の基本単位

ブロック線図には図 3.12 に示すような伝達ブロック，加え合わせ点，および引き出し点の3つの基本単位が用いられる．伝達ブロックは信号の変換を表す．加え合わせ点は2つあるいはそれ以上の信号の代数和を表し，図中に示したように+，−の記号で加減算を区別する．また引き出し点は同一の信号を2つ以上のブロックあるいは加え合わせ点に供給するための分岐点である．

以上の3つの基本単位を組み合わせることにより，制御系のブロック線図が構成できる．伝達ブロックの結合方式には，表 3.2 に示すように，

(a) 　直列 (tandem), カスケード (cascade) 結合
(b) 　並列 (parallel) 結合
(c) 　フィードバック (feedback) 結合

の3種類がある．

3.5 ブロック線図

表 3.2 伝達ブロックの結合

結合方式	結合前	結合後
直列結合	$u \to \boxed{G_1} \xrightarrow{x} \boxed{G_2} \to y$	$u \to \boxed{G_2 G_1} \to y$
並列結合	u が G_1 を通り x となり，G_2 を通り z となって合流点 $\pm$ で y となる	$u \to \boxed{G_1 \pm G_2} \to y$
フィードバック結合	$r \xrightarrow{+}_{\mp} \bigcirc \xrightarrow{e} \boxed{G_1} \to y$, 帰還 G_2	$r \to \boxed{\dfrac{G_1}{1 \pm G_1 G_2}} \to y$

伝達関数 $G_1(s)$, $G_2(s)$ が直列結合された場合，結合系の伝達関数は

$$G(s) = \frac{y(s)}{u(s)} = \frac{y(s)}{x(s)} \cdot \frac{x(s)}{u(s)} = G_2(s) G_1(s) \tag{3.46}$$

となり，並列結合された場合には

$$G(s) = \frac{y(s)}{u(s)} = \frac{G_1(s) u(s) \pm G_2(s) u(s)}{u(s)} = G_1(s) \pm G_2(s) \tag{3.47}$$

となる．またフィードバック結合の場合には，

$$e(s) = r(s) \mp G_2(s) y(s), \qquad y(s) = G_1(s) e(s)$$

から，$e(s)$ を消去することにより

$$T(s) = \frac{y(s)}{r(s)} = \frac{G_1(s)}{1 \pm G_1(s) G_2(s)} \tag{3.48}$$

を得る．これはフィードバック制御の基礎となる関係式の一つである．

例 3.9 (電気–機械系) 図 3.13 の電機子制御直流サーボモータの伝達関数とそのブロック線図を求めよう．ただし J は負荷を含めたモータの慣性モーメント，D は粘性摩擦係数，T はトルク，θ は回転角である．このとき，

$$J \frac{d^2 \theta}{dt^2} + D \frac{d\theta}{dt} = T \tag{3.49}$$

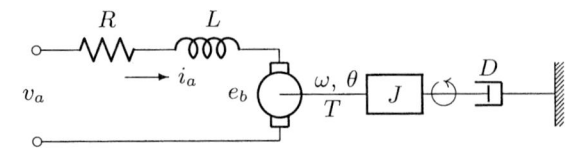

図 **3.13** 直流サーボモータ

が成立する．モータの発生トルク T は電機子電流 i_a に比例するので，界磁の強さおよびモータ特性による比例係数を K_T とすると

$$T = K_T i_a \tag{3.50}$$

が成立する．また，逆起電力 e_b はモータの回転角速度に比例するので，

$$e_b = K_e \frac{d\theta}{dt} = K_e \omega, \quad K_e : 逆起電力係数 \tag{3.51}$$

を得る．よって，キルヒホッフの電圧法則から

$$L\frac{di_a}{dt} + R i_a + e_b = v_a \tag{3.52}$$

が成立する．式 (3.50) を式 (3.49) に代入して T を消去し，初期値を 0 として式 (3.49), (3.51), (3.52) をラプラス変換すると次式を得る．

$$(Js^2 + Ds)\theta(s) = K_T i_a(s)$$

$$(Ls + R)i_a(s) + K_e s \theta(s) = v_a(s)$$

図 **3.14** 直流サーボモータのブロック線図

上式より図 3.14 のブロック線図を得る．よって v_a から θ までの伝達関数は

$$G(s) = \frac{\theta(s)}{v_a(s)} = \frac{K_T}{(Ls+R)(Js^2+Ds) + K_T K_e s} \tag{3.53}$$

となる．通常 L は小さく無視できるので，$L = 0$ とおくと，よく知られたサーボモータの伝達関数が得られる．

$$G(s) = \frac{K_m}{s(T_m s + 1)} \tag{3.54}$$

ただし $K_m = K_T/(K_e K_T + RD)$, $T_m = RJ/(K_e K_T + RD)$ である.

回転系のパワーは $P = T\omega = T\dot{\theta}$ [W] であるが，これはまた $P = i_a e_b$ [W] と表すことができる．よって，式 (3.50), (3.51) から

$$T\dot{\theta} = \frac{K_T i_a e_b}{K_e} = \frac{K_T}{K_e} i_a e_b$$

となるので，K_T[Nm/A] $= K_e$[V/rad/sec] を得る．すなわち，比例係数 K_T と逆起電力係数 K_e は数値的に等しい． □

複雑なブロック線図を簡単化するための法則を表 3.3 に示す．これらの変換が正しいことはほとんど明らかであろう．しかし，表 3.3 の伝達ブロックの置換は多入力多出力系や非線形要素の場合には成り立たないことに注意しておこう．

表 3.3 ブロック線図の変換

操 作	変 換 前	変 換 後
加え合わせ点の変換	$u \to \pm \bigcirc \pm \bigcirc \to z$, 入力 x, y	$u \to \pm \bigcirc \pm \bigcirc \to z$, 入力 y, x
加え合わせ点の移動	$x \to \pm \bigcirc \to G \to z$, 入力 y	$x \to G \to \bigcirc \to z$, $y \to G \to \bigcirc$
引き出し点の移動	$x \to G \to y$, 分岐 y	$x \to G \to y$, $x \to G \to y$
伝達ブロックの置換	$x \to G_1 \to G_2 \to y$	$x \to G_2 \to G_1 \to y$

【付記】 本書を通して，以下では加え合わせ点 (図 3.12(b), 表 3.3 参照) におけるプラス (+) 記号はすべて省略して，必要なマイナス (−) 記号のみを付けることにする．したがって，加え合わせ点に − の記号がなければ，信号は加算されるものと解釈する．たとえば，図 3.14 では v_a の右側にある + は省略してあり，− のみが付けられている．このように + 記号を省略することによって，ブロック線図はみやすいものとなる．

3.6 シグナルフローグラフ

本節では複雑なシステムの表現に威力を発揮するシグナルフローグラフ (signal flow graph; SFG) とその伝達関数を求める Mason の公式について述べる.

SFG においては，入力，出力，加え合わせ点，引き出し点を示すノード (node) は○印で，またブロックの入出力関係を示す有向枝 (directed branch) は信号の流れを示す矢印付きの線分で表される．枝に添えて書く記号は伝達関数であり，これをトランスミッタンス (transmittance) という.

任意の 2 つのノードを結ぶ有向枝をパス (path) といい，あるノードから出てもとのノードに戻るパス (同一のノードは 2 度以上通過しない) をループ (loop) という．もちろん，フィードバック結合は 1 つのループである.

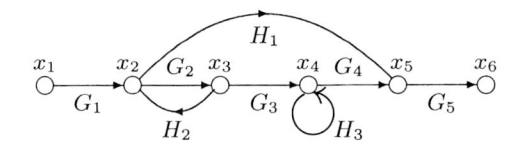

図 **3.15** シグナルフローグラフ

図 3.15 には簡単な SFG の例を示している．図において，x_1 を入力ノード (input node), x_6 を出力ノード (output node) という．このグラフには x_1 から x_6 に至る 2 つの前向きパス $x_1 \to x_2 \to x_3 \to x_4 \to x_5 \to x_6$, および $x_1 \to x_2 \to x_5 \to x_6$ があり，2 つのループ $x_2 \to x_3 \to x_2, x_4 \to x_4$ がある．このとき $P_1 = G_1 G_2 G_3 G_4 G_5$, $P_2 = G_1 H_1 G_5$ をパスゲイン，また $L_1 = G_2 H_2$, $L_2 = H_3$ をループゲインという.

一般の SFG の変換手順はブロック線図の変換手順と同じである．ここでは，入力ノードから出力ノードまでの SFG のトランスミッタンスを求める Mason の公式を述べる．本公式の直接的な応用は定理 7.2 の証明でみられる.

定理 3.3 (Mason)   任意の SFG において入力ノードから出力ノードまでのトランスミッタンスは

$$T = \sum_i \frac{P_i \Delta_i}{\Delta} \tag{3.55}$$

で与えられる．ここに P_i は第 i 番目の前向きパスのゲイン，Δ は SFG の行列式

$$\Delta = 1 - (\text{ループゲインの総和})$$
$$\qquad + (2\text{つの接しないループのループゲインの積の総和})$$
$$\qquad - (3\text{つの接しないループのループゲインの積の総和}) + \cdots$$
$$= 1 - \sum_n L_n + \sum_{n,m} L_n L_m - \sum_{n,m,r} L_n L_m L_r + \cdots \quad (3.56)$$

である．ただし L_n は第 n 番目のループゲインであり，$L_n L_m, L_n L_m L_r, \cdots$ は互いにノードを共有しないループゲインの積である．また Δ_i は第 i 番目の前向きパスに接するループを取り除いてできる部分 SFG の行列式，すなわち余因子である．

証明* 簡単のために $n=3$ という特別な場合の証明を行う．図 3.16 の SFG(始点が x_1 で終点が x_3) を考える．$x_0(=x_1)$ は SFG をみやすくするためのダミーノード

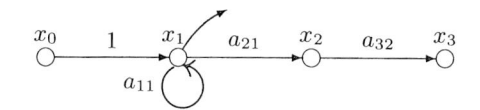

図 **3.16** シグナルフローグラフ $(n=3)$

(dummy node) である．ノード j からノード i に至るパスのゲインを a_{ij} とする．このとき，x_1, x_2, x_3 は連立方程式

$$\begin{aligned}(1-a_{11})x_1 - a_{12}x_2 - a_{13}x_3 &= x_0 \\ -a_{21}x_1 - (1-a_{22})x_2 - a_{23}x_3 &= 0 \\ -a_{31}x_1 - a_{32}x_2 + (1-a_{33})x_3 &= 0\end{aligned} \quad (3.57)$$

を満足する．ここで

$$A = \begin{bmatrix} 1-a_{11} & -a_{12} & -a_{13} \\ -a_{21} & 1-a_{22} & -a_{23} \\ -a_{31} & -a_{32} & 1-a_{33} \end{bmatrix}, \quad x = \begin{bmatrix} x_1 \\ x_2 \\ x_3 \end{bmatrix}, \quad b = \begin{bmatrix} x_0 \\ 0 \\ 0 \end{bmatrix}$$

とおくと，式 (3.57) は $Ax=b$ と表される．Δ を A の行列式，Δ_{ij} を A の (i,j) 余因子とすると，クラメールの公式から

$$x_3 = \frac{1}{\Delta}\sum_{i=1}^{3} b_i \Delta_{i3} = \frac{1}{\Delta}\Delta_{13}x_0 \quad (3.58)$$

となるので，トランスミッタンスは $T = x_3/x_0 = \Delta_{13}/\Delta$ で与えられる．

まず，行列式 Δ は定義から

$$\Delta = 1 - [a_{11} + a_{22} + a_{33} + a_{13}a_{31} + a_{23}a_{32} + a_{12}a_{21}]$$
$$+ [a_{11}a_{22} + a_{22}a_{33} + a_{33}a_{11} + (a_{13}a_{31})a_{22} + (a_{12}a_{21})a_{33} + (a_{23}a_{32})a_{11}]$$
$$- a_{11}a_{22}a_{33}$$

となる．上式右辺第 2 項は独立したループゲインの総和にマイナス符号を付けたもので，式 (3.56) の $-\sum_n L_n$ に相当する．第 3 項は節点を共有しない 2 つのループゲインの積の総和であり，式 (3.56) の $\sum_{n,m} L_n L_m$ に相当する．また最後の項は互いに節点を共有しない 3 つのループゲインの積の総和にマイナス符号を付けたもので，$-\sum_{n,m,r} L_n L_m L_r$ に対応する．分子の Δ_{13} は余因子の定義から

$$\Delta_{13} = (-1)^{1+3} \begin{vmatrix} -a_{21} & 1-a_{22} \\ -a_{31} & -a_{32} \end{vmatrix} = a_{21}a_{32} + a_{31}(1-a_{22}) \quad (3.59)$$

となる．右辺第 1 項は前向きパス $x_0 \to x_1 \to x_2 \to x_3$ のゲイン $P_1 = a_{21}a_{32}$ であり，このパスにはすべてのループが接しているので，$\Delta_1 = 1$ である．また右辺第 2 項の a_{31} はパス $x_0 \to x_1 \to x_3$ のゲイン $P_2 = a_{31}$ であり，このパスに接しないループは x_2 にある自己ループ a_{22} のみであるから，$\Delta_2 = 1 - a_{22}$ となる．よって，(3.59) の Δ_{13} は式 (3.55) の分子 $\sum_i P_i \Delta_i$ に対応することがわかる． □

行列式が 0 でなければ，トランスミッタンス T は一意的に定まる．この意味で，$\Delta \neq 0$ であるような SFG は正則であるという．たとえば，式 (3.48) の入出力伝達関数が定義できるためには，その分母が 0 でないことが必要である．これは表 3.2 のフィードバック結合系が正則であることと等価である (6.2 節参照).

3.7 ノ ー ト

伝達関数の定義は [75] によった．各種システムのモデルと伝達関数については，[1], [15], [44], [58], [47], [66] などが例題が豊富で詳しい．Mason の公式の原典は文献 [61] である．

3.8 演 習 問 題

3.1 図 P3.1 の電気回路の伝達関数を求めよ．ただし Amp はゲイン 1 の理想増幅器である．

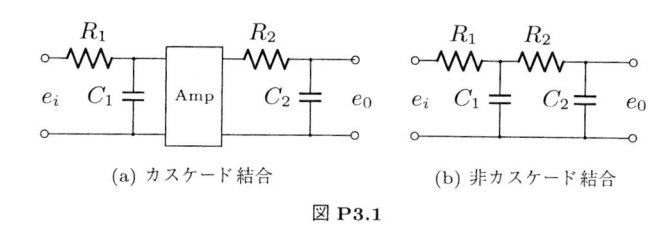

(a) カスケード結合   (b) 非カスケード結合

図 **P3.1**

3.2 図 P3.2 の機械系の伝達関数 $G_1(s) = y_1(s)/f(s)$, $G_2(s) = y_2(s)/f(s)$ を求めよ．ただし質量 M_1, M_2 と床の摩擦は無視するものとする．

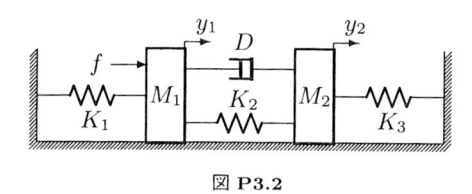

図 **P3.2**

3.3 図 P3.3 は加速度計 (accelerometer) の原理を示す．入力は外枠の変位 x，出力は質量 M と外枠の相対変位 y である．このとき x から y への伝達関数は

$$G(s) = \frac{-Ms^2}{Ms^2 + Ds + K}$$

となることを示せ．

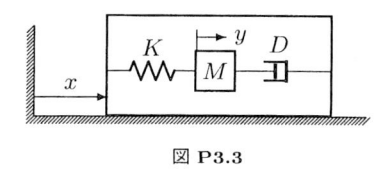

図 **P3.3**

3.4 式 (3.41) の 2 つのパデ近似のテーラー展開係数はそれぞれ e^{-sL} の展開係数と 2 次および 4 次まで一致することを示せ．

3.5 図 3.10 のフィードバック増幅器 (1 入力) において，$\mu \gg 1$, $Z_g \gg 1$ という近似を用いない場合の正確な伝達関数は，次式で与えられることを示せ．

$$\frac{e_0(s)}{e_1(s)} = \frac{-Z_f(s)/Z_1(s)}{1 + (1 + Z_f(s)/Z_1(s) + Z_f(s)/Z_g)/\mu}$$

3.6 図 P3.4 の 2 容量水位プロセスのブロック線図を描き，かつ伝達関数 $P(s) = q_2(s)/q_1(s)$ を求めよ．ただし図において，q_2, q_2, h_1, h_2 はいずれも平衡状態からの変化分を表す (例 3.2 参照)．

3.7 図 P3.5 の 2 容量熱プロセスにおいて，q_1, q_2: (単位時間に) タンク I, II に蓄えられる熱量，q_i, q_0: 流入水のもたらす熱量および流出水のもち去る熱量，C_1, C_2:

タンク I, II の熱容量, R_1: タンク I から II への伝達熱抵抗, R_2: タンク II の仮想的な熱抵抗, θ_1, θ_2, θ_i: タンク I, II の水温および流入水の温度である．入力を q_s, θ_i とし，出力を θ_2 とするとき，システムのブロック線図，および伝達関数 $\theta_2(s)/q_s(s)$, $\theta_2(s)/\theta_i(s)$ を求めよ．

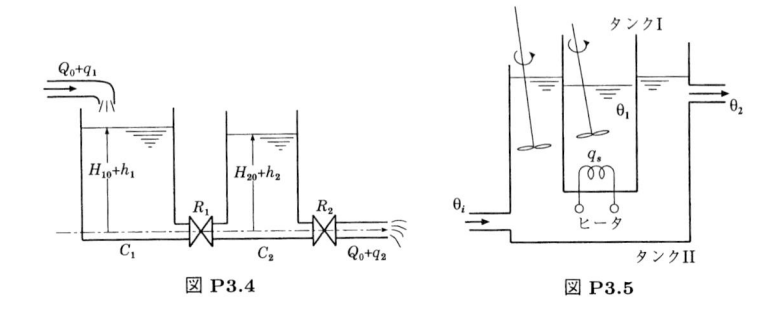

図 P3.4

図 P3.5

4

過渡応答と安定性

本章では,線形システムの時間応答と安定性を中心に述べる.
- インパルス応答,ステップ応答,伝達関数の極,零点
- 線形システムの入出力安定性,ラウス・フルビッツの安定判別法
- 単一フィードバック制御系の根軌跡

4.1 時間領域における応答

システムが定常状態にあるとき,目標値の変更あるいは外乱の影響によりシステムの状態が変動し,再び他の定常状態に達するまでの出力の時間変化を過渡応答という.以下では,図 4.1 の線形システムの過渡応答について考察する.

3.2 節で述べたように,インパルス応答はデルタ関数 $u(t) = \delta(t)$ に対する出力の応答であり,式 (3.22) から

$$y(t) = \mathcal{L}^{-1}[G(s)] = g(t), \qquad t > 0 \tag{4.1}$$

で与えられる.同様に,ステップ入力 $u(t) = 1(t)$ に対するシステムの応答をステップ応答 (step response) という.例 2.1 で述べたように $\mathcal{L}[1(t)] = 1/s$ であるから,ステップ応答は

$$y(t) = \mathcal{L}^{-1}\left[\frac{G(s)}{s}\right] = \int_{0-}^{t} g(\tau)d\tau \tag{4.2}$$

となる.すなわち,インパルス応答を積分したものがステップ応答である.この意味で,式 (4.2) の右辺を $g_{-1}(t)$ と表すことがある.ステップ応答はシステムにステップ信号を印加し,その出力を測定することにより得られるので,複雑なシ

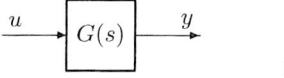

図 4.1 線形システム

ステムの動特性を把握するためにも利用される．したがって，制御工学ではシステムの過渡応答特性といえばステップ応答特性をいう場合が多い．

つぎの一般的な有理伝達関数について考える．

$$G(s) = \frac{N(s)}{D(s)} = \frac{b_0(s-z_1)\cdots(s-z_m)}{(s-p_1)\cdots(s-p_n)}, \qquad n > m \qquad (4.3)$$

ただし $D(s)$ と $N(s)$ は共通因子をもたないとする．$p_1,\cdots,p_n$ および $z_1,\cdots,z_m$ をそれぞれ伝達関数 $G(s)$ の極 (poles) および零点 (zeros) という．また $D(s)=0$ の根 $p_1,\cdots,p_n$ を特性根ともいう．

簡単のために，$p_1,\cdots,p_n$ はすべて異なるとすると，定理 2.8 から $G(s)$ のインパルス応答は

$$g(t) = \mathcal{L}^{-1}\left[\frac{A_1}{s-p_1} + \cdots + \frac{A_n}{s-p_n}\right] = \sum_{k=1}^{n} A_k e^{p_k t} \qquad t > 0 \qquad (4.4\mathrm{a})$$

$$A_k = \lim_{s \to p_k}[(s-p_k)G(s)] = \frac{b_0(p_k-z_1)\cdots(p_k-z_m)}{\prod_{l \ne k}(p_k-p_l)} \qquad (4.4\mathrm{b})$$

となる．極が重複する場合は式 (2.50) を利用すればよい．

式 (4.4a) から $s = p_k$ が極であれば，インパルス応答には $e^{p_k t}$ というモード (mode) が現れる．$\mathrm{Re}[p_k] < 0$ のとき $\lim_{t \to \infty} e^{p_k t} = 0$ であるから，すべての極の実部が負，すなわち $\mathrm{Re}[p_k] < 0, k = 1,\cdots,n$ であれば，$t \to \infty$ のとき $g(t)$ は 0 に収束する．極 p_k が複素数であればその複素共役 $\bar{p}_k$ も極であり，$\bar{p}_k$ に対する係数は $\bar{A}_k$ となる．$p_k = \sigma_k + j\omega_k, A_k = (\alpha_k + j\beta_k)/2$ とおくと，$p_k, \bar{p}_k$ に対するモードは

$$A_k e^{p_k t} + \bar{A}_k e^{\bar{p}_k t} = e^{\sigma_k t}(\alpha_k \cos\omega_k t - \beta_k \sin\omega_k t)$$
$$= \sqrt{\alpha_k^2 + \beta_k^2}\, e^{\sigma_k t}\cos(\omega_k t + \varphi_k), \qquad \tan\varphi_k = \frac{\beta_k}{\alpha_k} \quad (4.5)$$

となる．よって $\sigma_k < 0$ であれば振動的にかつ指数的に減衰し，$\sigma_k = 0$ であれば非減衰振動となり，また $\sigma_k > 0$ であれば振動的に発散する．

つぎに伝達関数 $G(s)$ のステップ応答は式 (4.2) から

$$y(t) = B_0 + B_1 e^{p_1 t} + \cdots + B_n e^{p_n t}, \quad t > 0 \tag{4.6a}$$

$$B_0 = G(0) = -\sum_{k=1}^{n} \frac{A_k}{p_k} \tag{4.6b}$$

$$B_k = \lim_{s \to p_k} \left[\frac{(s-p_k)}{s} G(s) \right] = \frac{A_k}{p_k}, \quad k = 1, \cdots, n \tag{4.6c}$$

で与えられる．複素共役極 $p_k, \bar{p}_k$ に対する係数は $B_k, \bar{B}_k$ となるので，$B_k e^{p_k t} + \bar{B}_k e^{\bar{p}_k t}$ は式 (4.5) と同じように表される．したがって，すべての極の実部が負であれば，ステップ応答は指数的に一定値 B_0 に収束する．モード $e^{p_k t}, e^{\bar{p}_k t}$ は極 $p_k, \bar{p}_k$ が原点から実軸に沿って負の方向に遠く離れるほど速く減衰し，原点に近づくほど減衰は遅くなる．とくに $p_k, \bar{p}_k$ 以外のすべての極が虚軸より十分左の方向に位置していれば，$e^{p_k t}, e^{\bar{p}_k t}$ 以外のモードは急速に減衰するのでステップ応答は初期の時間帯を除けば，次式で近似できる．

$$y(t) \simeq B_0 + B_k e^{p_k t} + \bar{B}_k e^{\bar{p}_k t} = B_0 + 2\mathrm{Re}[B_k e^{p_k t}] \tag{4.7}$$

このような減衰の遅いモードに対応した特性根を代表特性根という．したがって，ステップ応答は代表特性根によって支配される．

最後に伝達関数の零点の影響について述べる．いま入力を $u(t) = e^{z_i t}$, すなわち $u(s) = 1/(s - z_i)$ とすると，式 (4.3) から

$$y(s) = \frac{N(s)}{D(s)(s - z_i)} = \frac{b_0 (s - z_1) \cdots (s - z_{i-1})(s - z_{i+1}) \cdots (s - z_m)}{\displaystyle\prod_{k=1}^{n}(s - p_k)} \tag{4.8}$$

となるので，入力 $e^{z_i t}$ による項は出力に現れない．このように零点は入力を遮断 (block) する効果がある．したがって，$G(s)$ が原点 $s = 0$ に零点をもてば，$B_0 = G(0) = 0$ となるので，式 (4.6a) よりステップ入力の影響は出力には現れない．また零点 $z_1, \cdots, z_m$ はモード $e^{p_k t}$ には直接影響を与えないが，係数 B_k の大きさや符号は $z_i, i = 1 \cdots, m$ にも依存するので，過渡応答波形は零点の位置に依存する．とくに零点が右半平面にあるような場合，ステップ応答には逆応答が生ずる (演習問題 4.1(c))．

式 (4.6a) から高次系のステップ応答はかなり複雑な時間関数となるが，振動的なシステムに対するステップ応答特性は一般につぎのように定義されている (図 4.2).

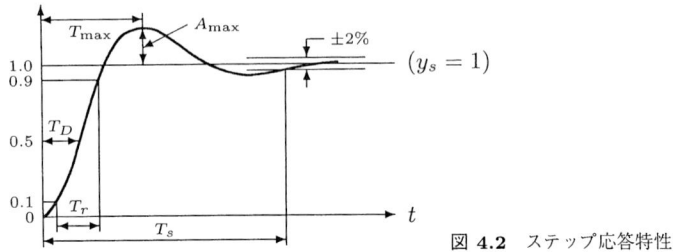

図 4.2 ステップ応答特性

(1) 立ち上がり時間 (rise time) T_r: 応答が最終値 (=定常値) y_s の 10% から 90% に達するまでの時間．

(2) 遅延時間 (delay time) T_D: 応答が最終値の 50% に達するまでの時間．

(3) 最大オーバーシュート (maximum overshoot) $A_{\max}$: 最終値からの最大行き過ぎ量であり，最終値に対する割合 (%) で表示されることが多い．

(4) 行き過ぎ時間 (peak time) $T_{\max}$: 最大オーバーシュートに達する時間．

(5) 整定時間 (settling time) T_s: 応答が最終値の $\pm 2\%$ (あるいは $\pm 5\%$) の範囲に落ち着くまでの時間．

4.2 低次系の応答

4.2.1 微分要素

微分要素には式 (3.51) のように発生電圧が電機子の回転角速度に比例することを利用したタコジェネレータ (tachogenerator) がある．微分要素の伝達関数は $G(s) = Ts$ であり，信号の微分波形を作るのに用いられる[†]．実際には，微分要素は作ることができないので，近似微分要素

$$G(s) = \frac{Ts}{1+\gamma Ts}, \qquad \gamma > 0 \tag{4.9}$$

が用いられる．近似微分要素のステップ応答は次式で与えられる (図 4.3)．

$$g_{-1}(t) = \frac{1}{\gamma} e^{-t/\gamma T}, \qquad t > 0 \tag{4.10}$$

[†] 微分要素の出力は入力信号の瞬時値により定まり，過去の値に依存しないので，微分要素は動的システムではない．

明らかに $g_{-1}(0+) = 1/\gamma$ であり，γ が小さいほどピークは大きくなるが，$g_{-1}(t)$ と t 軸の囲む面積は常に T である．よって，式 (4.10) は $G(s) = sT$ に対するステップ応答である $T\delta(t)$ を近似したものと考えられる．

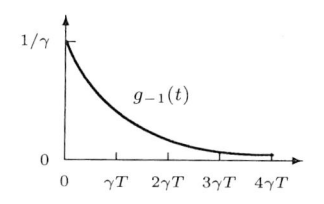

図 4.3 近似微分要素のステップ応答

4.2.2 1 次 系

例 3.1～3.3 で述べたシステムの伝達関数はすべて

$$G(s) = \frac{K}{Ts+1} \tag{4.11}$$

の形で与えられる．これを，1 次系 (1st-order system)，あるいは 1 次遅れ系という．1 次系のインパルス応答は式 (3.14) で与えられる．ステップ応答は

$$g_{-1}(t) = \mathfrak{L}^{-1}\left[\frac{K}{s(Ts+1)}\right] = K(1 - e^{-t/T}), \qquad t > 0 \tag{4.12}$$

となる (図 4.4(a))．$\lim_{t\to\infty} g_{-1}(t) = K$ であるから，ゲイン K は入力の大きさが定常状態では K 倍されることを意味する．時定数 T は応答の速さを表すもので，

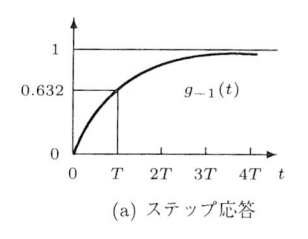

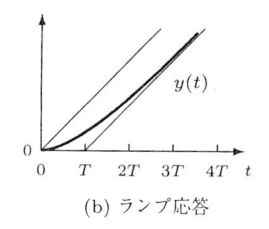

(a) ステップ応答 (b) ランプ応答

図 4.4 1 次系の応答 ($K = 1$)

表 4.1 1 次系のステップ応答 ($K = 1$)

t	$T/2$	T	$2T$	$3T$	$4T$	$5T$
$g_{-1}(t)$	0.393	0.632	0.865	0.950	0.982	0.993

表 4.1 のように応答は $t = T$ のとき最終値の 63.2% に達する．また，ランプ入力に対する応答は次式のようになる (図 4.4(b))．

$$y(t) = \mathcal{L}^{-1}\left[\frac{K}{Ts+1}\frac{1}{s^2}\right] = K\left[t - T(1-e^{-t/T})\right], \quad t > 0 \quad (4.13)$$

4.2.3 2 次 系

3.3 節で述べたように，伝達関数が

$$G(s) = \frac{b}{s^2 + a_1 s + a_2}, \quad a_1, a_2, b > 0 \quad (4.14)$$

で与えられるシステムを 2 次系 (2nd-order system) という．ここで $a_1 = 2\zeta\omega_n$, $a_2 = \omega_n^2$, $b = K\omega_n^2$ とおくと，式 (4.14) は 2 次伝達関数の標準形

$$G(s) = \frac{K\omega_n^2}{s^2 + 2\zeta\omega_n s + \omega_n^2} \quad (4.15)$$

に変換できる．ここに ζ を減衰係数 (damping ratio), ω_n を自然角周波数 (natural angular frequency) という．式 (4.15) から，2 つの極は

$$p_1, p_2 = \omega_n(-\zeta \pm \sqrt{\zeta^2 - 1}) \quad (4.16)$$

で与えられる．以下では，簡単のために $K = 1$ とおく．

(1) $\zeta > 1$ の場合: p_1, p_2 はともに負の実数であるから，$T_1 = -1/p_1$, $T_2 = -1/p_2$ とおくと，式 (4.15) から

$$G(s) = \frac{1}{(T_1 s + 1)(T_2 s + 1)} \quad (4.17)$$

を得る．よって，インパルス応答，ステップ応答はそれぞれ

$$g(t) = \frac{1}{T_1 - T_2}(e^{-t/T_1} - e^{-t/T_2}), \quad t > 0 \quad (4.18)$$

$$g_{-1}(t) = 1 + \frac{T_1}{T_2 - T_1}e^{-t/T_1} + \frac{T_2}{T_1 - T_2}e^{-t/T_2}, \quad t > 0 \quad (4.19)$$

となる．

(2) $\zeta = 1$ の場合: $p_1 = p_2 = -\omega_n = -1/T$ より

$$G(s) = \frac{1}{(Ts+1)^2} \quad (4.20)$$

であるから，インパルス応答，ステップ応答はつぎのようになる．

$$g(t) = \frac{1}{T^2}te^{-t/T}, \quad g_{-1}(t) = 1 - \left(1 + \frac{t}{T}\right)e^{-t/T}, \quad t > 0 \quad (4.21)$$

(3) $0 < \zeta < 1$ の場合: $p_2 = \bar{p}_1$ であるから,複素共役極を

$$p_1 = -\omega_n[\zeta - j\sqrt{1-\zeta^2}] = -\omega_n e^{-j\phi}$$
$$p_2 = -\omega_n[\zeta + j\sqrt{1-\zeta^2}] = -\omega_n e^{j\phi}, \qquad \cos\phi = \zeta \qquad (4.22)$$

とおく.このとき,インパルス応答は

$$g(t) = \frac{\omega_n}{\sqrt{1-\zeta^2}} e^{-\zeta\omega_n t} \sin(\omega_n\sqrt{1-\zeta^2}\,t), \qquad t > 0 \qquad (4.23)$$

となる.またステップ応答は式 (4.22) を用いることにより

$$g_{-1}(t) = \mathfrak{L}^{-1}\left[\frac{\omega_n^2}{(s-p_1)(s-p_2)s}\right] = 1 + 2\mathrm{Re}\left\{\frac{\omega_n^2 e^{p_1 t}}{p_1(p_1-p_2)}\right\}$$
$$= 1 - \frac{e^{-\zeta\omega_n t}}{\sqrt{1-\zeta^2}}\sin(\omega_n\sqrt{1-\zeta^2}\,t + \phi), \qquad t > 0 \qquad (4.24)$$

となる.この場合,$\omega_d = \omega_n\sqrt{1-\zeta^2}$,$T_d = 2\pi/\omega_d$ をそれぞれ減衰振動の角周波数および周期という.

(4) $\zeta = 0$ の場合: 伝達関数は

$$G(s) = \frac{\omega_n^2}{s^2 + \omega_n^2} \qquad (4.25)$$

となるから,インパルス応答,ステップ応答はそれぞれ

$$g(t) = \omega_n \sin\omega_n t, \qquad g_{-1}(t) = 1 - \cos\omega_n t, \qquad t > 0 \qquad (4.26)$$

で与えられる.

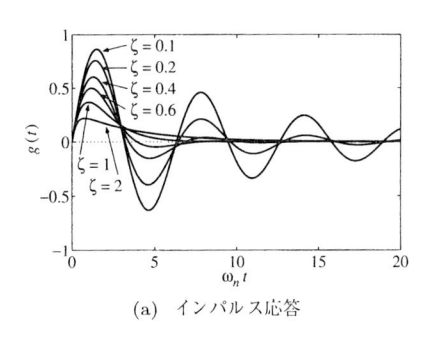

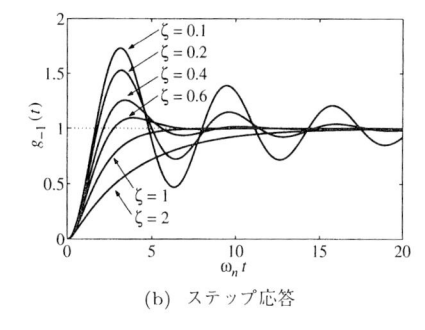

(a) インパルス応答

(b) ステップ応答

図 4.5 2 次系の応答

図 4.5 は ζ をパラメータとして，2 次系のインパルス応答およびステップ応答を示している．$0 < \zeta < 1$ では応答は振動的，$\zeta \geq 1$ では非振動的となる．とくに $\zeta = 1$ の場合は振動限界である．

ここで $0 < \zeta < 1$ の場合についてステップ応答の様子を詳しく調べてみよう．まず，ステップ応答がピーク値をとる時刻 $t_k, k = 1, 2, \cdots$ を求めよう．t_k は $dg_{-1}(t)/dt = g(t) = 0$ を満足するので，式 (4.23) から

$$\sin(\omega_n\sqrt{1-\zeta^2}t_k) = 0, \qquad k = 1, 2, \cdots \qquad (4.27)$$

が成立する．よって $t_k = k\pi/(\omega_n\sqrt{1-\zeta^2})$, $k = 1, 2, \cdots$ を得る．これを式 (4.24) に代入すると，

$$g_{-1}(t_k) = 1 - \frac{e^{-\zeta\omega_n t_k}}{\sqrt{1-\zeta^2}}\sin(k\pi + \phi)$$
$$= 1 + (-1)^{k-1}e^{-\zeta\pi k/\sqrt{1-\zeta^2}}, \qquad k = 1, 2, \cdots$$

となる．$g_{-1}(t_k)$ の最大値は $T_{\max} = t_1 = \pi/(\omega_n\sqrt{1-\zeta^2})$ のときであるから，最大オーバーシュート $A_{\max}$ は次式で与えられる．

$$A_{\max} = |g_{-1}(T_{\max}) - 1| = e^{-\zeta\pi/\sqrt{1-\zeta^2}} \qquad (4.28)$$

つぎに整定時間 T_s を評価しよう．式 (4.24) から

$$h(t) := |g_{-1}(t) - 1| \leq \frac{e^{-\zeta\omega_n t}}{\sqrt{1-\zeta^2}}, \qquad 0 \leq \zeta < 1$$

を得る．$h(t)$ が δ (通常 0.02 あるいは 0.05) 以下となるまでの時間を T_s とすれば，上式より $e^{-\zeta\omega_n T_s}/\sqrt{1-\zeta^2} \leq \delta$ となるので，

$$\zeta\omega_n \geq \frac{-\log(\delta\sqrt{1-\zeta^2})}{T_s} \qquad (4.29)$$

という近似的な評価式を得る．これは式 (4.28) とともに制御系の設計指標として用いられることがある (8.2 節)．

4.3　3 次系の応答

本節では，3 次系の伝達関数を用いて極および零点の配置がステップ応答に与える影響について考察する．

a. 零点のない 3 次系

2 つの複素極 $p_1, p_2\,(=\bar{p}_1)$ と 1 つの実軸上の極 $p_3 = -a$ をもつ 3 次系

$$G(s) = \frac{\omega_n^2}{s^2 + 2\zeta\omega_n s + \omega_n^2} \frac{p_3}{p_3 - s}, \qquad 0 < \zeta < 1 \tag{4.30}$$

を考える．ただし p_1, p_2 は式 (4.22) で与えられる．このとき，$G(s)$ のステップ応答は

$$y(t) = 1 + B_1 e^{p_1 t} + B_2 e^{p_2 t} + B_3 e^{p_3 t}, \qquad t > 0 \tag{4.31}$$

と表される．式 (4.22) を用いると，係数は

$$B_1 = \frac{a e^{j(\phi - \eta)}}{2j\sqrt{1 - \zeta^2}\, f(a)}, \qquad B_2 = \bar{B}_1, \qquad B_3 = -\frac{\omega_n^2}{f^2(a)} \tag{4.32}$$

となる．ただし

$$f(a) = \sqrt{a^2 - 2\zeta\omega_n a + \omega_n^2}, \qquad \tan\eta = \omega_n\sqrt{1 - \zeta^2}/(a - \zeta\omega_n)$$

である．よって，式 (4.31) から次式を得る．

$$y(t) = 1 - \frac{a e^{-\zeta\omega_n t}}{\sqrt{1 - \zeta^2}\, f(a)} \sin(\omega_d t + \phi - \eta) - \frac{\omega_n^2}{f^2(a)} e^{-at}, \qquad t > 0 \tag{4.33}$$

上式第 3 項の係数は負であるから，ピーク値 $y(T_{\max})$ は 2 次系の場合に比較して小さくなる傾向にある．まず $a \to \infty$ とすると，$\eta \to 0$, $a/f(a) \to 1$, $\omega_n^2/f^2(a) \to 0$ となるので，$y(t)$ は式 (4.24) の 2 次系のステップ応答に漸近する．しかし p_3 が原点方向に近づくと応答波形は 2 次系の場合と異なってくる．$p_3 = -\zeta\omega_n(= \mathrm{Re}[p_1])$ のとき，$\eta = \pi/2$, $f(\zeta\omega_n) = \omega_n\sqrt{1 - \zeta^2}$ となるので，式 (4.33) より

$$y(t) = 1 - \frac{e^{-\zeta\omega_n t}}{1 - \zeta^2}[1 - \zeta\cos(\omega_d t + \phi)]$$

を得る．さらに a が小さくなると，$a/f(a) \to 0$, $\omega_n^2/f^2(a) \to 1$ となるので，式 (4.33) 右辺第 2 項の係数は第 3 項の係数より小さくなり，しかも $e^{-\zeta\omega_n t}$ の方が e^{-at} より速く減衰するので，モード e^{-at} が支配的になる．図 4.6(a) には a をパラメータとしたときの式 (4.33) の応答を示している．ただし $\omega_n = 1$, $\zeta = 0.4$ としている．

(a) 極の影響 (b) 零点の影響

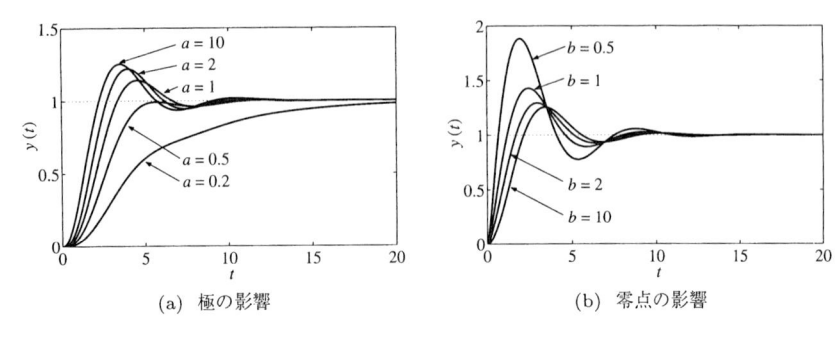

図 4.6 3 次系のステップ応答

b. 零点をもつ 3 次系

式 (4.30) の伝達関数にさらに $s = z_1 < 0$ という零点を付け加えた

$$G(s) = \frac{\omega_n^2 p_3 (s - z_1)}{z_1 (s - p_1)(s - p_2)(s - p_3)}, \qquad z_1 < 0 \tag{4.34}$$

について考察する．ステップ応答は

$$y(t) = 1 + C_1 e^{p_1 t} + C_2 e^{p_2 t} + C_3 e^{p_3 t}, \qquad t > 0 \tag{4.35}$$

となる．ここに係数は式 (4.32) の $B_1 \sim B_3$ を用いて

$$C_1 = \frac{B_1(z_1 - p_1)}{z_1}, \qquad C_2 = \bar{C}_1, \qquad C_3 = \frac{B_3(z_1 - p_3)}{z_1} \tag{4.36}$$

と表すことができる．式 (4.22) の関係を用いると，$z_1 = -b$ とおいて

$$C_1 = \frac{a f(b) e^{j(\phi - \eta + \theta)}}{2j f(a) b \sqrt{1 - \zeta^2}}, \qquad C_3 = -\frac{\omega_n^2}{f^2(a)} \frac{b - a}{b}$$

となる．ここに $\tan\theta = \omega_n \sqrt{1-\zeta^2}/(b - \zeta\omega_n)$ である．

よって $z_1 < p_3$ であれば，$C_3 < 0$ となり，z_1 はステップ応答には大きな影響を与えない．$p_3 < z_1 < 0$ であれば，$C_3 > 0$ となるのでオーバーシュートは大きくなる傾向にある．また p_3 がどこにあっても，z_1 が p_3 に近づくと $C_3 \to 0$ となり，モード $e^{p_3 t}$ の影響は小さくなる．このように，きわめて接近して存在する極と零点の組をダイポール (dipole) という．すなわち，他の極や零点から比較的離れてダイポールが存在する場合には，それらの影響はステップ応答には現れない．もちろん，$z_1 = p_3$ となれば，極と零点が互いに消去されて式 (4.36) は式 (4.24) の 2 次系のステップ応答に一致する．図 4.6(b) には $\omega_n = 1, \zeta = 0.4, a = 10$ の場合，b をパラメータとしたときの式 (4.35) のステップ応答を示している．

4.4 線形システムの安定性

本節では線形システムの安定性について述べる．安定性は動的システムの振舞いを考察する上でもっとも重要な概念の一つである．図 4.7 には 2 次振動系のステップ応答が減衰係数の正，負，0 によってどのように変化するかを示している．$\zeta > 0$ であれば振幅は時間とともに一定値に収束し，$\zeta < 0$ であれば振幅は時間とともに発散する．前者の場合，系は安定 (stable)，後者の場合は不安定 (unstable) であるという．また $\zeta = 0$ は安定限界である．

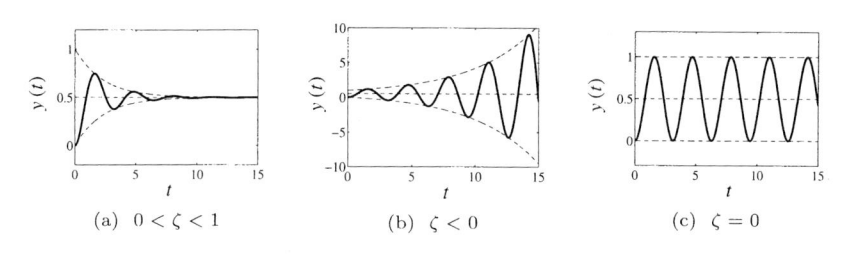

(a) $0 < \zeta < 1$　　　(b) $\zeta < 0$　　　(c) $\zeta = 0$

図 **4.7** 2 次振動系のステップ応答

上述のようにシステムの安定性はシステムのパラメータの値に依存して決まる．まず線形システムの安定性の定義から始めよう．

定義 4.1 (安定性)　伝達関数が $G(s)$ であるシステムを考える (図 4.1 参照)．このとき，任意の有界な入力 $u(t)$ に対して，ゼロ状態応答 $y(t)$ が常に有界，すなわち $|u(t)| \leq N_1$, $t > 0$ であれば，$N_2 > 0$ が存在して，$|y(t)| \leq N_2$, $t \geq 0$ となるとき，システムは入出力安定 (bounded input bounded output (BIBO) stable) であるという．　　　□

以下では，入出力安定を簡単に安定という．

定理 4.1　$G(s)$ が安定であるための必要十分条件は，そのインパルス応答 $g(t)$ が絶対可積分であること，すなわち $M > 0$ が存在して

$$\int_{0-}^{\infty} |g(t)| dt \leq M < \infty \tag{4.37}$$

が成立することである．

証明 (十分性)　$|u(t)| \leq N$, $t \geq 0$ と仮定する．式 (3.15) からシステムのゼロ状態応答は

$$y(t) = \int_{0-}^{t} g(\tau) u(t-\tau) d\tau \tag{4.38}$$

となるので，評価式

$$|y(t)| \leq \int_{0-}^{t} |g(\tau)||u(t-\tau)|d\tau \leq N \int_{0-}^{\infty} |g(\tau)|d\tau \leq NM < \infty$$

を得る．よって $y(t)$ の有界性が示された．

(必要性) 式 (4.37) の積分が発散すれば，有界な入力が存在して出力が発散することを示そう．仮定より任意に大きな $M_k > 0$ に対して，$\int_{0-}^{t_k} |g(t)|dt \geq M_k$ となる $t_k > 0$ が必ず存在する．ここで，入力 $\tilde{u}$ を

$$\tilde{u}(t_k - \tau) = \begin{cases} 1, & g(\tau) > 0 \\ -1, & g(\tau) < 0 \end{cases}$$

と定義すると，$\tilde{u}(\tau), 0 \leq \tau \leq t_k$ は有界である．しかしこのとき，式 (4.38) から

$$y(t_k) = \int_{0-}^{t_k} g(\tau)\tilde{u}(t_k - \tau)d\tau = \int_{0-}^{t_k} |g(\tau)|d\tau \geq M_k \qquad (4.39)$$

を得る．M_k は任意であったので，出力 $y(t)$ は発散する． □

以下では，有理伝達関数

$$G(s) = \frac{N(s)}{D(s)} = \frac{b_0 s^m + b_1 s^{m-1} + \cdots + b_m}{a_0 s^n + a_1 s^{n-1} + \cdots + a_{n-1} s + a_n} \qquad (4.40)$$

をもつ線形システムの安定性について述べる．

定理 4.2 式 (4.40) の伝達関数 $G(s)$ はプロパー ($n \geq m$) であるとする．$G(s)$ が安定であるための必要十分条件は，$G(s)$ のすべての極 (すべての特性根) の実部が負となることである．

証明 $n > m$ と仮定する．極を $p_i, i = 1, \cdots, r$ とすると，式 (2.50) から

$$g(t) = \sum_{i=1}^{r} \sum_{k=1}^{n_i} \tilde{C}_{ik} t^{k-1} e^{p_i t}, \qquad t > 0 \qquad (4.41)$$

を得る．よって $\sigma_i = \mathrm{Re}[p_i] < 0, i = 1, \cdots, r$ であれば，$g(t)$ は区間 $[0, \infty)$ において絶対可積分となる．よって定理 4.1 から $G(s)$ は安定となる．逆に少なくとも 1 つの σ_i が 0 または正であるとしよう．たとえば，$\sigma_1 \geq 0$ であり他はすべて $\sigma_i < 0, i = 2, \cdots, r$ とする．式 (4.41) より

$$|g(t)| \geq \sum_{k=1}^{n_1} |\tilde{C}_{1k}| t^{k-1} e^{\sigma_1 t} - \sum_{i=2}^{r} \sum_{k=1}^{n_k} |\tilde{C}_{ik}| t^{k-1} e^{\sigma_i t}, \qquad t > 0$$

となる．上式右辺第2項は可積分であるが第1項は可積分ではないので，$g(t)$ は絶対可積分ではない．よって $G(s)$ は安定ではない．また $m = n$ であれば式 (4.41) の右辺にデルタ関数を含む項が現れるが，この項は安定である． □

例 4.1 微分要素 $G(s) = s$ を考える．ステップ関数 $1(t)$ を微分要素に入力すると出力はデルタ関数となる．明らかに，入力は有界であるが，出力は有界ではないので微分要素は安定ではない．また入力を $u_k(t) = e^{jkt}$ とすると，任意の k について $|u_k(t)| = 1$ である．しかし出力の絶対値は $|y_k(t)| = k$ となるので，$k \to \infty$ のとき出力の振幅はいくらでも大きくできる．よって，システムが安定であるためには，そのインパルス応答はデルタ関数やその微分を含んではならないことがわかる． □

以上のことから，プロパーな伝達関数 $G(s)$ の安定性は，その極の実部がすべて負になるかどうかを調べることにより判定できる．4.2節で述べた1次系，2次系の場合には特性多項式，特性根はそれぞれ式 (4.11) および (4.14) から

$$1 次系: \quad Ts + 1 = 0, \qquad p_1 = -\frac{1}{T}$$

$$2 次系: \quad s^2 + a_1 s + a_2 = 0, \qquad p_1, p_2 = \frac{-a_1 \pm \sqrt{a_1^2 - 4a_2}}{2}$$

となる．よって $T > 0$ であれば1次系は安定，また $a_1, a_2 > 0$ のとき2次系は安定となる．

3次，4次の多項式に対しても根の公式があるが [17]，それらを安定性の判定に用いることは不便である．5次以上の多項式の場合には例外を除いて，特性根を代数的に求めることは不可能である．

次節では，特性多項式の係数に基づいてすべての特性根が s 平面の虚軸を除いた左半面に存在するかどうかを判定する代数的方法について述べる．

4.5 ラウス・フルビッツの安定判別法

ラウス・フルビッツ (Routh・Hurwitz) による安定判別法を述べる．$a_0, a_1, \cdots, a_n$ を実係数とする多項式

$$A(s) := a_0 s^n + a_1 s^{n-1} + \cdots + a_{n-1} s + a_n, \qquad a_0 > 0 \qquad (4.42)$$

を考える．$A(s) = 0$ の根がすべて左半平面 ($\mathrm{Re}[s] < 0$) にあるとき，$A(s)$ はフルビッツあるいは安定であるという．

$A(s)$ はフルビッツであるとする.もし $p = -\beta + j\gamma\,(\beta,\,\gamma > 0)$ が $A(s) = 0$ の根であれば,$\bar{p} = -\beta - j\gamma$ も根であるから,$A(s)$ の複素共役根による因子は $(s-p)(s-\bar{p}) = s^2 + 2\beta s + \beta^2 + \gamma^2$ となる.また,実根の場合には因子は $s + \alpha\,(\alpha > 0)$ となる.したがって,$A(s)$ はこれら実係数の 1 次および 2 次多項式の積に分解されるので,つぎの安定性の必要条件を得る.

定理 4.3 $a_0 > 0$ と仮定する.多項式 $A(s)$ がフルビッツであれば,$a_1, \cdots, a_n$ はすべて正となる.よって,異符号の係数や欠項のある多項式はフルビッツではない. □

さて式 (4.42) の多項式 $A(s)$ から,$A_0(s)$, $A_1(s)$ を

$$A_0(s) = a_0 s^n + a_2 s^{n-2} + a_4 s^{n-4} + \cdots \tag{4.43a}$$

$$A_1(s) = a_1 s^{n-1} + a_3 s^{n-3} + a_5 s^{n-5} + \cdots \tag{4.43b}$$

のように定義する.n が偶数 (奇数) であれば,$A_0(s)$ および $A_1(s)$ はそれぞれ $A(s)$ の偶数部 (奇数部) および奇数部 (偶数部) である.

定義 4.2 式 (4.43) の係数を用いて,つぎのフルビッツ行列

$$H_n = \begin{bmatrix} a_1 & a_3 & a_5 & a_7 & & \\ a_0 & a_2 & a_4 & a_6 & & \\ 0 & a_1 & a_3 & a_5 & & \\ 0 & a_0 & a_2 & a_4 & & \\ & & & & \ddots & \\ & & & & a_{n-1} & 0 \\ & & & & a_{n-2} & a_n \end{bmatrix} \in \mathbb{R}^{n \times n} \tag{4.44}$$

を定義する.ここに H_n の対角要素は $a_1, a_2, \cdots, a_n$ である. □

H_n の第 1 行には $A_1(s)$ の係数が,第 2 行には $A_0(s)$ の係数が並び,第 3 行以降にはこれらの係数が右へシフトされたものが並べられる.そのとき,対応する係数が存在しなければ 0 とおく.とくに第 n 列は,a_n 以外はすべて 0 である.また H_n の主座小行列式

$$\Delta_1 = a_1, \quad \Delta_2 = \begin{vmatrix} a_1 & a_3 \\ a_0 & a_2 \end{vmatrix}, \quad \Delta_3 = \begin{vmatrix} a_1 & a_3 & a_5 \\ a_0 & a_2 & a_4 \\ 0 & a_1 & a_3 \end{vmatrix}, \cdots,$$

$$\Delta_n = \det H_n (= a_n \Delta_{n-1}) \tag{4.45}$$

をフルビッツ行列式 (determinants) という．このとき，つぎの定理が成立する．

定理 4.4 (Hurwitz)　$a_0 > 0$ とするとき，$A(s)$ がフルビッツであるための必要十分条件は，$\Delta_1, \Delta_2, \cdots, \Delta_n$ がすべて正となることである．

証明　文献 [50], [17], [21] を参照．　　　　　　　　　　　　　　　　　□

例 4.2 (a)　$A(s) = a_0 s^2 + a_1 s + a_2$, $a_0 \neq 0$ がフルビッツであるための必要十分条件を求めてみよう．$s^2 + (a_1/a_0)s + a_2/a_0$ に定理 4.4 を適用すると，

$$\Delta_1 = \frac{a_1}{a_0} > 0, \quad \Delta_2 = \begin{vmatrix} a_1/a_0 & 0 \\ 1 & a_2/a_0 \end{vmatrix} = \frac{a_1 a_2}{a_0^2} > 0$$

となるので，a_0, a_1, a_2 が同符号であれば，$A(s)$ はフルビッツとなる．

(b)　$A(s) = a_0 s^3 + a_1 s^2 + a_2 s + a_3$, $a_0 > 0$ にフルビッツの方法を適用すると，

$$\Delta_1 = a_1 > 0, \quad \Delta_2 = \begin{vmatrix} a_1 & a_3 \\ a_0 & a_2 \end{vmatrix} = a_1 a_2 - a_0 a_3 > 0,$$

$$\Delta_3 = \begin{vmatrix} a_1 & a_3 & 0 \\ a_0 & a_2 & 0 \\ 0 & a_1 & a_3 \end{vmatrix} = a_3 \Delta_2 > 0$$

を得る．よって，3 次多項式 ($a_0 > 0$) がフルビッツであるための必要十分条件は，$a_0, a_1, a_2, a_3 > 0$ かつ $a_1 a_2 - a_0 a_3 > 0$ となることである．

(c)　4 次多項式 $A(s) = a_0 s^4 + a_1 s^3 + a_2 s^2 + a_3 s + a_4$, $a_0 > 0$ に対しては，

$$\Delta_1 = a_1 > 0, \quad \Delta_2 = \begin{vmatrix} a_1 & a_3 \\ a_0 & a_2 \end{vmatrix} a_1 a_2 - a_0 a_3 > 0$$

$$\Delta_3 = \begin{vmatrix} a_1 & a_3 & 0 \\ a_0 & a_2 & a_4 \\ 0 & a_1 & a_3 \end{vmatrix} = a_3 \Delta_2 - a_4 a_1^2 > 0, \quad \Delta_4 = a_4 \Delta_3 > 0$$

となるので，$A(s)$, $a_0 > 0$ がフルビッツであるための必要十分条件はすべての係数が正で，かつ $a_3(a_1 a_2 - a_0 a_3) - a_4 a_1^2 > 0$ が成立することである．　□

例 4.2(b), (c) からわかるように，同じ Δ_3 であっても，$n = 3$ と $n = 4$ の場合では異なっていることに注意しておこう．正確には，Δ_i は $\Delta_i(n)$ のように書くべきであるが，慣習によって式 (4.45) のように表している．

定理 4.4 において，$a_0, a_1, \cdots, a_n$ がすべて正であるとすると，実際には Δ_1, $\cdots, \Delta_n$ がすべて正であることを調べなくても，奇数次の $\Delta_1, \Delta_3, \cdots$, あるいは偶数次の $\Delta_2, \Delta_4, \cdots$ が正であることを調べれば十分である [75], [50].

一般に行列式を計算するのは手間が掛かるので，フルビッツ行列式を効率よく計算する方法を与えよう．ここでは，H_n を行操作によって上三角行列に変換すれば，その対角要素のみから主座小行列式が計算できることに着目する．

例 4.3 4次のフルビッツ行列 H_4 を行操作によって上三角行列に変換する手順は次のようになる．

$$H_4 = \begin{bmatrix} a_1 & a_3 & 0 & 0 \\ a_0 & a_2 & a_4 & 0 \\ 0 & a_1 & a_3 & 0 \\ 0 & a_0 & a_2 & a_4 \end{bmatrix} \Rightarrow H_4^{(1)} = \begin{bmatrix} a_1 & a_3 & 0 & 0 \\ 0 & x = a_2 - a_0 a_3/a_1 & y = a_4 & 0 \\ 0 & 0 & a_3 & 0 \\ 0 & 0 & x & y \end{bmatrix}$$

$$\Rightarrow H_4^{(2)} = \begin{bmatrix} a_1 & a_3 & 0 & 0 \\ 0 & x & y & 0 \\ 0 & 0 & z = a_3 - a_1 y/x & 0 \\ 0 & 0 & x & y \end{bmatrix} \Rightarrow H_4^{(3)} = \begin{bmatrix} a_1 & a_3 & 0 & 0 \\ 0 & x & y & 0 \\ 0 & 0 & z & 0 \\ 0 & 0 & 0 & y \end{bmatrix}$$

Step 1: H_4 の第 2, 4 行の a_0 を消去するために，第 1, 3 行に a_0/a_1 を掛けて，それぞれ第 2, 4 行から引くと $H_4^{(1)}$ を得る．$x = a_2 - a_3 a_0/a_1$ の計算をピボット演算という[†]．

Step 2: $H_4^{(1)}$ の第 3 行の a_1 を消去するために，第 2 行に a_1/x を掛けて，第 3 行から引くと $H_4^{(2)}$ を得る．

Step 3: $H_4^{(2)}$ の第 4 行の x を消去するために，第 3 行に x/z を掛けて第 4 行から引くと，最終的に上三角行列 $H_4^{(3)}$ を得る．$H_4^{(3)}$ をラウス行列という．

作り方から，H_4 と $H_4^{(3)}$ の主座小行列式は同じである．よって H_4 に付随したフルビッツ行列式に関して次式が成立する．

$$\Delta_1 = a_1, \quad \Delta_2 = a_1 x, \quad \Delta_3 = a_1 x z, \quad \Delta_4 = a_1 x z y$$

また $a_0 > 0$ の条件の下で，$\Delta_1 \sim \Delta_4$ が正となることは，$H_4^{(3)}$ の対角要素 a_1, x, z, y がすべて正となることと同値である．この条件が，例 4.2(c) で求めた条件と同じであることは容易にわかる． □

以上，4 次のフルビッツ行列 H_4 について説明したことは，一般の場合にも成

[†] 連立 1 次方程式の解法であるガウスの消去法と同じ計算である．

立する．n 次フルビッツ行列 H_n を上三角行列に変換したときの対角要素を効率よく計算するラウスの方法を述べる．

まず，式 (4.43) の $A_0(s), A_1(s)$ をつぎのように係数に添字を付けて表す．

$$A_0(s) = a_0^{(0)} s^n + a_1^{(0)} s^{n-2} + a_2^{(0)} s^{n-4} + \cdots \quad (4.46\text{a})$$

$$A_1(s) = a_0^{(1)} s^{n-1} + a_1^{(1)} s^{n-3} + a_2^{(1)} s^{n-5} + \cdots \quad (4.46\text{b})$$

明らかに，$a_0^{(0)} = a_0, a_1^{(0)} = a_2, \cdots; a_0^{(1)} = a_1, a_1^{(1)} = a_3, \cdots$ である．式 (4.46) の係数を用いて，表 4.2 のラウス表 (Routh table) を作る．

第 1, 第 2 行は $A_0(s), A_1(s)$ の係数をそのまま並べる．第 3 行以降の係数は，それより前の 2 つの行の係数から公式

$$a_i^{(k)} = a_{i+1}^{(k-2)} - \frac{a_0^{(k-2)} a_{i+1}^{(k-1)}}{a_0^{(k-1)}}, \quad k = 2, 3, \cdots, n;\ i = 0, 1, \cdots \quad (4.47)$$

により逐次的に作られる．とくにラウス表 4.2 の第 1 列の $a_0^{(0)}, a_0^{(1)}, \cdots, a_0^{(n-1)}, a_0^{(n)}$ をラウス数列という．また $A_k(s), k = 2, \cdots, n$ は

$$A_k(s) = A_{k-2}(s) - \alpha_{k-1} s A_{k-1}(s), \quad \alpha_{k-1} = a_0^{(k-2)}/a_0^{(k-1)} \quad (4.48)$$

と表すことができる．

式 (4.47) は添字が多くてわかりにくいので，例によって説明しよう．4 次多項式 $A(s) = a_0 s^4 + a_1 s^3 + a_2 s^2 + a_3 s + a_4$ に対してラウス表を作ると

表 4.2 ラウス表

s^n	$a_0^{(0)}$	$a_1^{(0)}$	$a_2^{(0)}$	$a_3^{(0)}$	$a_4^{(0)}$ $\cdots$	($A_0(s)$ の係数)
s^{n-1}	$a_0^{(1)}$	$a_1^{(1)}$	$a_2^{(1)}$	$a_3^{(1)}$	$\cdots$	($A_1(s)$ の係数)
s^{n-2}	$a_0^{(2)}$	$a_1^{(2)}$	$a_2^{(2)}$	$a_3^{(2)}$	$\cdots$	($A_2(s)$ の係数)
s^{n-3}	$a_0^{(3)}$	$a_1^{(3)}$	$a_2^{(3)}$	$\cdots$		($A_3(s)$ の係数)
$\vdots$	$\vdots$					
s^1	$a_0^{(n-1)}$					($A_{n-1}(s)$ の係数)
s^0	$a_0^{(n)}$					($A_n(s)$ の係数)

$$\begin{array}{c|ccc}
s^4 & a_0 & a_2 & a_4 \\
s^3 & a_1 & a_3 & 0 \\
s^2 & x & y & \\
s^1 & z & 0 & \\
s^0 & w & &
\end{array}$$

① a_1 をピボットとして，x, y を計算
$\quad x = a_2 - a_0 a_3 / a_1, \ y = a_4 - a_0 \cdot 0 / a_1 = a_4$

② x: ピボット，$z = a_3 - a_1 y / x$

③ z: ピボット，$w = y - x \cdot 0 / z = y$

となる．確かに，上のラウス数列は例 4.3 のピボット演算によって得られた $H_4^{(3)}$ の対角要素と一致している．このことは一般の H_n に対しても成立するので，つぎのラウスの定理が成立する．

定理 4.6 (Routh) 式 (4.42) の多項式 $A(s),\ a_0 > 0$ がフルビッツであるための必要十分条件は，表 4.2 のラウス数列がすべて正となることである．

証明 文献 [50], [4] 参照．4.7 節に根軌跡を利用した証明を紹介した． □

ラウス数列とフルビッツ行列式の間には

$$a_0^{(1)} = \Delta_1, \ a_0^{(2)} = \frac{\Delta_2}{\Delta_1}, \ \cdots, \ a_0^{(n)} = \frac{\Delta_n}{\Delta_{n-1}} \tag{4.49}$$

という関係がある．また，ラウス数列が符号変化するとき，符号変化の回数は $A(s) = 0$ の不安定根[†]の数に等しいことも知られている．

例 4.4 (a) パラメータ K を含む 3 次多項式 $A(s) = s^3 + 10s^2 + 16s + K$ を考える．ラウス表は

$$\begin{array}{c|ll}
s^3 & 1 & 16 \quad\quad (A_0(s) \text{ の係数}) \\
s^2 & 10 & K \quad\quad (A_1(s) \text{ の係数}) \\
s^1 & 16 - K/10 & \quad\quad (10 \text{ を掛けて } 160 - K \text{ としてもよい}) \\
s^0 & K &
\end{array}$$

となる．したがって，$0 < K < 160$ であれば，$A(s)$ はフルビッツである．また $K = 0$ では s^0 行，$K = 160$ では s^1 行が 0 となる．たとえば，$K = 160$ の場合には $A_1(s) = 10(s^2 + 16)$ となり，$A_0(s)$ と $A_1(s)$ は共通因子をもち，多項式 $A(s)$ は $A(s) = (s+10)(s^2+16)$ のように因数分解される．一般に $A_k(s)$ の係数がすべて 0 になれば，$A(s)$ は必ず $A_{k-1}(s)$ を因子としてもつことがわかる．したがって，$A(s)$ を因数分解して残りの多項式に対して，ラウスの方法を適用すればよい．表 4.3 にはパラメータ K を変化させた場合の符号変化の回数 (不安定根の数) を示している．

[†] 左半平面 (Re[s] < 0) および右半平面 (Re[s] ≥ 0) に存在する根をそれぞれ安定根および不安定根という．同様に安定極，不安定極，安定零点，不安定零点という言葉も用いる．

表 4.3 符号変化の回数

K	符号変化回数	不安定根の数
$K < 0$	1	1
$K = 0$	0	1
$0 < K < 160$	0	0
$K = 160$	0	2
$160 < K$	2	2

(b)　$A(s) = s^4 + s^3 + 2s^2 + 2s + 4$ に対するラウス表は

$$
\begin{array}{c|llll}
s^4 & 1 & 2 & 4 & (A_0(s) \text{ の係数}) \\
s^3 & 1 & 2 & & (A_1(s) \text{ の係数}) \\
s^2 & \varepsilon & 4 & & (0 \to \varepsilon > 0) \\
s^1 & 2 - 4/\varepsilon & & & \\
s^0 & 4 & & &
\end{array}
$$

となる.このラウス表では s^2 行の第 1 列の係数が 0 となるが,第 2 列の係数は 0 ではない.このときには,0 を $\varepsilon > 0$ で置き換えてラウス表を完成させ,$\varepsilon \to 0$ としたときのラウス数列の符号変化を調べればよい.上表より符号変化は 2 回であるから $A(s) = 0$ は 2 つの不安定根をもつ.実際,$A(s) = (s^2 + 2s + 2)(s^2 - s + 2)$ であるから,$s^2 - s + 2 = 0$ が 2 つの不安定根をもつ.　□

以上の安定判別法をラウス・フルビッツの方法という.この方法が適用できるのは特性方程式が多項式の場合に限られる.したがって,特性方程式がむだ時間要素 e^{-sL} を含むような場合には適用できない.

4.6 根　軌　跡

本節では,図 4.8 の単一 (unity) フィードバック制御系について考察する.ここに K は開ループゲイン,$G(s)$ は式 (4.40) [$b_0 = 1$] で与えられる有理伝達関数であるとする.このとき,閉ループ伝達関数は

$$T(s) = \frac{KG(s)}{1 + KG(s)} = \frac{KN(s)}{D(s) + KN(s)} \tag{4.50}$$

であるから,フィードバック系の特性方程式は

$$A(s) := D(s) + KN(s) = 0 \tag{4.51}$$

となる．したがって，$A(s)$ にラウス・フルビッツの方法を適用することにより，閉ループ系の安定判別を行うことができる (6.2 節参照)．また，特性根の分布によって，閉ループ系の過渡応答，あるいは安定度を評価することができる．

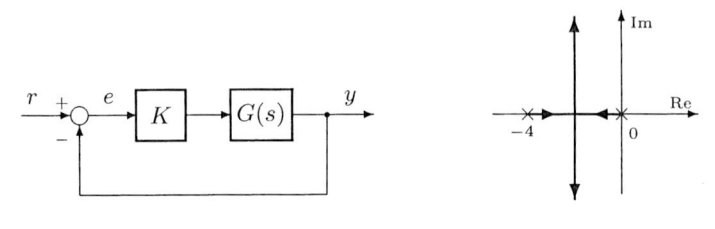

図 4.8　単一フィードバック制御系　　　　図 4.9　根軌跡

例 4.5　図 4.8 で $G(s) = 1/s(s+4)$ とすると，$A(s) = s^2 + 4s + K$ を得る．特性根は $p_1, p_2 = -2 \pm \sqrt{4-K}$ であるから，K をパラメータとして，p_1, p_2 の軌跡を描くと図 4.9 のようになる．すなわち，K が 0 から $+\infty$ まで動くとき，特性根は $G(s)$ の極 $s = 0, -4$ から出発して，$K = 4$ で $p_1 = p_2 = -2$ となり，$K > 4$ では共役複素根となり実軸から離れていく．また $K < 0$ の場合には特性根は常に実根で，1 つは実軸上を $+\infty$ へ，他の 1 つは -4 から出発して $-\infty$ の方向に動く．よって，図 4.9 から閉ループ系の特性について以下のような情報が得られる．

(a) 　安定性: $K > 0$ で安定，$K < 0$ で不安定
(b) 　減衰性: $0 < K < 4$ で非振動的，$K > 4$ で振動的
(c) 　整定時間: $K > 4$ で特性根の実部は -2 となるので，T_s は K によらずほぼ一定である [式 (4.29)]．　　　　　　　　　　　　　　　　　　　　□

式 (4.51) で K を 1 つ与えると，n 個の特性根は s 平面上に分布する．パラメータ K を連続的に変化させると，これら n 個の特性根は s 平面上に連続的に動く．このとき，すべての特性根の描く軌跡を根軌跡 (root loci) という．根軌跡は Evans [46] により考案されたもので，これを利用すれば，閉ループ系の安定性，過渡特性が評価できるので，根軌跡法としてサーボ系の設計に広く用いられてきた (8.3 節)．

特性方程式は $G(s) = -1/K$ と表されるので，s を複素数とすると，

$$|G(s)| = 1/|K| \tag{4.52a}$$

$$\arg G(s) = \begin{cases} (2l+1)\pi, & K \geq 0 \\ 2l\pi, & K \leq 0 \end{cases} \tag{4.52b}$$

が成立する．ただし $l = 0, \pm 1, \cdots$ である．ここで式 (4.3) $[b_0 = 1]$ を用いると，これらの条件は

$$\frac{\prod_{k=1}^{m} |s - z_k|}{\prod_{i=1}^{n} |s - p_i|} = \frac{1}{|K|}, \quad -\infty < K < \infty \tag{4.53a}$$

$$\sum_{k=1}^{m} \arg(s - z_k) - \sum_{i=1}^{n} \arg(s - p_i) = \begin{cases} (2l+1)\pi, & K \geq 0 \\ 2l\pi, & K \leq 0 \end{cases} \tag{4.53b}$$

となる．式 (4.53a), (4.53b) はすべての根軌跡上の点で満足されるべき条件で，それぞれゲイン条件および位相条件という．

これらの条件を用いて根軌跡を描くことは不可能ではないが，非常に面倒である．しかし，つぎに述べる根軌跡の解析的性質を利用すれば，比較的簡単に根軌跡の概略を知ることができる．

R0 根軌跡は代数方程式 $A(s) = 0$ の根であるから，n 本の分岐からなり実軸に関して上下対称である．

R1 $K = 0$ に対応する根軌跡上の点は開ループ伝達関数の極に一致する．これは，式 (4.51) より明らかである．

R2 $K \to \pm\infty$ のとき，$G(s) = -1/K \to 0$ となるので，根軌跡は無限遠点も含めた $G(s)$ の零点に漸近する．したがって，m 本の分岐は $N(s) = 0$ の根に近づき，残りの $\nu := n - m$ 本の分岐は無限遠点に発散する．

R3 無限遠点に発散する分岐は，実軸上の点

$$s_g = -\frac{a_1 - b_1}{\nu} = \frac{1}{\nu}\left(\sum_{i=1}^{n} p_i - \sum_{k=1}^{m} z_k\right) \tag{4.54}$$

を通り，$K \to +\infty$ のときは角度が

$$\theta_l = \frac{(2l+1)\pi}{\nu}, \quad l = 0, 1, \cdots, \nu - 1; K \geq 0 \tag{4.55}$$

である ν 本の直線に漸近する．また $K \to -\infty$ のときは，角度が

$$\theta_l = \frac{2l\pi}{\nu}, \quad l = 0, 1, \cdots, \nu - 1; K < 0 \tag{4.56}$$

である ν 本の直線に漸近する．漸近線の傾きを表 4.4 に示す．

表 4.4 漸近線の傾き

ν	1	2	3	4
$K \to \infty$	180°	±90°	±60°, 180°	±45°, ±135°
$K \to -\infty$	0°	0°, 180°	0°, ±120°	0°, ±90°, 180°

(証明*) 式 (4.40) で $a_0 = b_0 = 1$ と仮定する. $\nu = n - m$ とおくと次式を得る.

$$\frac{D(s)}{N(s)} = \frac{s^n + a_1 s^{n-1} + \cdots}{s^m + b_1 s^{m-1} + \cdots}$$
$$= s^\nu + (a_1 - b_1)s^{\nu-1} + \cdots \quad (4.57)$$

よって $|s| \to \infty$ のとき式 (4.51) から特性方程式は

$$s^\nu + (a_1 - b_1)s^{\nu-1} + \cdots = -K$$

となる. すなわち

$$s^\nu \left(1 + \frac{a_1 - b_1}{s} + O\left(\frac{1}{s^2}\right)\right) = \begin{cases} |K|e^{j\pi}, & K > 0 \\ |K|e^{j0}, & K < 0 \end{cases} \quad (4.58)$$

が成立する. ここに $O(\cdot)$ はオーダーを表す. 式 (4.58) の ν 乗根を求めると

$$s \left(1 + \frac{a_1 - b_1}{s} + O\left(\frac{1}{s^2}\right)\right)^{1/\nu} = |K|^{1/\nu} e^{j\theta_l}$$

となる. ただし θ_l は式 (4.55), (4.56) で与えられる. したがって, 公式 $(1+x)^\alpha \simeq 1+\alpha x$ ($|x| \ll 1$) を用いると

$$s = -\frac{a_1 - b_1}{\nu} + O\left(\frac{1}{s}\right) + |K|^{1/\nu} e^{j\theta_l} \quad (4.59)$$

を得る. 式 (4.54) は根と係数の関係より明らかである. □

また, 式 (4.59) は点 $(s_g, j0)$ から無限遠点に発散する ν 個の特性根までの距離がほぼ $|K|$ の ν 乗根に等しいことを示している.

R4 いくつかの $G(s)$ の極と零点が実軸上に存在すると仮定する. $K \geq 0$ ($K \leq 0$) の場合, ある実軸上の点 s の右側に合計で奇数個 (偶数個) の極または零点があれば, その点 s は根軌跡上にある.

(証明) s が実軸上にあるとき, 1 対の複素共役な極および零点に対する位相の和は 0 (または 2π) となる. よって複素共役な極, 零点は除外して s が位相条件式 (4.53b) を満足するかどうかを調べればよいので, 本命題は容易に示される. □

R5 根軌跡 $(-\infty < K < \infty)$ が実軸から分岐する点を s_1 とすると，

$$\left[\frac{d}{ds}\frac{D(s)}{N(s)}\right]_{s=s_1} = 0 \tag{4.60}$$

が成立する．

(証明) 式 (4.51) を用いると

$$A'(s) = \frac{d}{ds}\left\{N(s)\left[\frac{D(s)}{N(s)} + K\right]\right\}$$
$$= \frac{dN(s)}{ds}\left[\frac{D(s)}{N(s)} + K\right] + N(s)\frac{d}{ds}\left[\frac{D(s)}{N(s)}\right]$$

となる．$s = s_1$ は $A(s) = 0$ の重根であるから，$A(s_1) = A'(s_1) = 0$ が成立する．よって式 (4.60) を得る． □

R6 根軌跡が虚軸を横切るときのゲイン K および交点の値はラウス・フルビッツの方法を用いて容易に求められる．

以上の法則 R0 〜 R6 を用いていくつかの根軌跡を描いてみよう．

例 4.6 $G(s) = (s+5)/s(s+2)$ を考えよう．性質 R1, R2 より $K \geq 0$ に対する根軌跡は極 $s = 0, -2$ から出発して，1 つの分岐は零点 $s = -5$ に終わる．$G(s)$ の相対次数は $\nu = 1$ であるから，表 4.4 から無限遠点に発散する分岐の漸近線の方向は $180°$ である．R4 から区間 $(-\infty, -5)$ および $(-2, 0)$ は根軌跡上の点となる．また，

$$\frac{d}{ds}\left[\frac{D(s)}{N(s)}\right] = \frac{d}{ds}\left[\frac{s(s+2)}{s+5}\right] = \frac{s^2 + 10s + 10}{(s+5)^2}$$

であるから，根軌跡は実軸の点 $s_1, s_2 = -5 \pm \sqrt{15}$ で分岐する．さらに，特性根が共役複素数 $s = \sigma \pm j\omega$ であるとすれば，根と係数の関係を用いて

$$A(s) = s^2 + (2+K)s + 5K = 0$$

より，$(\sigma+5)^2 + \omega^2 = 15$ という式を得るので，特性根は点 $(-5, j0)$ を中心とする半径 $\sqrt{15}$ の円を動く．以上により，根軌跡は図 4.10 のようになる．$K < 0$ の場合の根軌跡は区間 $(-5, -2)$ と $(0, \infty)$ となる． □

例 4.7 $G(s) = (5-s)/s(s+2)$ に対する特性方程式は

$$A(s) = s^2 + 2s - K(s-5) = s^2 + (2-K)s + 5K = 0 \tag{4.61}$$

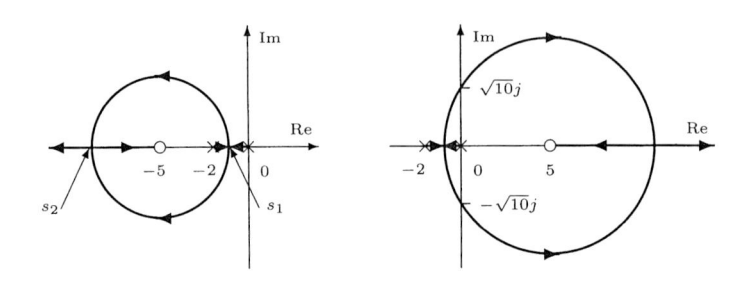

図 4.10 根軌跡: 例 4.6　　　　**図 4.11** 根軌跡: 例 4.7

となる．また $K \geq 0$ に対する根軌跡は，$G(s)$ の分子の符号を変えた $\tilde{G}(s) := (s-5)/s(s+2)$ の $K \leq 0$ に対する根軌跡と一致する．例 4.6 の場合と同様にして，実軸上の区間 $(-2,0), (5,\infty)$ が根軌跡の一部となるので，根軌跡は $K=0$ のとき点 $s=0, -2$ を出発して，1 つの分岐は $s=5$ へ，他の分岐は実軸の正方向に発散する．$A(s)=0$ が複素根をもつ場合には，$(\sigma-5)^2 + \omega^2 = 35$ を満足する．よって根軌跡は図 4.11 のようになる．

つぎに式 (4.61) にラウス・フルビッツの方法を適用しよう．ラウス表は

$$\begin{array}{c|cc} s^2 & 1 & 5K \\ s^1 & 2-K & \\ s^0 & 5K & \end{array}$$

となる．$K=2$ のとき s^1 行は 0 となるので，$A(s) = s^2 + 10 = 0$ より $s = \pm j\sqrt{10}$ を得る．よって $K=2$ で根軌跡は虚軸を横切って，$K>2$ で右半面に移る．□

例 4.8 3 次系 $G(s) = 1/s(s+1)(s+2)$，$K \geq 0$ について考察する．$G(s)$ は零点をもたないので，すべての分岐は無限遠点に発散する．$\nu = n - m = 3$，$s_g = -1$ であるから，表 4.4 から根軌跡は点 $(-1, j0)$ を通過する角度が $\pm 60°$，$180°$ の 3 本の半直線に漸近する．R4 より区間 $(-1, 0), (-\infty, -2)$ は根軌跡の一部となる．R5 より点 $s_1 = -1 + \sqrt{1/3}$ で根軌跡は実軸から分岐する．ラウス・フルビッツ法より $K=6$ で 2 つの分岐が虚軸を $s = \pm j\sqrt{2}$ で横切り，右半平面に入ることがわかる．よって $K \geq 0$ に対する根軌跡は図 4.12 のようになる．□

例 4.9 図 4.13 は $G(s) = 1/s(s^2+2s+2), K \geq 0$ に対する根軌跡を示す．$G(s)$ は零点をもたないので，3 本の分岐は漸近的に角度 $\pm 60°$, $180°$ で無限遠点に発散する．また $s_g = -2/3$ である．$K=4$ のとき虚軸と $\pm j\sqrt{2}$ で交わり，$K>4$ で 2 本の分岐は右半平面に入る．共役複素極 $s_1, s_2 = -1 \pm j$ から軌跡が

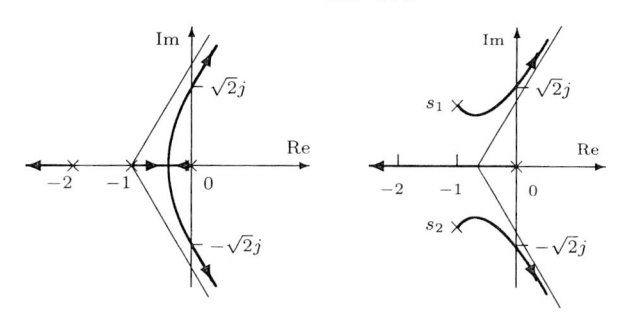

図 4.12 根軌跡: 例 4.8　　**図 4.13** 根軌跡: 例 4.9

出発するときの角度は位相条件の式 (4.53b) より求められる. s_1 での未知の出発角度を θ_1 とすると, s が s_1 の近傍では, $\arg(s-s_2) \simeq \pi/2$, $\arg(s-s_3) = 3\pi/4$ であるから, 式 (4.53b) は

$$-\theta_1 - \frac{\pi}{2} - \frac{3\pi}{4} = (2l+1)\pi, \qquad l = 0, \pm 1, \cdots$$

となる. $l = -1$ とおいて, $\theta_1 = -45°$ を得る. □

根軌跡法による制御系の設計例は 8.3 節で述べる.

4.7　ラウスの定理の証明

本節はラウスの定理の証明を知りたい読者のためのものである. 証明は根軌跡を利用したもので他の証明に比較して短くて, 理解しやすいと思われる. まず, 便利のために多項式 $A(s), A_0(s), A_1(s)$ を再掲する.

$$A(s) = a_0 s^n + a_1 s^{n-1} + \cdots + a_{n-1} s + a_n, \qquad a_0 > 0$$
$$A_0(s) = a_0 s^n + a_2 s^{n-2} + a_4 s^{n-4} + \cdots$$
$$A_1(s) = a_1 s^{n-1} + a_3 s^{n-3} + a_5 s^{n-5} + \cdots$$

定理 4A ([63])　多項式 $A(s), a_0 > 0$ がフルビッツであるための必要十分条件は, $a_1 > 0$ であり, かつ $n-1$ 次多項式

$$\begin{aligned}B(s) &= A(s) - \frac{a_0}{a_1} s A_1(s) \\&= a_1 s^{n-1} + \left(a_2 - \frac{a_0 a_3}{a_1}\right) s^{n-2} + a_3 s^{n-3} + \left(a_4 - \frac{a_0 a_5}{a_1}\right) s^{n-4} + \cdots \end{aligned} \quad (4.62)$$

がフルビッツとなることである. ラウス表 4.2 の係数を用いると, $B(s)$ は

$$B(s) = a_0^{(1)} s^{n-1} + a_0^{(2)} s^{n-2} + a_1^{(1)} s^{n-3} + a_1^{(2)} s^{n-4} + \cdots$$

と表される. (上式の係数がラウス表 4.2 のどこに位置しているかを確認せよ.)

この結果を $n-1$ 次多項式 $B(s)$, $a_0^{(1)} > 0$ に適用すると, $B(s)$ がフルビッツとなるための必要十分条件は, $a_0^{(2)} > 0$ であり, かつ $n-2$ 次多項式

$$C(s) = a_0^{(2)}s^{n-2} + a_0^{(3)}s^{n-3} + a_1^{(2)}s^{n-4} + a_1^{(3)}s^{n-5} + \cdots$$

がフルビッツとなることである. 以下同様に, これを繰り返すことにより, 定理 4.6 が証明できる.

証明 (必要性) 実パラメータ λ をもつ n 次多項式

$$B_\lambda(s) := A(s) - \lambda(a_1 s^n + a_3 s^{n-2} + \cdots) \tag{4.63}$$

を考える. $A(s)$ はフルビッツであるから, $a_1 > 0$ である. 明らかに $B_0(s) = A(s)$ であり, $\lambda^* = a_0/a_1 > 0$ とおくと, $B_{\lambda^*}(s) = B(s)$ となる. また $A(s) = A_0(s) + A_1(s)$ であるから, 次式を得る.

$$B_\lambda(s) = A_0(s) + A_1(s) - \lambda s A_1(s) = [A_0(s) - \lambda s A_1(s)] + A_1(s) \tag{4.64}$$

ここで, つぎの命題を証明する.

命題 4A λ が変化しても, $B_\lambda(s)$ の虚軸上の零点の数は変化しない.

証明 n を偶数と仮定する. このとき, $d(s) := A_0(s) - \lambda s A_1(s)$ と $A_0(s)$ は偶数次多項式, $A_1(s)$ は奇数次多項式となるので, $s = j\omega$ とおくと, $d(j\omega)$ は実数, $A_1(j\omega)$ は純虚数となる. よって, 式 (4.64) から

$$B_\lambda(j\omega) = 0 \Leftrightarrow A_0(j\omega) = 0, \quad A_1(j\omega) = 0 \quad (\lambda に無関係)$$

を得る. すなわち, 虚軸上の零点はパラメータ λ には無関係となり, 命題が成り立つ. n が奇数の場合も同様である.

命題 4A から, λ が変化しても $B_\lambda(s)$ の虚軸上の零点は虚軸を離れることはないし, また別の零点が虚軸に接近することもない. よって $B_\lambda(s)$ の安定零点, 不安定零点の個数の変化は, $B_\lambda(s)$ の次数が低下する場合にのみ発生する可能性がある. 次数の低下は, $\lambda = \lambda^*$ のときに生じる. ここで λ が 0 から λ^* まで変化するときの $B_\lambda(s) = 0$ の根軌跡を調べよう. 式 (4.63) から

$$(a_0 - \lambda a_1)s^n + a_1 s^{n-1} + (a_2 - \lambda a_3)s^{n-2} + a_3 s^{n-3} + \cdots = 0$$

となるので, 両辺を $(a_0 - \lambda a_1)s^n$ で割ると

$$1 + \rho G_\lambda(s) = 1 + \rho \frac{a_1 s^{n-1} + (a_2 - \lambda a_3)s^{n-2} + a_3 s^{n-3} + \cdots}{s^n} = 0$$

を得る.ただし,$\rho := 1/(a_0 - \lambda a_1)$ である.よって λ が 0 から λ^* まで変化するとき,$1/a_0 \le \rho < \infty$ となる.$G_\lambda(s)$ の相対次数は 1,かつ $a_1 > 0$ であるから,$B_\lambda(s) = 0$ の根軌跡は $\rho = 1/a_0$ ($\lambda = 0$) のとき $A(s) = 0$ の根 (左半平面) から出発して,$n-1$ 個の根は $G_{\lambda^*}(s)$ の分子多項式 $B(s) = 0$ の根に漸近し,残りの 1 つの根は無限遠点 (180° 方向) に発散する.命題 4A から,λ が変化するとき $B_\lambda(s)$ の零点は虚軸を横断することはないので,$B_\lambda(s)$ は常にフルビッツである.よって $B(s)$ もフルビッツである.

(十分性) 逆に $a_1 > 0$ であり,かつ $B(s)$ がフルビッツであるとする.必要性の証明と同様に,λ が λ^* に漸近するとき $B_\lambda(s) = 0$ の $n-1$ 個の根は $B_{\lambda^*}(s) = B(s) = 0$ の根に漸近し,他の 1 つは 180° の方向の無限遠点に動く.$B(s)$ がフルビッツであるから,命題 4A によって $B_\lambda(s) = 0$ の根は常にフルビッツである.よって,根の連続性から $B_0(s) = A(s)$ もフルビッツである. □

4.8 ノ ー ト

過渡応答については,文献 [58], [41],安定性の定義は [75] によった.フルビッツの定理の証明は [50], [17],またラウスの定理の証明は [50], [26] にある.文献 [70], [20] にはラウス・フルビッツの方法に関する詳しい解説がある.根軌跡は主として [58], [41] によった.根軌跡の性質 R3 に関しては,文献 [57] を参考にした.

4.9 演 習 問 題

4.1 つぎの伝達関数に対するステップ応答を計算し,応答波形の概略を図示せよ.

(a) $\dfrac{s+3}{(s+2)(s+1)}$ (b) $\dfrac{e^{-2s}}{s(s+4)}$ (c) $\dfrac{1-2s}{s^2+2s+2}$

Matlab を用いると,(a) のインパルス応答,ステップ応答は以下のようにして計算できる.

```
num=[0 1 3]; % 分子の係数
den=[1 3 2]; % 分母の係数
impulse(num,den); % インパルス応答
step(num,den); % ステップ応答
```

4.2 入力 $u(t)$ が区間 $(0, 1)$ で 1,その他の区間で 0 であるとき,つぎの伝達関数に対する応答を計算せよ.ただし,初期値は 0 とする.

(a) $G(s) = \dfrac{2}{(s+1)(s+2)}$ (b) $G(s) = \dfrac{5}{s^2+4s+5}$

4.3 式 (4.37) が成立するとき,つぎの事項を証明せよ.
(a) 入力が連続で,周期 T の周期関数,すなわち $u(t) = u(t+T)$ であれば,$t \to \infty$ のとき,出力も周期関数 (周期 T) となる.

(b) $\lim_{t\to\infty} = \bar{u}$ であれば $\lim_{t\to\infty} y(t) = \bar{y}$ となる．ここに $\bar{y} = \bar{u}\int_0^\infty g(t)dt$ である．

(c) $\int_0^\infty u^2(t)dt < \infty$ であれば，$\int_0^\infty y^2(t)dt < \infty$ となる．

(d) 一般に $\lim_{t\to\infty} g(t) \neq 0$ であることを，反例をあげて示せ．

4.4 システムのインパルス応答が

$$g(t) = \frac{(-1)^k}{k+1}, \quad k \leq t < k+1, \quad k = 0, 1, \cdots$$

で与えられるとする．システムが安定であるかどうかを調べよ．このシステムは線形であるが，無限次元である．

4.5 ラウス・フルビッツの方法により，つぎの多項式の安定性を判別せよ．

(a) $s^4 + s^3 + 2s^2 + 6s + 9$ (b) $s^4 + 4s^3 + s^2 + 2s + K$

(c) $s^4 + 4s^3 + 3s^2 + Ks + 2$ (d) $s^4 + s^3 + 2s^2 + 2s + 4$

4.6 つぎの方程式が安定根をもつための K のとる範囲を求めよ．

(a) $s^3 + 7s^2 + Ks + 10 = 0$ (b) $s^4 + 10s^3 + 35s^2 + 56s + K = 0$

4.7 前問の特性方程式の根の実部が -1 以下 ($\mathrm{Re}[s] < -1$) となるための，K のとる範囲を求めよ．(ヒント: $s' = s + 1$ とおく．)

4.8 $s^4 + 6s^3 + 18s^2 + 24s + K = 0$ の根が虚軸上にあるように K の値を定め，かつ虚軸上の根を求めよ．

4.9 例 4.6～4.9 において，$K < 0$ に対する根軌跡を完成させよ．

Matlab を用いると，例 4.8 の根軌跡はつぎのようにして計算できる．

```
num=[0 0 0 1];  % 分子の係数
num=[0 0 0 -1]; % K<0 の場合: 分子の係数 ×(-1)
den=[1 3 2 0];  % 分母の係数
rlocus(num,den); % 根軌跡
```

5

周波数応答

周波数応答は正弦波入力に対する出力の定常応答の比として定義され，システム関数ともいう．本章では，周波数応答関数の定義とその表現方法，性質について述べる．

- 周波数応答関数の定義と物理的意味
- ナイキスト線図，ボーデ線図
- 全域通過関数，最小位相関数，ボーデの定理
- フィードバック系の周波数応答

5.1 周波数応答関数

簡単な例によって，正弦波入力に対する線形システムの応答を計算しよう．

例 5.1 正弦波信号 $u(t) = \sin t$ に対する 1 次系 $G(s) = 1/(2s+1)$ の定常応答をラプラス変換を用いて計算する．$u(s) = 1/(s^2+1)$ であるから，ゼロ状態応答は式 (3.22) より

$$\begin{aligned} y(t) &= \mathfrak{L}^{-1}\left[\frac{1}{(2s+1)(s^2+1)}\right] \\ &= \mathfrak{L}^{-1}\left[\frac{4}{5(2s+1)} + \frac{-2s+1}{5(s^2+1)}\right] = \frac{2}{5}e^{-t/2} - \frac{2}{5}\cos t + \frac{1}{5}\sin t \quad (5.1) \end{aligned}$$

となる．上式の右辺第 1 項は $t \to \infty$ のとき 0 に収束するので，定常応答は

$$y_s(t) = \frac{1}{5}\sin t - \frac{2}{5}\cos t \simeq \frac{1}{\sqrt{5}}\sin(t - 1.1) \quad (5.2)$$

となる．すなわち，入力 $u(t) = \sin t$ に対する出力の定常応答は振幅が $1/\sqrt{5} \simeq 0.45$ 倍となり，位相が 1.1 (rad) だけ遅れることがわかる (図 5.1)． □

伝達関数のもつこのような性質を一般的に議論するために，安定な伝達関数 $G(s)$ をもつ線形システムについて考察する．$g(t) = 0, t < 0$ であるから，$G(s)$

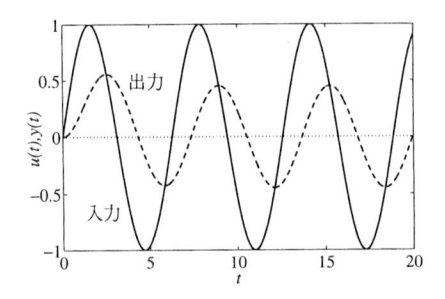

図 5.1 正弦波入力に対する応答 —: 入力, ---: 出力

が安定であれば $g(t)$ は区間 $(-\infty, \infty)$ において絶対可積分である．よって $g(t)$ の (両側) ラプラス変換は $\text{Re}[s] \geq 0$ で絶対収束するので，虚軸 $s = j\omega$ は収束域に含まれる．したがって，$g(t)$ のフーリエ変換は

$$G(j\omega) = \int_{-\infty}^{\infty} g(t)e^{-j\omega t}dt = [G(s)]_{s=j\omega} \tag{5.3}$$

のように，ラプラス変換 $G(s)$ において $s = j\omega$ とおくことにより得られる．このとき $G(j\omega)$ を実角周波数 ω の関数とみて，システム関数あるいは周波数応答関数 (frequency response function) という[†]．

周波数応答関数は ω の複素関数であり

$$G(j\omega) = \int_{0-}^{\infty} g(t)\cos\omega t dt - j\int_{0-}^{\infty} g(t)\sin\omega t dt$$
$$= x(\omega) + jy(\omega) \tag{5.4}$$

と表される．ただし $g(t)$ は実数値関数と仮定している．ここに $x(\omega), y(\omega)$ はそれぞれ $G(j\omega)$ の実部および虚部という．また

$$|G(j\omega)| = \sqrt{x^2(\omega) + y^2(\omega)}, \quad \arg G(j\omega) = \tan^{-1}\left[\frac{y(\omega)}{x(\omega)}\right] \tag{5.5}$$

とおくと，周波数応答関数は極座標形式で

$$G(j\omega) = |G(j\omega)|e^{j\theta(\omega)}, \quad \theta(\omega) = \arg G(j\omega) \tag{5.6}$$

となる．ここに絶対値 $|G(j\omega)|$ をゲイン特性 (gain characteristic) または振幅特性といい，偏角 $\arg G(j\omega)$ あるいは $\angle G(j\omega)$ を位相 (phase) 特性または位相推

[†] 虚軸上に極をもつような $G(s)$ のインパルス応答 $g(t)$ は絶対可積分ではないが，このような場合にも $G(j\omega)$ は特異フーリエ変換として定義できる (付録表 B.1 参照).

移 (phase shift) という．また式 (5.4), (5.5) より，$x(\omega), |G(j\omega)|$ は ω の偶関数，$y(\omega), \arg G(j\omega)$ は ω の奇関数となる．

$G(s)$ は安定であるから，任意の有界入力に対する出力の定常応答は

$$y(t) = \lim_{t_0 \to -\infty} \int_{t_0}^{t} g(t-\tau)u(\tau)d\tau = \int_{0-}^{\infty} g(\tau)u(t-\tau)d\tau \tag{5.7}$$

となる．式 (5.7) をフーリエ変換すると，付録定理 B4 より

$$y(j\omega) = G(j\omega)u(j\omega)$$

を得る．ここに $u(j\omega), y(j\omega)$ はそれぞれ入出力信号のフーリエ変換である．上式は s 領域における入出力の関係式 $y(s) = G(s)u(s)$ において，形式的に $s = j\omega$ とおいたものに等しいので，$G(j\omega)$ を周波数伝達関数ともいう (図 5.2)．

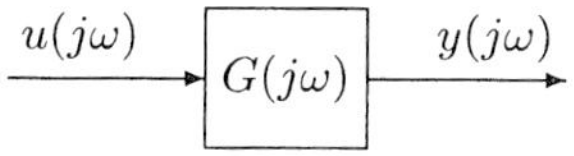

図 **5.2** 周波数応答関数

入力 $u(t) = e^{j\omega t}$ に対する出力の定常応答は式 (5.7), (5.6) から

$$y(t) = \int_{0-}^{\infty} g(\tau)e^{j\omega(t-\tau)}d\tau = G(j\omega)e^{j\omega t} = |G(j\omega)|e^{j(\omega t + \theta(\omega))} \tag{5.8}$$

となる．すなわち，線形システムでは正弦波入力に対する出力の定常応答は，入力と同一の周波数の正弦波であり，その振幅は入力振幅の $|G(j\omega)|$ 倍となり，位相は入力の位相と $\theta(\omega) = \angle G(j\omega)$ だけずれる．よって例 5.1 で述べたことが一般の線形システムについて成立することが示された．

また式 (3.25) と同様に周波数応答は

$$G(j\omega) = \frac{e^{j\omega t}に対する定常応答}{e^{j\omega t}} \tag{5.9}$$

と表すことができる．したがって，正弦波入力の角周波数を $\omega_k, k = 1, 2, \cdots$ と変化させて，各角周波数に対する出力の定常応答を測定することにより，ゲイン特性と位相特性 $|G(j\omega_k)|, \arg G(j\omega_k), k = 1, 2, \cdots$ が求められる．これが，周波数応答に基づくシステム同定の原理である．

周波数応答関数 $G(j\omega)$ は図式的に表現するのが便利である．その方法としては，ナイキスト線図，ボーデ線図，ゲイン–位相線図がある．以下では，基本的な要素のナイキスト線図，ボーデ線図について説明する．ゲイン–位相線図については 5.5 節で簡単に触れる．

5.2 ナイキスト線図

$G(j\omega) = x(\omega) + jy(\omega)$ は角周波数 ω の複素関数であるから，複素平面上の点あるいはベクトルとして表される．角周波数 ω を $-\infty$ から $+\infty$ まで変化させた場合の $G(j\omega)$ の軌跡をナイキスト線図 (Nyquist diagram) という[†]．周波数応答関数の実部 $x(\omega)$ は偶関数，虚部 $y(\omega)$ は奇関数であるから，ナイキスト線図は実軸に関して上下対称である．したがって，$\omega > 0$ に対する軌跡を実軸に関して対称に折り返すことによって，$\omega < 0$ に対する軌跡が得られる．

5.2.1 微分，近似微分要素

微分要素 $G(s) = Ts$ の場合，周波数応答関数は

$$G(j\omega) = Tj\omega = T\omega e^{j\pi/2} \tag{5.10}$$

であるから，$|G(j\omega)| = T\omega$, $\arg G(j\omega) = \pi/2$ となる．よって ω を 0 から ∞ まで変化させると軌跡は虚軸上の正の部分を 0 から無限遠点まで動く（図 5.3）．

また，近似微分要素 $G(s) = Ts/(1 + \gamma Ts)$ $(\gamma = 1)$ の場合には，

$$G(j\omega) = \frac{\omega^2 T^2}{1 + \omega^2 T^2} + j\frac{\omega T}{1 + \omega^2 T^2} \tag{5.11}$$

となる．よって，

$$x(\omega) = \frac{\omega^2 T^2}{1 + \omega^2 T^2}, \qquad y(\omega) = \frac{\omega T}{1 + \omega^2 T^2} \tag{5.12}$$

$$|G(j\omega)| = \frac{\omega T}{\sqrt{1 + \omega^2 T^2}}, \qquad \arg G(j\omega) = \tan^{-1}\left(\frac{1}{\omega T}\right) \tag{5.13}$$

を得る．$x(\omega)/y(\omega) = \omega T$ に注意して式 (5.12) から ω を消去すると，

$$\left(x - \frac{1}{2}\right)^2 + y^2 = \left(\frac{1}{2}\right)^2 \tag{5.14}$$

となる．これは点 $(1/2, j0)$ を中心とする円の方程式である．よって ω が 0 から ∞ まで動くとき，$G(j\omega)$ の軌跡は図 5.3 の半円周上を原点から矢印の向きに動き，$\omega = \infty$ で点 $(1, j0)$ に到達する．ω が $-\infty$ から 0 まで動く場合には，軌跡は下側の半円周上を点 $(1, j0)$ から原点まで動く．

[†] ナイキスト軌跡 (Nyquist plot), まれにベクトル軌跡 (vector locus) という．

図 5.3 微分,近似微分要素の
ナイキスト線図

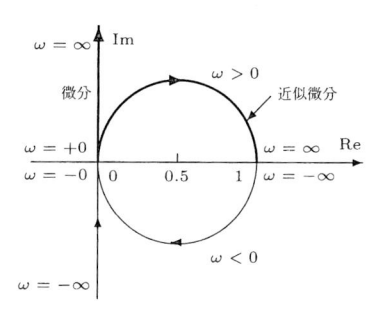

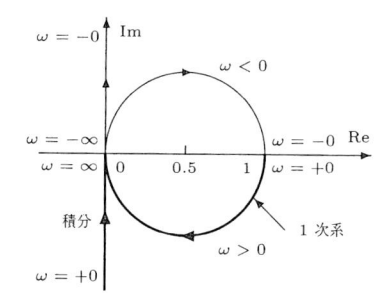

図 5.4 積分要素,1 次系のナイキスト
線図

5.2.2 積分要素,1 次系

まず積分要素 $G(s) = 1/Ts$ について考察する.$g(t) = \mathcal{L}^{-1}[G(s)] = 1(t)/T$ は絶対可積分ではないが,積分要素の周波数応答関数も形式的に $G(j\omega) = [G(s)]_{s=j\omega}$ としてよい†.このとき

$$G(j\omega) = \frac{1}{T\omega}e^{-j\pi/2}, \qquad \omega \neq 0 \tag{5.15}$$

であるから,$\omega > 0$ に対する軌跡は,図 5.4 に示すように虚軸の負の部分となる.

つぎに,式 (4.11) の 1 次系を考える.簡単のために,$K = 1$ とおくと,

$$G(j\omega) = \frac{1}{1 + j\omega T} = \frac{1}{1 + \omega^2 T^2} - j\frac{\omega T}{1 + \omega^2 T^2} = x(\omega) + jy(\omega) \tag{5.16}$$

となる.これより

$$x(\omega) = \frac{1}{1 + \omega^2 T^2}, \qquad y(\omega) = \frac{-\omega T}{1 + \omega^2 T^2} \tag{5.17}$$

$$|G(j\omega)| = \frac{1}{\sqrt{1 + \omega^2 T^2}}, \qquad \arg G(j\omega) = -\tan^{-1}(\omega T) \tag{5.18}$$

を得る.式 (5.17) から ω を消去すると式 (5.14) と同じ円の方程式を得る.$\omega > 0$ のとき $y(\omega) < 0$ であるから,軌跡は図 5.4 の半円周上を矢印の向きに点 $(1, j0)$

---

† $g(t) = 1(t)/T$ のフーリエ変換は付録表 B.1 から

$$G(j\omega) = \frac{\pi}{T}\delta(\omega) + \frac{1}{j\omega T}$$

で与えられる.よって,入力 $e^{j\omega t}$ に対する定常応答は式 (5.8) から

$$y_s(t) = \left(\frac{\pi}{T}\delta(\omega) + \frac{1}{j\omega T}\right)e^{j\omega t} = \frac{1}{j\omega T}e^{j\omega t}, \qquad \omega \neq 0$$

となるので,$\omega \neq 0$ であれば,この代入 $s = j\omega$ は正しい.

から原点まで動く．また ω が $-\infty$ から 0 まで動くときは，軌跡は上側の半円周上を原点から点 $(1, j0)$ まで動く．

5.2.3 2 次 系

式 (4.15) の 2 次系の伝達関数 $G(s) = \omega_n^2/(s^2 + 2\zeta\omega_n s + \omega_n^2)$ について考える．$\Omega = \omega/\omega_n$ とおくと

$$G(j\Omega) := G(j\omega)|_{\omega=\omega_n\Omega} = \frac{1}{1 - \Omega^2 + 2\zeta\Omega j}$$

$$= \frac{1 - \Omega^2}{(1 - \Omega^2)^2 + 4\zeta^2\Omega^2} - j\frac{2\zeta\Omega}{(1 - \Omega^2)^2 + 4\zeta^2\Omega^2} \quad (5.19)$$

を得る．よって $G(j\Omega)$ の実部，虚部はそれぞれ

$$x(\Omega) = \frac{1 - \Omega^2}{(1 - \Omega^2)^2 + 4\zeta^2\Omega^2}, \quad y(\Omega) = \frac{-2\zeta\Omega}{(1 - \Omega^2)^2 + 4\zeta^2\Omega^2} \quad (5.20)$$

となる．したがって，ゲインおよび位相は

$$|G(j\Omega)| = \frac{1}{\sqrt{(1 - \Omega^2)^2 + 4\zeta^2\Omega^2}}, \quad \arg G(j\Omega) = -\tan^{-1}\left(\frac{2\zeta\Omega}{1 - \Omega^2}\right) \quad (5.21)$$

で与えられる．式 (5.20), (5.21) から

$$\Omega \ll 1: \quad x(\Omega) \simeq 1, \quad y(\Omega) \simeq 0; \quad |G| \simeq 1, \quad \angle G \simeq 0$$
$$\Omega = 1: \quad x(\Omega) = 0, \quad y(\Omega) = -1/2\zeta; \quad |G| = 1/2\zeta, \quad \angle G = -\pi/2$$
$$\Omega \gg 1: \quad x(\Omega) \simeq 0, \quad y(\Omega) \simeq 0; \quad |G| \simeq 1/\Omega^2, \quad \angle G \simeq -\pi$$

となる．これから，$x(\omega), y(\omega)$ の変化は表 5.1 のようになる．よって，2 次系のナイキスト線図 $(\omega > 0)$ は図 5.5 のように点 $(1, j0)$ から出発して，第 4 象限から $\omega = \omega_n$ で虚軸を横切り第 3 象限に入り，$\omega \to \infty$ で実軸に接しながら原点に近づく．このとき，ζ が小さいほど軌跡のふくらみは大きくなる．$\omega < 0$ に対するナイキスト線図は，$\omega > 0$ に対する軌跡を実軸に関して折り返すことにより得られる．

表 **5.1** $x(\omega), y(\omega)$ の変化 $(\omega > 0)$

ω	0	$\cdots$	ω_n	$\cdots$	∞
$x(\omega)$	1	+	0	−	0
$y(\omega)$	0	−	$-1/2\zeta$	−	0

図 5.5　2次系のナイキスト
　　　線図 ($\omega > 0$)

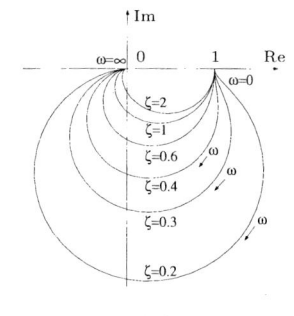

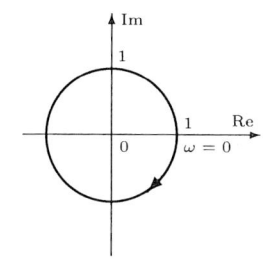

図 5.6　むだ時間要素の
　　　ナイキスト線図

5.2.4　むだ時間要素

式 (3.40) のむだ時間要素は入出力安定であり，周波数応答関数は

$$G(j\omega) = e^{-j\omega L} \tag{5.22}$$

となる．よって $|G(j\omega)| = 1$, $\arg G(j\omega) = -\omega L$ を得る．すなわち，ゲイン特性は角周波数 ω に無関係に 1 であるが，位相特性は ω に比例する．したがって，むだ時間要素のナイキスト線図 ($\omega > 0$) は図 5.6 の単位円周上を負の方向に (無限回) 回転し，$2\pi/L$ ごとに点 $(1, j0)$ を通過する．

5.2.5　結合系のナイキスト線図

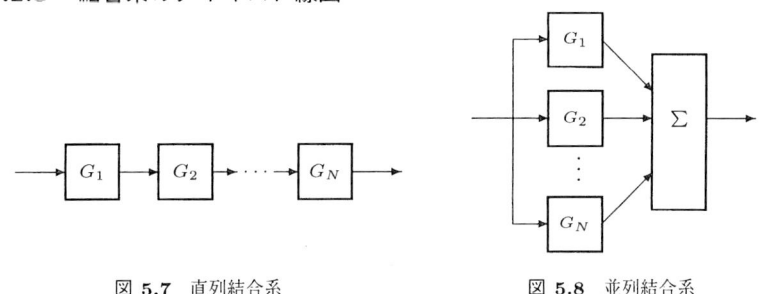

図 5.7　直列結合系

図 5.8　並列結合系

ここでは図 5.7, 5.8 の直列結合系および並列結合系の周波数応答関数について述べる．まず図 5.7 の直列結合系の場合には

$$G(j\omega) = G_1(j\omega) \cdots G_N(j\omega) \tag{5.23}$$

が成立するので，ゲイン特性および位相特性は

$$|G(j\omega)| = |G_1(j\omega)| \cdots |G_N(j\omega)| \tag{5.24}$$

$$\arg G(j\omega) = \arg G_1(j\omega) + \cdots + \arg G_N(j\omega) \tag{5.25}$$

となる.よって,直列結合系のナイキスト線図は各要素のナイキスト線図から式 (5.24), (5.25) の関係を利用して求めることができる.また図 5.8 の並列結合系の場合には,その周波数伝達関数は

$$G(j\omega) = G_1(j\omega) + \cdots + G_N(j\omega) \tag{5.26}$$

となる.よって,各要素のナイキスト線図を複素平面上で合成することにより並列結合系のナイキスト線図を求めることができる.

例 5.2 $G(s) = e^{-sL}/(1+Ts)$ の周波数応答関数は

$$G(j\omega) = \frac{e^{-j\omega L}}{1+j\omega T} = \frac{1}{\sqrt{1+\omega^2 T^2}} e^{j\theta(\omega)},$$

$$\theta(\omega) = -\omega L - \tan^{-1}(\omega T) \tag{5.27}$$

となる.式 (5.16) と比較することにより,1次系+むだ時間系のナイキスト線図 ($\omega > 0$) は1次系のナイキスト線図において位相のみを $-\omega L \,(\mathrm{rad})$ だけずらしたものとなり,$\omega \to \infty$ のとき原点に巻き付く (図 5.9). □

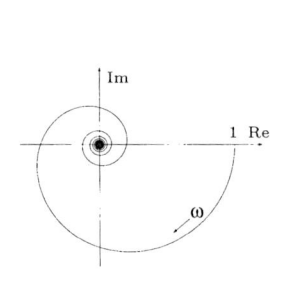

図 **5.9** 1 次系 + むだ時間系のナイキスト線図 ($\omega > 0$)

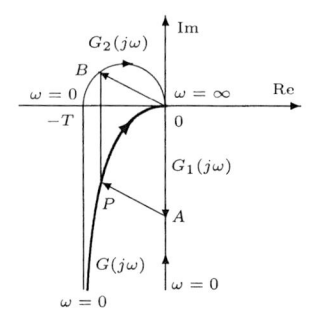

図 **5.10** サーボ系のナイキスト線図 ($\omega > 0$)

例 5.3 サーボ系 $G(s) = 1/s(Ts+1)$ を考えよう.明らかに

$$G(j\omega) = \frac{1}{j\omega} + \frac{-T}{1+j\omega T} = G_1(j\omega) + G_2(j\omega) \tag{5.28}$$

であるから,各 $\omega > 0$ について $1/j\omega$ と $-T/(1+j\omega T)$ のベクトル和 $\overrightarrow{OA} + \overrightarrow{OB} = \overrightarrow{OP}$ から求めるナイキスト線図が得られる (図 5.10).また $G(j\omega)$ の実部,虚部は $x(\omega) = -T/(1+\omega^2 T^2)$, $y(\omega) = -1/\omega(1+\omega^2 T^2)$ となるので,ω を消去すると $y^2 = -x^3/(T+x)$, $-T < x \leq 0$ を得る. □

一般の高次伝達関数

$$G(s) = \frac{K(s^m + b_1 s^{m-1} + \cdots + b_{m-1} s + b_m)}{s^l(s^n + a_1 s^{n-1} + \cdots + a_{n-1} s + a_n)}, \quad K > 0 \quad (5.29)$$

の周波数応答関数は

$$G(j\omega) = \frac{K[(j\omega)^m + b_1(j\omega)^{m-1} + \cdots + b_m]}{(j\omega)^l[(j\omega)^n + a_1(j\omega)^{n-1} + \cdots + a_n]} \quad (5.30)$$

で与えられる．これから，$\omega \to 0$ のとき，$G(j\omega) \simeq K b_m/a_n (j\omega)^l = K'/(j\omega)^l$ となる．簡単のために，$K' > 0$ と仮定すると

$$|G(j\omega)| \simeq \frac{K'}{\omega^l}, \quad \arg G(j\omega) \simeq -\frac{\pi l}{2} \quad (5.31)$$

を得る．よって，$\omega \to 0$ における軌跡は $l = 0$ であれば，実軸上の点 $K'(>0)$ から出発し，$l = 1, 2, \cdots$ の場合には，$-90° \times l$ の方向の無限遠点から出発する．また $\omega \to \infty$ の場合には，相対次数を $\nu = n + l - m$ とおくと，$G(j\omega) \simeq K/(j\omega)^\nu$ であるから，

$$|G(j\omega)| = \frac{K}{\omega^\nu}, \quad \arg G(j\omega) = -\frac{\nu \pi}{2} \quad (5.32)$$

となる．よって $\omega \to \infty$ における軌跡は，$\nu = 0$ であれば，実軸上の点 $(K, j0)$ に到達し，$\nu = 1, 2, \cdots$ の場合には，角度 $-90° \times \nu$ の方向から原点に漸近する．表 5.2 には代表的なナイキスト線図 $(\omega > 0)$ の例を示している．

5.3　ボーデ線図

周波数応答関数 $G(j\omega)$ のゲイン特性 $|G(j\omega)|$ と位相特性 $\angle G(j\omega)$ を縦軸にとり，角周波数の対数 $\log_{10} \omega$ を横軸にして表した曲線をボーデ線図 (Bode diagram) という．通常ゲインはデシベル (dB)，位相は角度 (degree) で表す．なお $N > 0$ に対して $20 \log_{10} N$ をデシベル値という．

5.3.1　微分，近似微分要素

微分要素のゲイン特性，位相特性は式 (5.10) から

$$20 \log_{10} |G(j\omega)| = 20 \log_{10}(T\omega), \quad \angle G(j\omega) = 90° \quad (5.33)$$

となる．また近似微分要素 ($\gamma = 1$) の場合には，式 (5.13) から

$$20 \log_{10} |G(j\omega)| = 20 \log_{10} \frac{\omega T}{\sqrt{1 + \omega^2 T^2}}, \quad \angle G(j\omega) = \tan^{-1}\left(\frac{1}{\omega T}\right) \quad (5.34)$$

表 5.2 低次系のナイキスト線図

	名称	$G(s)$	ナイキスト線図 ($\omega > 0$)
1	位相進み要素	$\dfrac{T_1 s+1}{T_2 s+1},\ T_2 < T_1$	
2	位相遅れ要素	$\dfrac{T_1 s+1}{T_2 s+1},\ T_1 < T_2$	
3	積分 + 2次系	$\dfrac{1}{s(T_1 s+1)(T_2 s+1)}$	
4	3次系	$\dfrac{1}{(T_1 s+1)(T_2 s+1)(T_3 s+1)}$	
5	2次積分 + 1次系	$\dfrac{1}{s^2(Ts+1)}$	
6	2次積分 + 位相進み要素	$\dfrac{T_1 s+1}{s^2(T_2 s+1)},\ T_2 < T_1$	
7	3次積分 + 微分	$\dfrac{Ts+1}{s^3}$	

であるから，つぎのような評価を得る．

$$\omega T \ll 1: \quad 20\log_{10}|G| \simeq 20\log_{10}(\omega T) \text{ dB}, \quad \angle G \simeq 90°$$
$$\omega T = 1: \quad 20\log_{10}|G| = -3.01 \text{ dB}, \quad \angle G = 45°$$
$$\omega T \gg 1: \quad 20\log_{10}|G| \simeq 0 \text{ dB}, \quad \angle G \simeq 0°$$

よって，微分および近似微分要素のボーデ線図は図 5.11 のようになる．

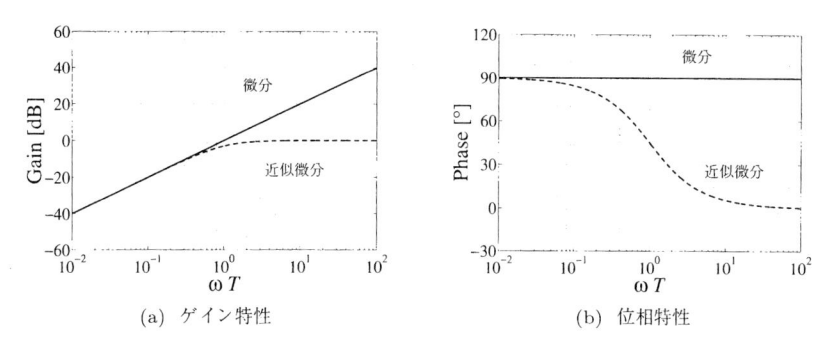

(a) ゲイン特性

(b) 位相特性

図 **5.11** 微分，近似微分要素のボーデ線図

この図からわかるように，$\omega T \ll 1$ の低周波数帯で近似微分要素は微分要素に近い周波数特性を示す．図 5.11(a) に示すように，角周波数が増加するにつれてゲインが増大するような要素を高域フィルタ (high-pass filter) という．

5.3.2 積分要素，1 次系

積分要素のゲイン特性，位相特性は式 (5.15) から

$$20\log_{10}|G(j\omega)| = -20\log_{10}(T\omega), \quad \angle G(j\omega) = -90° \quad (5.35)$$

また 1 次系の場合には，式 (5.18) から

$$20\log_{10}|G(j\omega)| = -20\log_{10}\sqrt{1+\omega^2 T^2}$$
$$\angle G(j\omega) = -\tan^{-1}(\omega T) \quad (5.36)$$

となる．よって，

$$T\omega \ll 1: \quad 20\log_{10}|G| \simeq 0 \text{ dB}, \quad \angle G \simeq 0°$$
$$T\omega = 1: \quad 20\log_{10}|G| = -3.01 \text{ dB}, \quad \angle G = -45°$$
$$T\omega \gg 1: \quad 20\log_{10}|G| \simeq -20\log_{10}(\omega T) \text{ dB}, \quad \angle G \simeq -90°$$

(a) ゲイン特性 (b) 位相特性

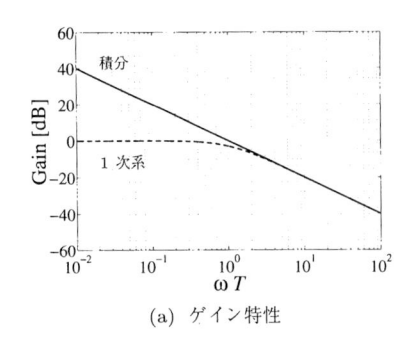

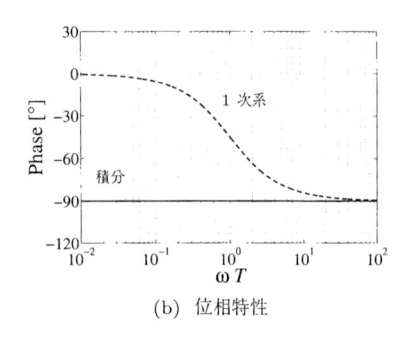

図 **5.12** 積分要素，1 次系のボード線図

を得る．したがって，積分要素および 1 次系のボード線図は図 5.12 のようになる．これから，1 次系のゲイン特性は $T\omega \gg 1$ のとき積分要素のゲイン特性である $-20\,\mathrm{dB/dec}$ の直線に漸近することがわかる[†]．この漸近線と 0 dB の水平線との交点における角周波数 $\omega = 1/T$ を折点角周波数 (corner angular frequency) という．一般に，高周波数帯でゲインが減衰するような要素を低域フィルタ (low-pass filter) という．

5.3.3　2 次 系

式 (5.21) から 2 次系のゲインと位相はそれぞれ

$$20\log_{10}|G(j\Omega)| = -20\log_{10}\sqrt{(1-\Omega^2)^2 + 4\zeta^2\Omega^2}$$
$$\angle G(j\Omega) = -\tan^{-1}\left(\frac{2\zeta\Omega}{1-\Omega^2}\right) \tag{5.37}$$

となる．したがって，

$\Omega \ll 1:\quad 20\log_{10}|G| \simeq 0\,\mathrm{dB}, \qquad \angle G \simeq 0°$

$\Omega = 1:\quad 20\log_{10}|G| = -20\log_{10}(2\zeta)\,\mathrm{dB}, \quad \angle G = -90°$

$\Omega \gg 1:\quad 20\log_{10}|G| \simeq -40\log_{10}(\Omega)\,\mathrm{dB}, \quad \angle G \simeq -180°$

を得る．$\Omega \gg 1$ ($\omega \gg \omega_n$) ではゲイン特性は $-40\,\mathrm{dB/dec}$ の直線に漸近する．また，この直線は 0dB の水平線と $\Omega = \omega/\omega_n = 1$ で交わる．よって，ボード線図は図 5.13 のようになる．とくに，ゲイン $|G|$ は $0 < \zeta < 1/\sqrt{2}$ のとき $\Omega = \sqrt{1-2\zeta^2}$

[†] ω が 10 倍変化する間隔を 1 デカード (decade) という．

(a) ゲイン特性　　(b) 位相特性

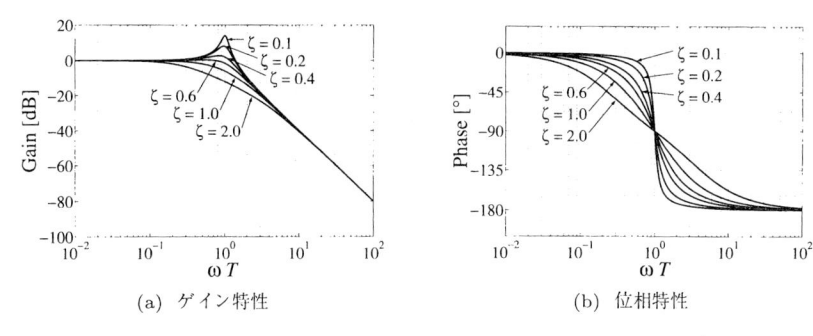

図 5.13　2次系のボーデ線図

($\omega = \omega_n\sqrt{1-2\zeta^2}$) において，ピーク値

$$M_p = \frac{1}{2\zeta\sqrt{1-\zeta^2}} \tag{5.38}$$

をとる．$\omega_p = \omega_n\sqrt{1-2\zeta^2}$ を共振角周波数 (resonant frequency) という．また $\zeta \geq 1/\sqrt{2}$ のときは，ゲイン $|G(j\omega)|$ は単調減少であり $\omega = 0$ で $\max|G| = 1$ となる．したがって，減衰係数 ζ が小さいほどピーク値は大きくなる．

またゲインが $\omega \approx 0$ 近傍におけるゲインの $1/\sqrt{2}$ 倍より大きいような周波数帯域をバンド幅 (bandwidth) という．2次系の場合，式 (5.21) からバンド幅は次式で与えられる．

$$\omega_b = \omega_n\sqrt{1-2\zeta^2 + \sqrt{(1-2\zeta^2)^2 + 1}} \tag{5.39}$$

5.3.4　結合系のボーデ線図

図 5.7 の直列結合系のボーデ線図について考察する．$G_k(j\omega)$ のゲインおよび位相をそれぞれ $|G_k|$ および θ_k とおくと，式 (5.24), (5.25) から

$$20\log_{10}|G(j\omega)| = 20\log_{10}|G_1| + \cdots + 20\log_{10}|G_N| \tag{5.40}$$

および

$$\arg G(j\omega) = \theta_1(\omega) + \cdots + \theta_N(\omega) \tag{5.41}$$

を得る．よって，各要素のゲイン曲線および位相曲線の代数和をとることにより直列結合系のボーデ線図が求められる．これはナイキスト線図にはみられないボーデ線図の便利な性質である．

例 5.4 (a)　$G(s) = (1+Ts)/(1+\alpha Ts)$, $0 < \alpha < 1$ を考える．$G(s)$ は $G_1(s) = 1+Ts$ と $G_2(s) = 1/(1+\alpha Ts)$ の直列結合と考えられるので，$G_1(j\omega)$, $G_2(j\omega)$ のゲイン特性および位相特性のそれぞれの代数和をとればよい．$G(j\omega)$ のボード線図を図 5.14(a), (b) の実線で示す．ただし $T=1, \alpha=0.1$ である．常に $\angle G(j\omega) > 0$ であるので，この $G(s)$ を位相進み (phase-lead) 要素という．

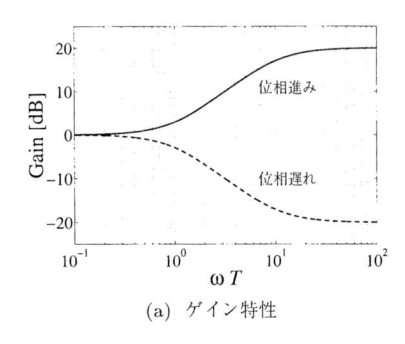

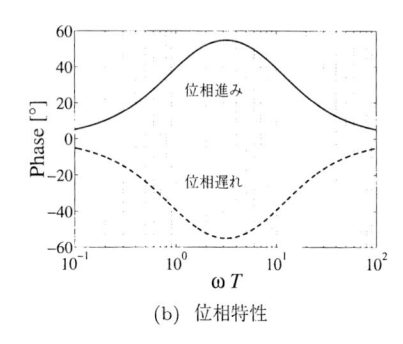

(a) ゲイン特性

(b) 位相特性

図 5.14　位相進み要素，位相遅れ要素のボード線図

(b)　$G(s) = (1+\beta Ts)/(1+Ts)$, $0 < \beta < 1$ のボード線図を図 5.14(a), (b) の破線で示す．ただし $T=1, \beta=0.1$ である．この場合 $\angle G(j\omega) < 0$ であるから，この $G(s)$ を位相遅れ (phase-lag) 要素という．　　□

5.4　伝達関数の性質

ここでは，全域通過関数，最小位相関数，非最小位相関数，および最小位相関数のゲイン特性と位相特性の関係を与えるボードの定理について述べる．本節を通して，安定かつプロパーな伝達関数を考える．

5.4.1　全域通過関数，最小位相関数

5.2, 5.3 節で見てきたように，周波数応答関数のゲイン特性，位相特性は角周波数 ω の関数であり，さまざまな形状を示す．しかし，伝達関数の中には，ω が変化してもゲイン特性が変化しないものがある．このような伝達関数を全域通過関数 (all-pass function) という．全域通過関数は伝達関数の性質を考える上で重要な役目を果たすものである．

定義 5.1　伝達関数 $H_a(s)$ は安定であるとする．このときゲイン特性が

$$|H_a(j\omega)| = 1, \quad \omega \geq 0 \tag{5.42}$$

を満足すれば，$H_a(s)$ を全域通過関数という．式 (5.42) の右辺は 1 としても一般性を失わないことに注意しよう． □

たとえば $H(s) = 1, e^{-sL}$ は明らかに全域通過である．ここで 1 次および 2 次有理伝達関数の例を考えよう．

例 5.5 つぎの $w_1(s), w_2(s)$ は全域通過関数である．ただし $w_1(0) = w_2(0) = 1$ と規準化されている．

$$w_1(s) = \frac{a-s}{a+s}, \quad a > 0; \quad w_2(s) = \frac{c-bs+s^2}{c+bs+s^2}, \quad b, c > 0 \quad (5.43)$$

実際 $s = j\omega$ とおくと，

$$|w_1(j\omega)| = \left|\frac{a-j\omega}{a+j\omega}\right| = \frac{\sqrt{a^2+\omega^2}}{\sqrt{a^2+\omega^2}} = 1$$

となる．$w_2(s)$ の場合も同様である． □

したがって，e^{-sL} のパデ近似 [式 (3.41)] は全域通過である．

命題 5.1 実係数 n 次多項式 $f(s), a_0 = 1$ をフルビッツとするとき，

$$w(s) = \frac{f(-s)}{f(s)} = \frac{a_n - a_{n-1}s + \cdots + a_1(-s)^{n-1} + (-s)^n}{a_n + a_{n-1}s + \cdots + a_1 s^{n-1} + s^n} \quad (5.44)$$

は全域通過関数である．

証明 $f(s)$ はフルビッツであるから，4.5 節で述べたように

$$f(s) = \prod_{i=1}^{n_1}(s+a_i) \prod_{k=1}^{n_2}(s^2+b_k s+c_k), \quad a_i, b_k, c_k > 0$$

と表すことができる．ただし $n_1 + 2n_2 = n$ である．よって $w(s)$ はつぎのようになる．

$$w(s) = \prod_{i=1}^{n_1} \frac{a_i-s}{a_i+s} \prod_{k=1}^{n_2} \frac{c_k-b_k s+s^2}{c_k+b_k s+s^2}$$

例 5.5 から上式の各項は全域通過であるから，$w(s)$ は全域通過である． □

命題 5.2 規準化した全域通過関数の位相特性は ω について単調に減少する．

証明 $\arg w_1(j\omega) = -2\tan^{-1}(\omega/a), \quad \arg w_2(j\omega) = -2\tan^{-1}(b\omega/(c-\omega^2))$ から容易にわかる． □

したがって，このような特性をもつ伝達関数にどのような正弦波入力を加えても出力の正弦波は入力と同じ振幅で位相のみが遅れることになる．式 (5.43) の

$w_1(s)$ の符号を変えた $\tilde{w}_1(s) = (s-a)/(s+a)$ も全域通過であるが,この場合には $\tilde{w}_1(0) = -1$ となり,位相は単調に増大するので注意を要する.

例 5.6 つぎの 2 つの伝達関数のゲインおよび位相特性を比較しよう.

$$H_1(s) = \frac{s+2}{s^2+2s+2}, \qquad H_2(s) = \frac{2-s}{s^2+2s+2} \tag{5.45}$$

まず $H_2(s)$ を

$$H_2(s) = \left(\frac{s+2}{s^2+2s+2}\right)\left(\frac{2-s}{2+s}\right) := H_1(s)H_3(s) \tag{5.46}$$

と表す.$H_3(s)$ は全域通過で $|H_3(j\omega)| = 1$, $\arg H_3(j\omega) = -2\tan^{-1}(\omega/2)$ であるから,次式を得る.

$$|H_2(j\omega)| = |H_1(j\omega)||H_3(j\omega)| = |H_1(j\omega)|$$

$$\arg H_2(j\omega) = \arg H_1(j\omega) - 2\tan^{-1}(\omega/2)$$

よって $H_1(s)$, $H_2(s)$ は同じゲイン特性をもつが,位相の遅れは $H_2(j\omega)$ の方が $2\tan^{-1}(\omega/2)$ だけ大きい.図 5.15 に 2 つの伝達関数のナイキスト線図 $(\omega > 0)$ を示す.   □

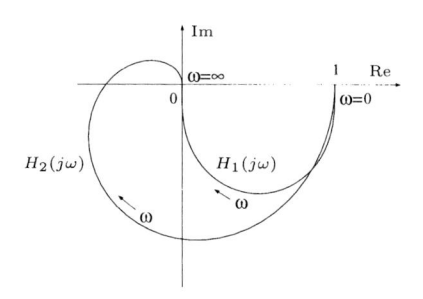

図 **5.15** $H_1(s)$, $H_2(s)$ のナイキスト線図

上の例からわかるように,同じゲイン特性をもつ伝達関数の中に位相特性の異なるものが (無数に) 存在するが,右半平面に零点 (= 不安定零点) をもたない伝達関数の位相遅れが最も小さい.位相遅れが最も小さいという意味で,安定でかつ不安定零点をもたない伝達関数を最小位相関数 (minimum phase function),あるいは最小位相系という.また少なくとも 1 つの不安定極あるいは不安定零点をもつ伝達関数を非最小位相関数 (non-minimum phase function) という.明らかに,式 (5.45) の $H_1(s)$ は最小位相であるが,$H_2(s)$ は最小位相ではない.

式 (5.46) の分解を一般化することにより，任意の安定な有理伝達関数は最小位相関数と全域通過関数の積として表すことができる[†]．

5.4.2 ボーデの定理

ゲイン特性から対応する最小位相関数の位相特性を与えるボーデの定理について述べる．最小位相伝達関数

$$G(s) = \frac{K \prod_{i=1}^{m}(s-z_i)}{\prod_{k=1}^{n}(s-p_k)}, \quad n \geq m, \quad K > 0 \tag{5.47}$$

について考える．上式の対数をとれば

$$\log G(s) = \log K + \sum_{i=1}^{m} \log(s-z_i) - \sum_{k=1}^{n} \log(s-p_k) \tag{5.48}$$

となる．これより $G(s)$ の零点 z_i, $i=1, \cdots, m$ および極 p_k, $k=1, \cdots, n$ は $\log G(s)$ の極となるが，仮定より $\text{Re}[z_i] < 0$, $\text{Re}[p_k] < 0$ であるから，$\log G(s)$ は右半平面 $\text{Re}[s] \geq 0$ で正則である．しかし $G(s)$ が最小位相関数でなければ，$\log G(s)$ は右半平面 $\text{Re}[s] \geq 0$ に少なくとも 1 つの極をもつ．

いま $G(\sigma+j\omega) = A(\sigma,\omega)e^{j\theta(\sigma,\omega)}$ とおくと，

$$\log G(\sigma+j\omega) = \log A(\sigma,\omega) + j\theta(\sigma,\omega) \tag{5.49}$$

となる．一般に正則関数の実部と虚部はコーシー・リーマンの微分方程式で関係付けられているので [付録式 (A.3)]，式 (5.49) より $\log A(\sigma,\omega)$ が与えられると，$\theta(\sigma,\omega)$ が定まり，逆も成立する．つぎの定理は周波数伝達関数 $G(j\omega)$ のゲイン特性 $\log A(\omega)$ と位相特性 $\theta(\omega)$ の関係を与える．

定理 5.1 (Bode) $G(s)$ を最小位相関数とする．このとき，$\log A(\omega)$ と $\theta(\omega)$ は互いにヒルベルト変換で結ばれている．

$$\theta(\omega_1) = \frac{\omega_1}{\pi} \int_{-\infty}^{\infty} \frac{\log A(\omega)}{\omega^2 - \omega_1^2} d\omega \quad (\text{rad}) \tag{5.50}$$

$$\log A(\omega_1) = \log A(0) - \frac{\omega_1^2}{\pi} \int_{-\infty}^{\infty} \frac{\theta(\omega) d\omega}{(\omega_1^2 - \omega^2)\omega} \tag{5.51}$$

[†] 数学的には全域通過関数をインナー (inner) 関数，最小位相関数をアウター (outer) 関数といい，この分解をインナー・アウター分解という．

証明 コーシーの定理 (付録定理 A1) を用いて，$F(s) = \log G(s)/(s^2 + \omega_1^2)$ および $H(s) = \log G(s)/s(s^2 + \omega_1^2)$ を虚軸 (ただし，虚軸上の極は避ける) および右半平面内の半径無限大の半円周に沿って積分することにより証明できる．詳しくは文献 [68], [75], [33] を参照されたい． □

この定理は，ゲイン特性か位相特性のいずれか一方を全周波数帯で指定すれば，周波数応答関数が完全に決定されることを意味している．文献 [33] には $\log A(\omega)$ と $\theta(\omega)$ の関係を与えるいくつかの同値な表現が詳細に述べられている．たとえば式 (5.50) は，$M(u) = \log A(\omega)$, $u = \log(\omega/\omega_1)$ とおくと

$$\theta(\omega_1) = \frac{1}{\pi} \int_{-\infty}^{\infty} \frac{dM}{du} \log \coth\left(\frac{|u|}{2}\right) du \tag{5.52}$$

と表すことができる (演習問題 5.8)．重み関数 $\rho(u) = \log \coth(|u|/2)$ は図 5.16 に示すように $\omega = \omega_1$ ($u = 0$) の近傍で大きな値をとるので，式 (5.52) は $0.1 < \omega/\omega_1 < 10$ の範囲の積分で十分よい近似値が得られる．よって，ゲイン特性の傾きが ω_1 の近傍で一定である場合には $\int_{-\infty}^{\infty} \rho(u) du = \pi^2/2$ という関係を用いることにより，

$$\theta(\omega_1) \simeq \frac{\pi}{2} \frac{dM}{du}, \qquad u = \log\left(\frac{\omega}{\omega_1}\right) \tag{5.53}$$

を得る．このことから $dM/du = -1$ ($-20\,\mathrm{dB/dec}$) であれば $\theta(\omega_1) \simeq -90°$，また $dM/du = -2$ ($-40\,\mathrm{dB/dec}$) であれば $\theta(\omega_1) \simeq -180°$ となることがわかる (図 5.11〜5.14 のボーデ線図で確認せよ)．

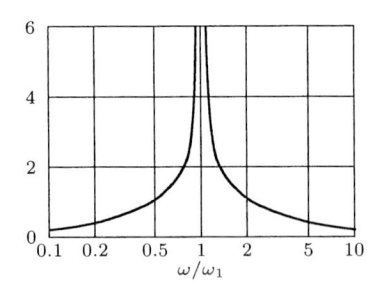

図 5.16 重み関数 $\log \coth(|u|/2)$ $[u = \log(\omega/\omega_1)]$

5.5 閉ループ系の周波数応答

いままでは，与えられた伝達関数の周波数応答について述べてきたが，本節では開ループ系の周波数応答 $G(j\omega)$ が与えられたとき，図 5.17 の単一フィードバッ

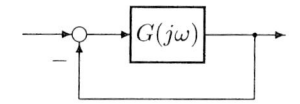

図 5.17 単一フィードバック制御系

ク制御系の周波数応答を求める方法について簡単に述べる．

5.5.1 ナイキスト線図

図 5.17 の閉ループ系の周波数伝達関数は

$$T(j\omega) = \frac{G(j\omega)}{1 + G(j\omega)} \tag{5.54}$$

で与えられる．$M(\omega) = |T(j\omega)|$，$\alpha(\omega) = \arg T(j\omega)$ とおいて，$T(j\omega)$ を極座標表示すると

$$T(j\omega) = Me^{j\alpha} \tag{5.55}$$

を得る．ここで $G(j\omega) = x(\omega) + jy(\omega)$ とおくと，$M(\omega), \alpha(\omega)$ は

$$M = \sqrt{\frac{x^2 + y^2}{(1+x)^2 + y^2}}, \quad \alpha = \tan^{-1}\left(\frac{y}{x(1+x) + y}\right) \tag{5.56}$$

となる．まず M を一定として式 (5.56) の第 1 式を変形すると，(x, y) は

$$\left(x + \frac{M^2}{M^2 - 1}\right)^2 + y^2 = \left(\frac{M}{M^2 - 1}\right)^2 \tag{5.57}$$

を満足する．これは点 $(-M^2/(M^2-1), j0)$ を中心とする半径 $M/|M^2-1|$ の円の方程式である．M が一定の円群を複素平面上に描いたものを等 M 軌跡 (constant M loci) という (図 5.18)．$M = M_1$ および $M = 1/M_1$ に対応する 2 つの円は $x = -1/2$ に関して対称となる．また $M = 0$ のとき，円は点 $(0, j0)$ に，$M = 1$ では直線 $x = -1/2$ に，$M \to \infty$ では点 $(-1, j0)$ に縮退する．

つぎに α を一定として式 (5.56) の第 2 式を整理すると，

$$\left(x + \frac{1}{2}\right)^2 + \left(y - \frac{1}{2}\cot\alpha\right)^2 = \frac{1}{4}\left(1 + \cot^2\alpha\right) \tag{5.58}$$

となる．これは点 $(-1/2, j/2\cot\alpha)$ を中心とする半径 $\sqrt{1 + \cot^2\alpha}/2$ の円の方程式である．α を一定として描いた円群を等 α 軌跡 (constant α loci) という (図 5.19)．

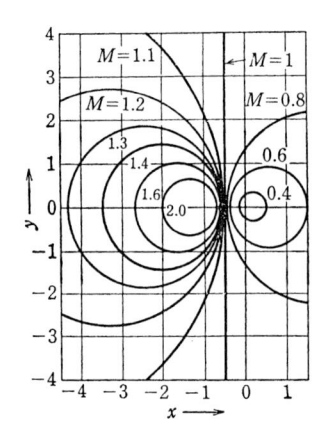

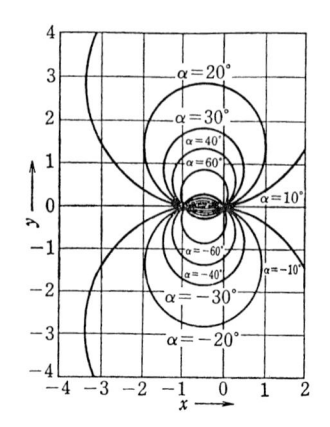

図 5.18 等 M 軌跡   図 5.19 等 α 軌跡

　上述の等 M 軌跡，等 α 軌跡の上に周波数応答関数 $G(j\omega)$ のナイキスト線図を重ねて描き，それぞれの円群を目盛線として各周波数 ω に対する周波数応答 $G(j\omega)$ の M 値および α 値を読み取れば，$T(j\omega)$ のゲイン $M(\omega)$ および位相 $\alpha(\omega)$ を知ることができる．

5.5.2　ニコルス線図

　ボーデ線図では横軸を $\log_{10}\omega$ として $G(j\omega)$ のゲイン曲線，位相曲線を別々に描いたが，ゲイン $|G(j\omega)|$ を縦軸に，位相 $\arg G(j\omega)$ を横軸にとり，ω をパラメータとして $G(j\omega)$ を表示することができる．これをゲイン–位相線図 (gain–phase diagram) という．以下に述べるニコルス線図法はゲイン–位相線図を用いて閉ループ系の $M(\omega)$, $\alpha(\omega)$ を求める方法である．

　さて極座標表示 $G(j\omega) = |G|e^{j\theta}$ を用いると，式 (5.54), (5.55) から

$$\frac{1}{M}\cos\alpha = 1 + \frac{1}{|G|}\cos\theta, \qquad \frac{1}{M}\sin\alpha = \frac{1}{|G|}\sin\theta \tag{5.59}$$

を得る．上式から α を消去して，$|G|$ について解けば

$$|G| = \frac{M^2}{M^2 - 1}\left(-\cos\theta \pm \sqrt{\cos^2\theta - 1 + 1/M^2}\right) \tag{5.60}$$

となる．同様に式 (5.59) から M を消去すれば次式を得る．

$$|G| = \cot\alpha \sin\theta - \cos\theta \tag{5.61}$$

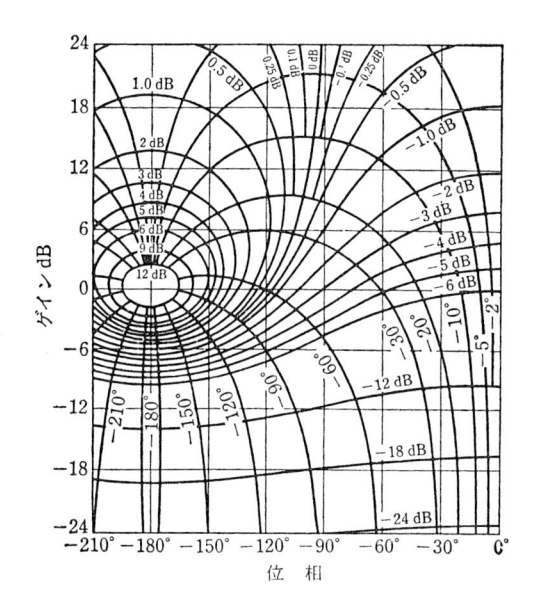

図 5.20 ニコルス線図

式 (5.60) において，M を一定として位相角 θ に対するゲイン $|G|$ (dB) の値を求め，ゲイン–位相線図を描くと等 M 軌跡を得る．同様に α を一定として式 (5.61) から得られるゲイン–位相線図を等 α 軌跡という．このようにして求めた等 M 軌跡，等 α 軌跡を 1 枚の用紙に重ねて描いたゲイン–位相線図をニコルス線図 (Nichols chart) という (図 5.20)．ニコルス線図は $\theta = 0°$ および $-180°$ の線に関して対称であるので，$(-210°, 0°)$ の部分のみが，また M は dB で示されている．この線図に $G(j\omega)$ のゲイン–位相線図を重ねて描き，各 ω に対して等 M 軌跡，等 α 軌跡を目盛線として読みとることにより，閉ループ周波数伝達関数 $T(j\omega)$ のゲイン $M(\omega)$ および位相特性 $\alpha(\omega)$ を知ることができる．

5.6 ノ ー ト

周波数応答については，文献 [41], [58], [68] を参照した．伝達関数の性質については，[68], [75] によった．ボーデの定理の原典は [33] である．ニコルス線図に関する説明は十分にはできなかったので，詳しくは [47], [1], [15], [14] などを参照されたい．

5.7 演習問題

5.1 $G(s) = 1/(2s-1)$ とするとき, $u(t) = \sin t$ に対するゼロ状態応答を計算し, 例 5.1 の結果と比較せよ.

5.2 つぎの伝達関数のナイキスト線図, ボーデ線図を描け.

(a) $\dfrac{s+2}{s^2+2s+2}$ (b) $\dfrac{3-s}{s^2+4s+3}$ (c) $\dfrac{0.5s+1}{s^3+2s^2+2s+1}$

たとえば (c) の場合には, Matlab では以下のように計算できる.

```
num=[0 0 0.5 1]; % 分子の係数
den=[1 2 2 1]; % 分母の係数
nyquist(num,den); % ナイキスト線図
bode(num,den);   % ボーデ線図
```

5.3 周波数応答関数 $H(j\omega) = 1/(1+j\omega T)^n$ のゲインが $1/\sqrt{2}$ となる周波数 ω_b を求めよ.

5.4 伝達関数 $G(s) = 1 - e^{-sL}$ ($L=1$) のゲイン線図を描け. また $|G(j\omega)|$ を上から抑えるような簡単な有理伝達関数 $W(s)$ をみつけよ ([45] 参照).

5.5 伝達関数 $H(s) = 1/(s^3+2s^2+2s+1)$ のゲイン特性, および極の配置を求めよ. 一般にゲイン特性が $|H(j\omega)| = 1\sqrt{1+(\omega/\omega_n)^{2N}}$ となるようなフィルタ $H(s)$ をバターワース (Butterworth) フィルタという. $H(s)$ の極は

$$p_k = \exp\left\{\frac{j\pi}{2}\left(\frac{2k-1}{N}+1\right)\right\}, \quad k=1,\cdots,N$$

で与えられる.

5.6 図 P5.1 はある最小位相伝達関数のゲイン線図 (折れ線近似) である. これから伝達関数を求めよ.

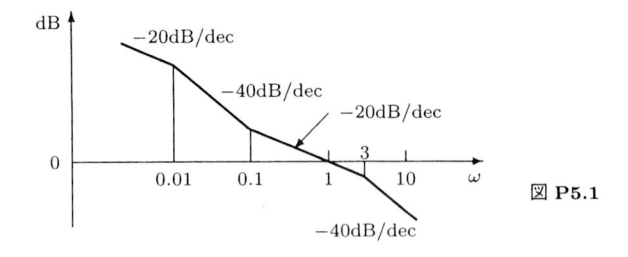

図 P5.1

5.7 図 5.12(b) の 1 次系の位相曲線において, 折点周波数 ($\omega T = 1$) で接線を引くと, 接線は $\theta = 0°$ および $-90°$ の水平線と $\omega T \simeq 0.2$ および 5.0 で交わることを示せ. (ヒント: $z = \log_{10}\omega T$, $d\theta/dz = [d\theta/d(\omega T)][d(\omega T)/dz]$ を利用すれば, 接線の傾きが得られる.)

5.8 式 (5.52) を導出せよ.

6

フィードバック制御系の安定性

本章ではフィードバック制御系の最も重要な性質である安定性について考察する．キーワードは以下のとおりである．
- 直列，並列，およびフィードバック結合系と極零点消去
- 内部安定性の定義，安定定理，ナイキストの安定定理
- 安定余裕，ロバスト安定性

6.1 結合系の特性

制御系はいくつかの要素の直列，並列およびフィードバックという基本的な結合方式の組み合わせで構成される (3.5 節)．各要素の伝達関数が与えられると，フィードバック制御系の伝達関数が計算できるので，フィードバック制御系に対しても前章までの種々の結果を適用することができる．しかし，2つあるいはそれ以上の要素が結合されるとき，それらの伝達関数が共通因子をもてば，共通因子は消去されて結合系の伝達関数には現れない場合がある．このことがどのような意味をもつかを具体的に説明しよう．

例 6.1 (直列結合系) 不安定なシステム $G_1(s) = 1/(s-1)$ を考えよう．図 6.1 に示すように $G_1(s)$ の前に直列に $G_2(s) = (s-1)/(s+2)$ を配置すると，結合系の伝達関数は

$$T(s) = \frac{1}{s-1}\frac{s-1}{s+2} = \frac{1}{s+2} \tag{6.1}$$

となり，$G_1(s)$ の不安定極 $s=1$ と $G_2(s)$ の不安定零点 $s=1$ が互いに消去されて，$T(s)$ は安定となる．しかしこれで $G_1(s)$ が安定化できたとするのは早計で

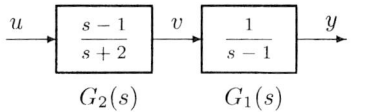

図 **6.1** 直列結合系

あり，この方法は利用できない．以下では，このことを説明しよう．

そのために，図 6.1 の直列結合系に対して初期値を考慮に入れた図 6.2 のアナログシミュレーションを考える．図 6.2 から u と y の関係は微分方程式

$$\dot{x} = -2x - 3u, \qquad x(0) = x_0$$
$$\dot{y} = y + x + u, \qquad y(0) = y_0 \tag{6.2}$$

で表される．上式をラプラス変換して，$x(s)$ を消去すると

$$y(s) = \frac{y_0}{s-1} + \frac{x_0}{(s-1)(s+2)} + \frac{1}{s+2} u(s) \tag{6.3}$$

を得る．上式右辺第 1，第 2 項は初期値による項である．第 3 項は入力による項で，$1/(s+2)$ は式 (6.1) の $T(s)$ である．式 (6.3) を逆ラプラス変換すると，出力の時間応答は

$$y(t) = \left(y_0 + \frac{x_0}{3}\right)e^t - \frac{x_0}{3}e^{-2t} + \int_0^t e^{-2\tau} u(t-\tau) d\tau \tag{6.4}$$

となる．これより，$y(t)$ は $y_0 + x_0/3 = 0$ でない限り発散することがわかる．したがって，図 6.1 の結合系をアナログシミュレーションすれば，初期値を正確に $y_0 + x_0/3 = 0$ とすることは事実上不可能であるから，出力は発散する．□

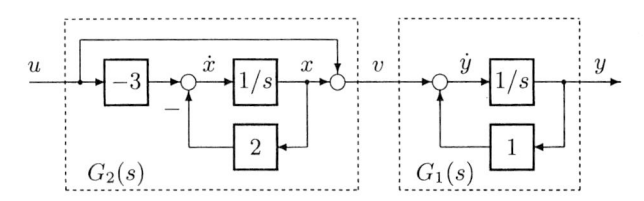

図 **6.2** 直列結合系のアナログシミュレーション

この例のように，結合された 2 つの伝達関数の間に不安定な極零点消去 (pole-zero cancellation) が存在すれば，みかけ上は安定な系であっても出力 (あるいは内部変数) が発散することになる．しかし，消去される極，零点が安定で，かつ $T(s)$ が安定であればこのような不安定現象は発生しない (演習問題 6.2).

つぎに並列結合系およびフィードバック結合系の例を示そう．

例 6.2 (a)　図 6.3 の並列結合系の入出力伝達関数は

$$T(s) = \frac{s}{s-1} - \frac{1}{s-1} = 1 \tag{6.5}$$

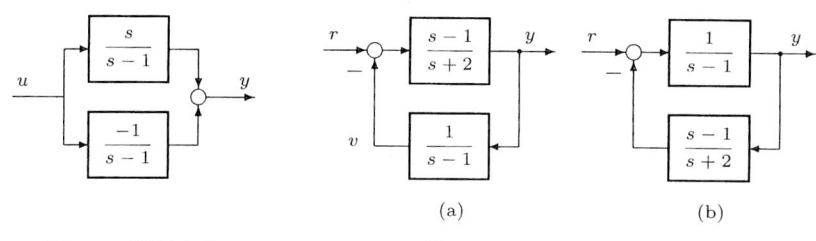

図 6.3 並列結合系   図 6.4 フィードバック結合系

となる．$T(s)$ には不安定極 $s=1$ は現れないが，各サブシステムは明らかに不安定であり，ステップ入力に対しても各ブロックの出力は発散する．

(b) 図 6.4(a) のフィードバック結合系の r から y への伝達関数は

$$T(s) = \frac{\dfrac{s-1}{s+2}}{1 + \dfrac{s-1}{s+2}\dfrac{1}{s-1}} = \frac{s-1}{s+3} \tag{6.6}$$

となり，不安定極は消去されて $T(s)$ には現れない．また図 6.4(b) の場合には，r から y への伝達関数は

$$T(s) = \frac{\dfrac{1}{s-1}}{1 + \dfrac{1}{s-1}\dfrac{s-1}{s+2}} = \frac{s+2}{(s-1)(s+3)} \tag{6.7}$$

となる．この伝達関数の分母には不安定極 $s=1$ が現れている． □

上述のように，零点により消去された極を影のモード (hidden mode) という．式 (6.1), (6.5), (6.6) には影の不安定モードが存在するが，式 (6.7) には影のモードは存在しない．

$G_1(s)$, $G_2(s)$ をプロパーな有理伝達関数，$T(s)$ をそれらの結合系の伝達関数とする．また伝達関数の分母多項式の次数を伝達関数の次数といい，それぞれ $\delta[G_1(s)]$, $\delta[G_2(s)]$, $\delta[T(s)]$ で表す．この記法を用いると，式 (6.7) のように極零点消去がない場合には，$T(s)$ の次数は $G_1(s)$ の次数と $G_2(s)$ の次数の和であり，

$$\delta[T(s)] = \delta[G_1(s)] + \delta[G_2(s)] \tag{6.8}$$

が成立する．しかし，式 (6.1), (6.5), (6.6) の場合には $\delta[T(s)] = 1$, $\delta[G_1(s)] + \delta[G_2(s)] = 2$ であり，式 (6.8) は成立しない．一般的に 2 つの伝達関数が結合したとき，式 (6.8) が成立すれば，結合系は影のモードをもたない．

つぎに図 6.4(a) のフィードバック系の安定性に関して考えてみよう．このフィードバック系の入出力伝達関数は式 (6.6) の安定な伝達関数で与えられるが，不安定な影のモード $s=1$ が存在する．したがって，このフィードバック系は不安定となる．

この問題をより詳しく考えるために，例 6.1 のように初期値を考慮して出力 y とフィードバック要素の出力 v の応答を計算しよう．図 6.4(a) からつぎの微分方程式が成立する．

$$\dot{v} = v + y, \qquad v(0) = v_0$$
$$\dot{z} = -2z - 3e, \qquad z(0) = z_0$$
$$y = e + z, \qquad e = r - v$$

上式をラプラス変換して，$y(s), v(s)$ について解くと，

$$y(s) = \frac{1}{s+3}(z_0 - v_0) + \frac{s-1}{s+3} r(s) \tag{6.9a}$$

$$v(s) = \frac{(s+2)v_0}{(s-1)(s+3)} + \frac{z_0}{(s-1)(s+3)} + \frac{1}{s+3} r(s) \tag{6.9b}$$

を得る．よって，入力 r が有界であれば，出力 y は有界となるが，フィードバック要素の出力である v はほとんどすべての初期値 (v_0, z_0) に対して発散するので図 6.4(a) のフィードバック系は不安定と結論される．したがって，図 6.4(a) のフィードバック系の安定性は式 (6.6) の入出力伝達関数 $T(s)$ だけでは判定することはできないことがわかる．

式 (6.9b) の不安定モードは式 (6.7) の伝達関数の不安定モードと同じであることに注意する．図 6.4(a) においてフィードバック要素の入力端に仮想的に外部入力を付加すると (図 6.5 参照)，この外部入力から v への伝達関数は式 (6.7) と一致する．このことに動機付けられて，次節ではフィードバック制御系の内部安定性 (internal stability) について詳しく考察し，いちいち微分方程式を利用しなくても，伝達関数に関する情報のみから内部安定性を判定する方法を与える．

6.2 フィードバック制御系の安定性

図 6.5 のフィードバック制御系について考える．ただし $G_1(s), G_2(s)$ はともにプロパーであり，それぞれは既約であると仮定する．また $G_1(s)$ および $G_2(s)$ の入出力をそれぞれ e_1, y_1 および e_2, y_2 とおき，さらに出力 y_1 には外部入力 r_2

が加わるものと仮定する．図 6.5 では $G_1(s)$ をコントローラ，$G_2(s)$ をプラント，r_2 を外乱と考えてもよいし，また $G_1(s)$ をプラントとコントローラが結合した伝達関数，$G_2(s)$ をセンサ，r_2 を測定雑音と考えてもよい．

図 6.5 の 2 つの要素 $G_1(s), G_2(s)$ を含む制御系を (r_1, r_2) を入力，(y_1, y_2) を出力とする 2 入力 2 出力系と考えることにより，閉ループ系の内部安定性を考察することが可能になる[†]．

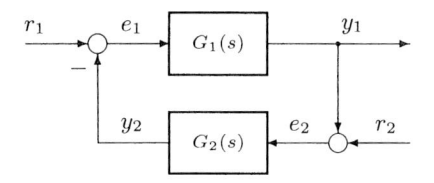

図 6.5 フィードバック制御系

さて図 6.5 のフィードバック制御系において，

$$y_1(s) = G_1(s)(r_1(s) - y_2(s)), \qquad y_2(s) = G_2(s)(r_2(s) + y_1(s))$$

が成立する．上式を $y_1(s), y_2(s)$ について解けば

$$\begin{bmatrix} y_1(s) \\ y_2(s) \end{bmatrix} = H(s) \begin{bmatrix} r_1(s) \\ r_2(s) \end{bmatrix} \tag{6.10}$$

を得る．ただし $H(s)$ は 2×2 行列

$$H(s) = \begin{bmatrix} \dfrac{G_1(s)}{1+G_1(s)G_2(s)} & \dfrac{-G_1(s)G_2(s)}{1+G_1(s)G_2(s)} \\ \dfrac{G_1(s)G_2(s)}{1+G_1(s)G_2(s)} & \dfrac{G_2(s)}{1+G_1(s)G_2(s)} \end{bmatrix} = \begin{bmatrix} H_{11}(s) & H_{12}(s) \\ H_{21}(s) & H_{22}(s) \end{bmatrix} \tag{6.11}$$

である．$H_{ij}(s)$ の共通の分母を還送差といい，

$$F(s) = 1 + G_1(s)G_2(s) \tag{6.12}$$

と表す．明らかに $F(s) \neq 0$ でなければならない．これは，3.6 節の最後に述べた条件 $\Delta \neq 0$ と同じである．また $G_1(s), G_2(s)$ がともにプロパーであっても，$H(s)$ がプロパーであるとは限らない．これに関してはつぎの結果がある．

[†] 3 つの要素を含むフィードバック系の場合には，3 入力 3 出力系を考える [45]．また出力を (y_1, y_2) の代わりに (e_1, e_2) と考えてもさしつかえない (演習問題 6.5)．

命題 6.1 $H(s)$ の要素がすべてプロパーとなるための必要十分条件は

$$F(\infty) = 1 + G_1(\infty)G_2(\infty) \neq 0 \tag{6.13}$$

となることである.

証明 $F(\infty) \neq 0$ であれば, $1/F(s)$ はプロパーである. $H(s)$ の要素はそれぞれプロパーな関数の積 (たとえば, $H_{11} = G_1/F$) となるので, プロパーとなる. 逆に $H(s)$ がプロパーであれば, $1/F(s) = 1 + H_{12}(s)$ はプロパーとなる. よって $1/F(\infty) \neq \infty$ であるから式 (6.13) が成立する. □

$G_1(s), G_2(s)$ の少なくとも一方が厳密にプロパーであれば, $F(\infty) = 1+0 = 1$ となるので, 式 (6.13) は常に成立する. しかし $G_1(s) = (s-1)/(s+2), G_2(s) = (-s+5)/(s+3)$ の場合には, $F(\infty) = 1 + (-1) = 0$ となる (演習問題 6.4).

以下では, 式 (6.13) が成立していると仮定する. まず図 6.5 のフィードバック制御系の安定性の定義を与えよう.

定義 6.1 任意の有界入力 (r_1, r_2) に対して, 出力 (y_1, y_2) が有界となるとき, フィードバック制御系は安定 (あるいは内部安定) であるという. □

すなわち, フィードバック制御系が 2 入力 2 出力系として安定であるとき, 単にフィードバック制御系は安定であるという. フィードバック制御系が安定であるための必要十分条件は $H(s)$ の 4 つの要素 $H_{11}(s), H_{12}(s), H_{21}(s), H_{22}(s)$ がすべて安定となることである. 逆に $H(s)$ の少なくとも 1 つの要素が不安定であれば, フィードバック制御系は不安定である.

例 6.3 図 6.4(a) のフィードバック結合系に対しては

$$H(s) = \begin{bmatrix} \dfrac{s-1}{s+3} & \dfrac{-1}{s+3} \\ \dfrac{1}{s+3} & \dfrac{s+2}{(s-1)(s+3)} \end{bmatrix}$$

となる. $H_{22}(s)$ が不安定であるから, 上の定義により図 6.4(a) のフィードバック系は不安定である. □

命題 6.2 式 (6.11) において, $H_{11}(s), H_{22}(s)$ の少なくとも一方が安定であれば, $H_{12}(s)(= -H_{21}(s))$ は安定となる.

証明 $G_i(s) = N_i(s)/D_i(s), i = 1, 2$ とおき, $N_i(s)$ と $D_i(s)$ は既約とする. ここで, フィードバック制御系の特性多項式

$$\varphi(s) = D_1(s)D_2(s) + N_1(s)N_2(s) \tag{6.14}$$

を定義すると,

$$H_{11}(s) = \frac{N_1(s)D_2(s)}{\varphi(s)} = \frac{h_{11}(s)}{\varphi_{11}(s)}, \qquad H_{22}(s) = \frac{N_2(s)D_1(s)}{\varphi(s)} = \frac{h_{22}(s)}{\varphi_{22}(s)}$$

$$H_{12}(s) = \frac{-N_1(s)N_2(s)}{\varphi(s)} = \frac{h_{12}(s)}{\varphi_{12}(s)} \tag{6.15}$$

を得る．ただし $h_{ij}(s)$ と $\varphi_{ij}(s)$ は既約であるとする．以下では，対偶を証明する．まず $G_1(s)$ と $G_2(s)$ の間に極零点消去がないとする．この場合 $\varphi(s) = \varphi_{11}(s) = \varphi_{22}(s) = \varphi_{12}(s)$ であり，$\varphi_{12}(s)$ が不安定であれば，$H_{11}(s), H_{22}(s)$ は不安定である．また $G_1(s)$ と $G_2(s)$ の間に極零点消去が存在する場合には，$H_{12}(s)$ は定義から必ず分母分子に共通因子をもつので，式 (6.15) から

$$\deg \varphi_{12}(s) \leq \left\{ \begin{array}{c} \deg \varphi_{11}(s) \\ \deg \varphi_{22}(s) \end{array} \right\} \leq \deg \varphi(s) \tag{6.16}$$

となる．しかも $\varphi_{12}(s)$ は $\varphi_{11}(s), \varphi_{22}(s)$ の因子である．よって $\varphi_{12}(s)$ が不安定であれば，$\varphi_{11}(s), \varphi_{22}(s)$ はともに不安定となる． □

定理 6.1 式 (6.13) が成立するとする．このとき，つぎの条件 (a), (b) は図 6.5 のフィードバック制御系が安定であるための等価な必要十分条件である．

(a) $H_{11}(s), H_{22}(s)$ は安定である．
(b) 特性多項式 $\varphi(s)$ はフルビッツである．

証明 (a) は命題 6.2 から明らかである．また (b) の十分性は，$\varphi(s)$ が安定であれば，当然 $\varphi_{11}(s), \varphi_{22}(s)$ は安定となるので明らかである．最後に (b) の必要性を証明する．命題 6.2 の証明から，$\varphi_{11}(s)$ の中には $N_2(s)$ と $D_1(s)$ の共通因子，$\varphi_{22}(s)$ には $N_1(s)$ と $D_2(s)$ の共通因子が現れるので，$\varphi(s)$ の因子は必ず $\varphi_{11}(s), \varphi_{22}(s)$ のいずれかの中に現れる．よって $\varphi_{11}(s), \varphi_{22}(s)$ がともに安定であれば，$\varphi(s)$ は安定となる．極零点消去がなければ自明である． □

例 6.4 図 6.5 のフィードバック制御系において

$$G_1(s) = \frac{s-1}{(s+2)(s+3)}, \qquad G_2(s) = \frac{s+2}{(s-1)(s+5)}$$

とおくと，特性多項式 $\varphi(s) = (s-1)(s+2)(s+4)^2$ および

$$H_{11} = \frac{(s-1)(s+5)}{(s+2)(s+4)^2}, \qquad H_{22} = \frac{(s+2)(s+3)}{(s-1)(s+4)^2}, \qquad H_{12} = \frac{-1}{(s+4)^2}$$

を得る．$\varphi(s)$ が不安定であるのでフィードバック制御系は不安定である．事実 $H_{22}(s)$ が不安定である．また式 (6.16) が成立すること，および $\varphi(s)$ の因子は $\varphi_{11}(s)$ あるいは $\varphi_{22}(s)$ のいずれかに含まれることが確認できる． □

つぎの定理は定理6.1と同等の条件を与えるが，後述のナイキストの安定定理の基礎となるものである．

定理 6.2 定理6.1と同じ仮定のもとで，図6.5のフィードバック制御系が安定であるための必要十分条件は，つぎの条件(i), (ii)が成立することである．

(i) $F(s) = 1 + G_1(s)G_2(s)$ の零点はすべて左半平面に存在する．

(ii) $G_1(s)$ と $G_2(s)$ の間には不安定な極零点消去は存在しない．

証明（十分性）　$F(s) = \varphi(s)/D_1(s)D_2(s)$ であるから，もし $G_1(s)G_2(s)$ が影のモードをもたなければ，条件(i)より $\varphi(s)$ はフルビッツとなる．また $G_1(s)$ と $G_2(s)$ の間に影のモードが存在しても，条件(ii)よりそれは安定モードであるから，$F(s)$ の零点以外で $\varphi(s)$ の零点となるのは，安定モードのみである．よって条件(ii)の下で(i)が成立すれば，$\varphi(s)$ はフルビッツとなる．

（必要性）　条件(ii)が成立しても，(i)が成立しなければ，明らかに $\varphi(s)$ は不安定である．つぎに(ii)が成立しないとする．$D_1(s_0) = N_2(s_0) = 0$, $\mathrm{Re}[s_0] \geq 0$ と仮定すると，明らかに $\varphi(s_0) = 0$ となるので，$\varphi(s)$ はフルビッツではない．また $D_2(s_0) = N_1(s_0) = 0$, $\mathrm{Re}[s_0] \geq 0$ の場合も同様である． □

とくに $G_1(s), G_2(s)$ のいずれか一方が定数ゲイン K であれば，2つの伝達関数の間には極零点消去は存在しないので定理6.2の条件(ii)は自動的に満足される．よって，この場合には条件(i)のみを調べればよい．

6.3 ナイキストの安定定理

本節では，一巡伝達関数のナイキスト線図を利用して，フィードバック制御系の安定性を判定するナイキストの安定定理について述べる．ナイキストの安定判別法はNyquist (1932)がフィードバック増幅器の安定性を調べるために考案した周波数領域における方法である．この方法は，有理伝達関数のみならず e^{-sL} などを含むシステムにも適用でき，また相対的な安定度に関する情報も得られるので，多くの場合ロバスト安定条件もナイキストの方法を用いて研究されている．

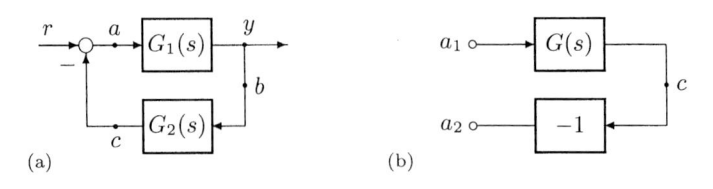

図 6.6　フィードバック制御系と還送差

図 6.6(a) において，一巡伝達関数を $G(s) = G_1(s)G_2(s)$ とおく．以下では式 (6.13) および定理 6.2 の条件 (ii) が成立すると仮定する．図 6.6(a) において，点 a でループを切断すると，図 6.6(b) を得る．ただし，外部入力はないものとする．ここで端子 a_1 に $1(= \mathfrak{L}[\delta(t)])$ を加えると，端子 a_2 には信号 $-G(s)$ が帰還する．このとき送信信号 1 と帰還信号 $-G(s)$ の差 $1 - (-G(s)) = 1 + G(s)$ をフィードバック制御系の還送差 (return difference) と呼んでいる．これが，式 (6.12) で定義した $F(s)$ の意味である．図 6.6(a) の点 b あるいは c でループを切断しても還送差はいずれも $1 + G(s)$ となる．

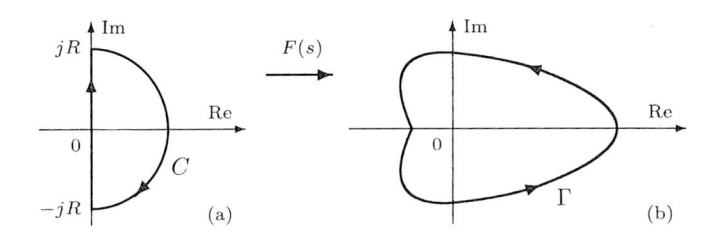

図 **6.7** 閉曲線 C および像 Γ

つぎに，図 6.7(a) に示すように虚軸と右半平面 ($\text{Re}[s] > 0$) の半径無限大 ($R \to \infty$) の半円周からなる閉曲線を C とする．$F(s)$ による曲線 C の像を Γ とする (図 6.7(b))．$R \to \infty$ であるから，$F(s)$ の右半平面内 ($\text{Re}[s] > 0$) の極，零点はすべて C の内部に存在する．ここで曲線 C 内の $F(s)$ の極および零点の数 (重複度も数えて) をそれぞれ Π および Z とし，C 上には極も零点も存在しないと仮定する．点 s が曲線 C 上を負の向き (時計方向) に 1 周すると，付録 A4 節の偏角原理より

$$n(\Gamma, 0) = \Pi - Z \qquad (6.17)$$

となるので[†]，像 Γ は $F(s)$ 平面の原点を $N := \Pi - Z$ 回転する．

定理 6.2 よりフィードバック制御系の安定性の必要十分条件は条件 (ii) の下で，$F(s) = 1 + G(s)$ の零点が右半平面 ($\text{Re}[s] \geq 0$) には存在しないこと，すなわち $Z = 0$ となることである．これより，フィードバック制御系が安定となるための必要十分条件は次式が成立することである．

$$N = \Pi \ (= G(s) \text{ の不安定極の数}) \qquad (6.18)$$

[†] 曲線 C が負の向きであるから，式 (A.21) とは符号が逆であることに注意されたい．

すなわち 像 Γ が $F(s)$ 平面上の原点を正の向きに Π 回転することである．これがナイキストの安定定理の内容であるが，実際には $G(s)$ による閉曲線 C の像であるナイキスト線図を用いてつぎのように述べられる．

定理 6.3 (Nyquist) $G(s)$ は影の不安定モードをもたないと仮定する．$G(s)$ の不安定極の総数を Π とするとき，図 6.5 のフィードバック制御系が安定であるための必要十分条件は，$G(s)$ のナイキスト線図 (像 Γ を -1 だけシフトしたもの) が点 $(-1, j0)$ を正の向きにまわる回転数 N が Π に等しいことである． □

とくに $G(s)$ が安定であれば $\Pi = 0$ であるから，安定条件は $N = 0$ となるので，$G(s)$ のナイキスト線図が点 $(-1, j0)$ を囲まないことが，閉ループ系が安定となるための必要十分条件となる．また，ナイキスト線図が点 $(-1, j0)$ の上を通過するときが安定限界である (図 6.8)．

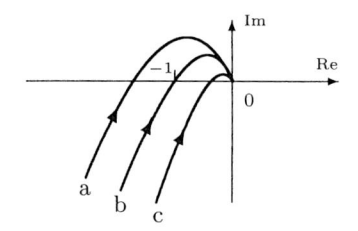

図 **6.8** ナイキスト線図 ($\Pi = 0$) a: 不安定, b: 安定限界, c: 安定

つぎにナイキストの安定判別法の適用例を示そう．

例 6.5 (a) $G(s) = 1/(s^2 + s + 1)$ について考察する．$G(\infty) = 0$ であるから，ナイキスト線図は $G(j\omega) = 1/[(j\omega)^2 + j\omega + 1]$ において，ω を $-\infty$ から $+\infty$ まで動かした場合の軌跡となる (図 6.9(a))．すなわち，図 5.5 のナイキスト線図 ($\zeta = 0.5, \omega > 0$) を実軸に関して対称に折り返したものが，ナイキスト線図の $\omega < 0$ の部分となる．この場合，$\Pi = 0$, $N = 0$ となるので，$G(s)$ を一巡伝達関数とするフィードバック制御系は安定となる．

(b) $G(s) = 2/(s-1)$ のナイキスト線図は図 6.9(b) のように，点 $(-1, j0)$ を中心とする半径 1 の円周となる．この場合，$\Pi = 1, N = 1$ であるから，$G(s)$ を一巡伝達関数とするフィードバック制御系は安定である． □

$G(s)$ はプロパーと仮定しているので，$G(\infty)$ は有界である．よって $G(s)$ の極が虚軸上に存在しなければ，ナイキスト線図は連続である．しかし $G(s)$ が虚軸上に極，たとえば $s = 0, \pm j\omega_1$ をもつ場合にはナイキスト線図は $s = 0, \pm j\omega_1$ で不連続となり，回転数 N を求めることができない．この場合には，図 6.10 に示

6.3 ナイキストの安定定理

(a) $1/(s^2+s+1)$

(b) $2/(s-1)$

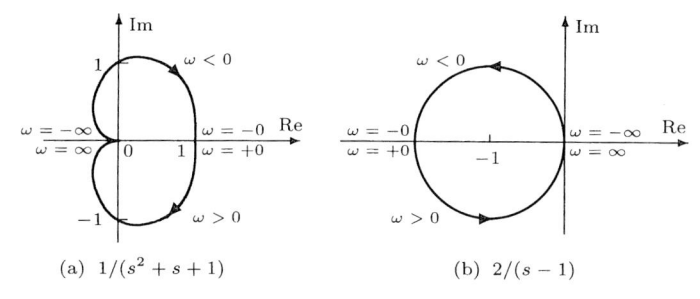

図 6.9 ナイキスト線図

すように極 $s=0, \pm j\omega_1$ を左にみるように閉曲線 C を小半円周で修正すればよい．具体的には図 6.10 の小半円周 C_0 は

$$C_0 = \left\{ s = \rho e^{j\theta} \mid -\frac{\pi}{2} \leq \theta \leq \frac{\pi}{2}, \quad \rho \to 0 \right\} \quad (6.19)$$

のように表される．しかる後，修正された閉曲線に対するナイキスト線図を描くことにより回転数 N を正確に調べることができる．

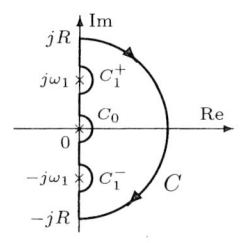

図 6.10 虚軸上の極を避ける閉曲線 C

例 6.6 原点 $s=0$ に極をもつ 3 次伝達関数

$$G(s) = \frac{K}{s(s+1)(2s+1)}, \quad K > 0 \quad (6.20)$$

を考えよう．$s=0$ の近傍を除けば $G(s)$ のナイキスト線図は表 5.1 に示すようになる．$\omega \to \pm\infty$ ではナイキスト線図は虚軸に接しながら原点に近づき，$\omega \to 0\pm$ では直線 $s=-3$ に右側から漸近する．また小半円周 C_0 上では $s = \rho e^{j\theta}$ より

$$G(s) \simeq \frac{K}{\rho} e^{j\phi}, \quad \phi = -\theta \quad (6.21)$$

となる．よって s が C_0 上を動くとき，ϕ は $\pi/2$ から $-\pi/2$ まで (時計方向に 180°) 減少するので，ナイキスト線図は図 6.11(a) のようになる．閉曲線 C を図

6.10 のように修正したことにより，$\Pi = 0$ である．実軸との交点が $-2/3$ となるので，$K < 3/2$ であれば $N = 0\,(Z = 0)$，$K > 3/2$ であれば $N = -2\,(Z = 2)$ となる．すなわち，$0 < K < 3/2$ であれば $1 + G(s) = 0$ の根はすべて安定である．このことは，ラウス・フルビッツの方法で確かめることができる． □

また $s = 0$ が $G(s)$ の l 位の極であれば，s が C_0 上を動くとき，

$$G(s) \simeq \frac{K'}{\rho^l} e^{j\phi}, \qquad \phi = -l\theta \tag{6.22}$$

となるので ($K' > 0$ と仮定)，ナイキスト線図は半径 K'/ρ^l の円周上を $l\pi/2$ から $-l\pi/2$ まで (時計方向に $l \times 180°$) 回転する．原点以外の虚軸上に極をもつ例を示そう．

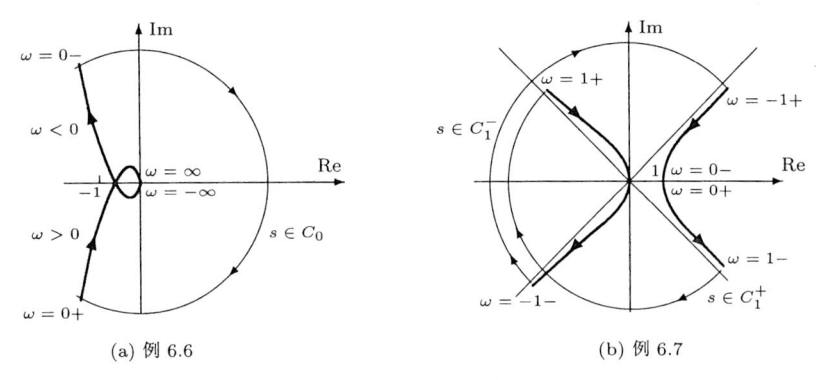

(a) 例 6.6

(b) 例 6.7

図 **6.11** ナイキスト線図

例 6.7 $s = \pm j$ に極をもつ伝達関数

$$G(s) = \frac{1}{(s+1)(s^2+1)} \tag{6.23}$$

のナイキスト線図を求めてみよう．$s = j\omega$ とおくと

$$G(j\omega) = \frac{1 - j\omega}{1 - \omega^4}, \qquad x(\omega) = \frac{1}{1 - \omega^4}, \qquad y(\omega) = -\frac{\omega}{1 - \omega^4} \tag{6.24}$$

となるので，$s = \pm j$ 以外ではナイキスト線図は $x^4 - y^4 = x^3$ という曲線上にある．$s = j$ の近傍では小半円周は $C_1^+ = \{s = j + \rho e^{j\theta} | -\pi/2 \leq \theta \leq \pi/2\}$ と表されるので，

$$G(s) = \frac{1}{(j + \rho e^{j\theta} + 1)(2j + \rho e^{j\theta})\rho e^{j\theta}}$$

$$\simeq \frac{1}{(j+1)2j\rho e^{j\theta}} = \frac{1}{2\sqrt{2}\rho} e^{j\phi}, \qquad \phi = -\theta - \frac{3}{4}\pi \tag{6.25}$$

を得る．よって $s \in C_1^+$ のとき，ナイキスト線図は半径 $1/2\sqrt{2}\rho$ の円周上を $-\pi/4$ から $-5\pi/4$ まで (時計方向に $180°$) 回転する．点 $s = -j$ の近傍でも同様であるから，$G(s)$ のナイキスト線図は図 6.11(b) のようになる．この場合 $\Pi = 0$，$N = -2$ であるから，閉ループ系は不安定である． □

ここでは，図 6.10 のように虚軸上の極を閉曲線 C の外部にみるように C を修正したが，もちろん虚軸上の極をすべて閉曲線 C の内部に取り入れるように修正してもよい．このようにすると，例 6.6 の場合には $\Pi = 1$，$N = 1$ となり $Z = 0$ という同一の結論を得る．

6.4 安定余裕，ロバスト安定性

図 6.12 のフィードバック制御系について考察する．ここに $P(s)$, $C(s)$ はそれぞれプラントおよびコントローラの伝達関数であり，$P(s)$ と $C(s)$ の間には不安定極零点消去はないものとする．一巡伝達関数 $G(s) = P(s)C(s)$ が安定であるとすると，$\Pi = 0$ であるから $N = 0$，すなわち $G(s)$ のナイキスト線図が $G(s)$ 平面の点 $(-1, j0)$ を囲まないことが閉ループ系の安定条件となる．しかし，制御対象 (=プラント) は多くの不確かさを含んでいるので，モデル化の段階で種々の近似が行われるのが普通であり，モデル $P(s)$ は必ず誤差，不確かさを伴っている．したがって，$G(s)$ のナイキスト線図が点 $(-1, j0)$ を囲まないとしても，そのすぐ近くを通過するような場合には実際的な意味で閉ループ系の安定性はよくないと判定される．言い換えると，$G(s)$ のナイキスト線図が点 $(-1, j0)$ から離れていれば，ある程度のプラントの変動に対して安定性が保たれるという意味で，安定余裕 (stability margin) があるといえる．

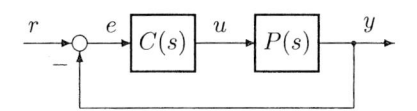

図 **6.12** フィードバック制御系

フィードバック制御系の安定余裕を表す古典的な指標として，ゲイン余裕 (gain margin; GM) および位相余裕 (phase margin; PM) がある．図 6.13(a) に示すように周波数応答 $G(j\omega)$ のゲインが 1 になる点を M，位相が $-180°$ となる点を N とする．点 M における角周波数 ω_{gc} をゲイン交叉周波数 (gain crossover frequency)，点 N における角周波数 ω_{pc} を位相交叉周波数 (phase crossover frequency) という．このとき，ベクトル $\overrightarrow{OM}$ と負の実軸のなす角を位相余裕 PM という．すな

(a) ナイキスト線図　　(b) ボーデ線図

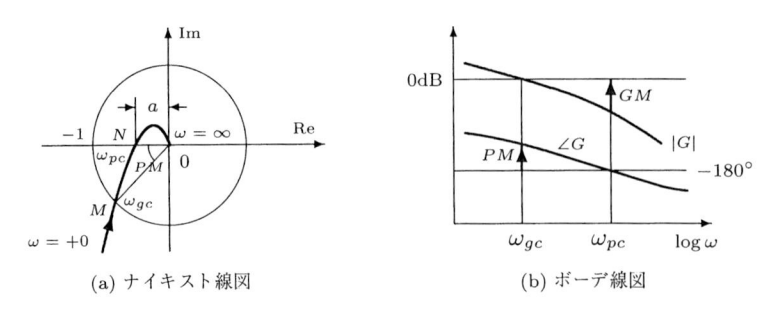

図 **6.13**　ゲイン余裕と位相余裕

わち，PM は

$$PM = 180° + \angle G(j\omega_{gc}) \tag{6.26}$$

で与えられる．また $\overline{ON} = a$ とするとき

$$GM = \frac{1}{a} \tag{6.27}$$

をゲイン余裕という．ゲイン余裕，位相余裕をボーデ線図上に図示すると図 6.13(b) のようになる．

図 6.13(a) の点 N において，ゲイン $|G|$ を GM 倍，また点 M において位相 $\angle G$ を PM だけ遅らせるとナイキスト線図がちょうど点 $(-1, j0)$ を通過する．すなわち，ゲイン余裕，位相余裕は周波数応答が安定限界に達するまでにゲイン，位相にどの程度の余裕があるかを示す量である．両者とも大きいほど安定度が高いが，これらが大きすぎると逆に閉ループ系の過渡応答の速応性が悪くなるので，単純に安定余裕が大きければよいというわけではない．

上述の安定余裕の考え方に対して，プラントの変動を陽に表現して，モデルの不正確さと閉ループ系の安定性の関係を明らかにしようとするのが 1980 年初頭から始まったロバスト安定性に関する理論である．以下では，ロバスト安定に関する初等的な結果を述べる．

図 6.12 のフィードバック制御系を (P, C) と表す．系 (P, C) を基準系とし，変動する伝達関数 $\tilde{P}(s)$ をもつ摂動系 $(\tilde{P}, C)$ を考える．ただし $\tilde{P}(s)$ はつぎの条件を満足すると仮定する．

($\tilde{P}$1)　$\tilde{P}(s) = P(s) + \Delta(s), \ |\Delta(j\omega)| \leq l(\omega), \ \omega \geq 0$

($\tilde{P}$2)　$\Delta(s)$ は安定である．よって $\tilde{P}(s)$ と $P(s)$ の不安定極の数は等しい．

条件 ($\tilde{P}$1) のような変動を加法的 (additive) 変動といい，周波数応答 $\tilde{P}(j\omega)$ には基準値 $P(j\omega)$ のまわりで，$l(\omega)$ の変動が許容される．($\tilde{P}$2) は理論的な制約による条件である[†]．このとき，つぎの結果が成立する．

定理 6.4 上の条件 ($\tilde{P}$1), ($\tilde{P}$2) を満足する $\tilde{P}(s)$ に対して，閉ループ系 $(\tilde{P}, C)$ が安定となるための必要十分条件は

  (i) 基準の閉ループ系 (P, C) が安定で，かつ

  (ii) $l(\omega)|C(j\omega)| < |1 + G(j\omega)|, \quad \omega \geq 0$ (6.28)

が成立することである．

証明 十分条件のみを示す．厳密な証明および必要条件の証明は文献 [40], [45] を参照されたい．$\tilde{G}(j\omega) = \tilde{P}(j\omega)C(j\omega)$ とおくと，

$$\Delta G(j\omega) := \tilde{G}(j\omega) - G(j\omega) = \Delta(j\omega)C(j\omega)$$

を得る．まず $G(s), \tilde{G}(s)$ が安定な場合を考える．仮定より閉ループ系 (P, C) は安定であるから，$G(j\omega)$ のナイキスト線図は点 $(-1, j0)$ を囲まない．条件 ($\tilde{P}$1) および式 (6.28) より

$$|\Delta G(j\omega)| \leq l(\omega)|C(j\omega)| < |1 + G(j\omega)| \quad (6.29)$$

となる．図 6.14 に示すように，上式は $\tilde{G}(j\omega)$ のナイキスト線図が点 $G(j\omega)$ を中心とする半径が $|1 + G(j\omega)|$ より小さい円内に入ることを示している．よって，$\tilde{G}(j\omega)$ は決して点 $(-1, j0)$ を囲まないので，摂動系 $(\tilde{P}, C)$ は安定となる．

また $P(s), \tilde{P}(s)$ が Π 個の不安定極をもつ場合の安定条件は $G(j\omega), \tilde{G}(j\omega)$ のナイキスト線図が点 $(-1, j0)$ をともに Π 回だけ回転することであるが，式 (6.28) が成立すれば，式 (6.29) を得るので $G(j\omega)$ と $\tilde{G}(j\omega)$ の点 $(-1, j0)$ まわりの回転数は変化しない．よって，十分性が示された． □

つぎに，図 6.15 のように乗法的 (multiplicative) 変動を受けるプラント

$$\tilde{P}(s) = (1 + \Delta_m(s))P(s) \quad (6.30)$$

を考えよう．この場合，明らかに

$$\Delta_m(j\omega) = \frac{\tilde{P}(j\omega) - P(j\omega)}{P(j\omega)}$$

[†] このような仮定を設けない一般の場合の結果は知られていない．

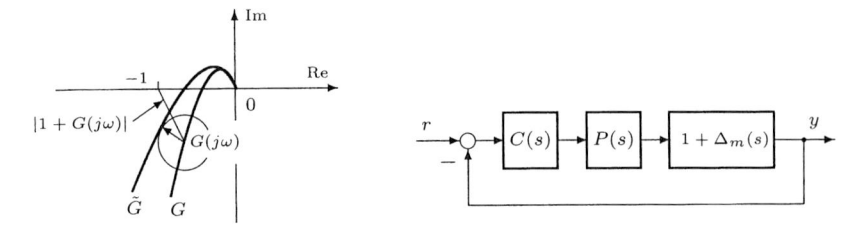

図 6.14 ナイキスト線図 $G, \tilde{G}$　　**図 6.15** 乗法的変動を受けるシステム

が成立するので，$\Delta_m(j\omega)$ はプラントの相対的な変動を表している．

系 $\Delta_m(s)$ が安定であり，かつ

$$|\Delta_m(j\omega)| < |1 + G^{-1}(j\omega)|, \quad \forall \omega \tag{6.31}$$

であれば，図 6.15 の乗法的変動を受ける系 $(\tilde{P}, C)$ は安定となる．

証明 実際 $\Delta_m(s)$ が安定であれば，$\tilde{P}(s)$ と $P(s)$ の不安定極の数は等しいので，条件 ($\tilde{\text{P}}$2) が成立する．また $\tilde{G}(s) = G(s) + \Delta_m(s)G(s)$ であるから，$|\Delta G(j\omega)| = |\Delta_m(j\omega)G(j\omega)|$ となるので，式 (6.31) を用いると式 (6.29) と同じ評価式

$$|\Delta G(j\omega)| \leq |1 + G^{-1}(j\omega)||G(j\omega)| = |1 + G(j\omega)|$$

が成立する．よって，乗法的変動を受けるシステムは安定となる． □

例 6.8 例 3.9 の直流サーボモータをプラントとする単一フィードバック制御系を考える．モータの諸定数を $K_T = 0.5$[Nm/A]，$K_e = 0.5$[V/rad/sec]，$R = 1$[Ω]，$J = 2 \times 10^{-3}$[kg/m^2]，$D = 0.01$[Nm/rad/sec] とする．$L = 0$ とおいた伝達関数 $P(s)$ を基準モデル，$L \neq 0$ である伝達関数を $\tilde{P}(s)$ とすると，

$$P(s) = \frac{250}{s(s+130)}, \quad \tilde{P}(s) = \frac{250}{s[(1+Ls)(s+5) + 125]} \tag{6.32}$$

となる．$\tilde{P}(s) = (1 + \Delta_m(s)P(s))$ とすると変動 $\Delta_m(s)$ は

$$\Delta_m(s) = \frac{-Ls(s+5)}{(1+Ls)(s+5) + 125} \tag{6.33}$$

と表される．コントローラを $C(s) = 40$ とすると，閉ループ系 (P, C) の特性は，$\zeta = 0.65$，$\omega_n = 100$ [rad/sec] の 2 次系となる．

ループ伝達関数は $G(s) = 10000/s(s+130)$ であるから，式 (6.31) より

$$|\Delta_m(j\omega)| < \left|1 + \frac{j\omega(j\omega + 130)}{10000}\right| \tag{6.34}$$

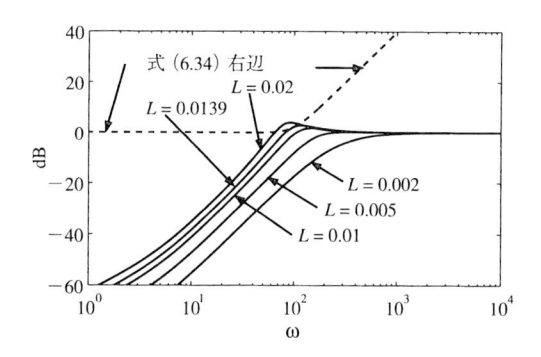

図 **6.16** 式 (6.34) の安定条件

であれば，閉ループ系 $(\tilde{P}, C)$ は安定となる．図6.16は L をパラメータとして，式 (6.34) の条件をゲイン曲線により表している．これより，およそ $L = 0.0139$[H] のとき両曲線が接することがわかる．よって $L < 0.0139$[H] であれば摂動系 $(\tilde{P}, C)$ は安定となる．この条件はラウス・フルビッツの方法から得られる条件とほぼ一致している．しかし，一般にはロバスト安定条件は位相条件を無視しているので十分条件となっている． □

6.5 ノ ー ト

6.1節は [38], [56] を参考にした．6.3節は [42] によっている．ナイキストの安定定理の原典は [67] である．ボーデの書物 [33] にもナイキストの安定定理の詳しい解説がある．ロバスト制御への入門としては文献 [45] が参考になる．

6.6 演 習 問 題

6.1 図 6.1 の伝達関数 $G_1(s)$ と $G_2(s)$ の順序を入れ換えた系に対して，例 6.1 の式 (6.2), (6.3) に相当する式を導出せよ．

6.2 図 6.1 において，$G_1(s) = 1/(s+1)$, $G_2(s) = (s+1)/(s+2)$ とした場合，例 6.1 の式 (6.2), (6.3) に相当する式を導出せよ．

6.3 つぎの (a), (b), (c) を証明せよ．
  (a) 直列結合系の伝達関数 $T(s) = G_1(s)G_2(s)$ が影のモードをもたないための必要十分条件は $G_1(s)$ と $G_2(s)$ の間に極零点消去がないことである．
  (b) 並列結合系の伝達関数 $T(s) = G_1(s) + G_2(s)$ が影のモードをもたないための必要十分条件は $G_1(s)$ と $G_2(s)$ が共通の極をもたないことである．
  (c) フィードバック結合系の伝達関数 $T(s) = G_1(s)/(1 + G_1(s)G_2(s))$ が影の

6.4 図 6.5 の制御系において,$G_1(s) = (s-1)/(s+2)$, $G_2(s) = (-s+5)/(s+3)$ とする.$F(s)$ および $H_{ij}(s)$ を計算して,$F(\infty) = 0$ となること,および $H_{ij}(s)$ がプロパーでないことを確認せよ (命題 6.1 参照).

6.5 図 6.5 の制御系において,(r_1, r_2) を入力,(e_1, e_2) を出力した場合の伝達関数 $\tilde{H}(s)$ (2×2 行列) を求めよ.また $\tilde{H}(s)$ の安定性と式 (6.11) の $H(s)$ の安定性は等価であることを示せ.

6.6 図 6.9, 6.11 のナイキスト線図を Matlab による計算によって確認せよ.

6.7 ナイキスト線図を用いて,つぎの一巡伝達関数をもつ単一フィードバック制御系が安定となる K の範囲を求めよ.

(a) $\dfrac{K(s+1)}{s(2s-1)}$ (b) $\dfrac{K(1+s)^2}{s^3}$ (c) $\dfrac{K(4s+1)}{s^2(s+1)(2s+1)}$

6.8 むだ時間 $L \geq 0$ を含む図 P6.1 の閉ループ制御系を考える.ただし,$K \geq 0, T > 0$ であり,T は固定されているとする.このとき,1) $L = 0$ であれば制御系は常に安定であること,2) $K < 1$ であれば,任意の L に対して安定,3) $L > 0$ であれば K を大きくすると制御系は必ず不安定になることを示せ.(例 5.2 参照)

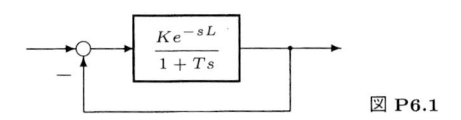

図 P6.1: 伝達関数 $\dfrac{Ke^{-sL}}{1+Ts}$ を含む単一フィードバック制御系のブロック線図

6.9 図 6.12 の単一フィードバック制御系は安定であり,かつ $G(s) = C(s)P(s)$ のナイキスト線図は点 $(-1, j0)$ を中心とする半径 1 の円 Δ 内には決して入らないとする.このとき,フィードバック制御系のゲイン余裕,位相余裕のとりうる範囲を調べよ.

6.10 開ループ伝達関数 $G(s) = \omega_n^2/s(s+2\zeta\omega_n)$ に対する位相余裕は

$$PM = \tan^{-1}\left(2\zeta/\sqrt{(1+4\zeta^4)^{1/2} - 2\zeta^2}\right)$$

で与えられることを示せ.

7

フィードバック制御系の特性

本章では，フィードバック制御系がもつ一般的な性質や制御系を設計する場合に制約となる条件について考察する．
- 開ループ制御と閉ループ制御，感度関数，相補感度関数
- 定常特性，内部モデル原理
- 閉ループ伝達関数の相対次数と零点
- 合成可能な伝達関数，2自由度制御系

7.1 フィードバック制御

制御系の設計は外乱の影響を抑えて，出力 (= 制御量) を目標値に近づけるようなプラントへの制御入力を決定することである．図 7.1 に示すように，一般に制御系の設計は与えられたプラント $P(s)$ に対して，目標値から出力までの伝達関数 $T(s)$ が与えられた仕様を満足するような制御器 (controller) を見出す問題に帰着される．このような目的を達成するための制御方式としては開ループ制御とフィードバック制御の 2 つの方式がある．

まず開ループ制御の場合には，図 7.2 に示すように制御器の伝達関数を $C(s) = T(s)/P(s)$ とおけば $y(s) = T(s)r(s)$ となり，目標が達成されるように考えられる．ここに $T(s)$ は望ましい伝達関数である．実際 $P(s)$ が正確で，かつ外乱 d も完全に測定できるという理想的な状況では開ループ制御は簡便でよい方式である．しかし $C(s)$ は $P(s)$ の逆関数を含むので $P(s)$ が最小位相系でなければ，不安定

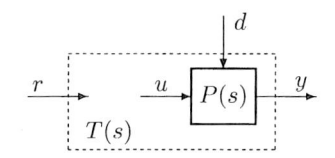

図 7.1 制御系の設計問題

な極零点消去が生ずるので，図 7.2 の系は不安定となる．また $P(s)$ が最小位相であっても，$C(s) = T(s)/P(s)$ がプロパーでなければ，$C(s)$ は雑音を増幅するので好ましくない．さらに外乱が加わったり，$P(s)$ が変動して r から y までの伝達関数が変化すれば，出力が目標値から大きくずれる可能性がある．このような望ましくない状況は，制御結果である出力とは無関係に，あらかじめ定められた通りに制御入力をプラントに加えているために生ずるのである．

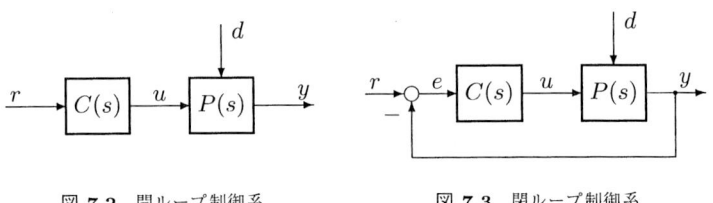

図 7.2 開ループ制御系　　　　**図 7.3** 閉ループ制御系

図 7.2 の開ループ制御方式の難点を克服するには，実際の出力の値を測定し，目標値と比較して誤差を小さくするように制御入力を修正するフィードバック制御 (閉ループ制御) に基づく方式を導入することが必要である．フィードバック制御系は図 7.3 に示すように出力が目標値より大きければ制御入力を小さくし，逆に出力が目標値より小さければ制御入力を大きくするという負フィードバック系として構成されるのが普通である．図 7.3 からわかるように，フィードバック制御系では出力からのフィードバック信号と目標値を比較して制御入力が決定されるので，応答の速応性に欠点がある．換言すれば，プラントの動特性が正確にわかり，外乱が直接測定可能で制御に利用できる場合には速応性の点からみてフィードフォワード制御の方が優れている．しかし，測定不可能な外乱が存在したり，プラントが変動したりする場合にシステムの安定性を確保して出力を目標値に追従させるためには，フィードバック制御に頼らざるをえない[†]．この意味で，フィードバック制御は制御系設計の基本原理である．

7.2　感度関数とフィードバック制御系の性質

図 7.4 に示す標準的なフィードバック制御系について考察しよう．ここに y, r, u, v, d, n はそれぞれ出力，目標値，制御入力，主フィードバック量，外乱，雑音である．$P(s), C(s), H(s)$ はそれぞれプラント，制御器，センサの伝達関数であり，いずれもプロパーであるとする．また $P(s), H(s)$ は固定要素であるが，$C(s)$

[†] 現実的にはフィードフォワードとフィードバックの 2 つの制御方式を併用する必要がある．7.6 節の 2 自由度制御系参照．

7.2 感度関数とフィードバック制御系の性質

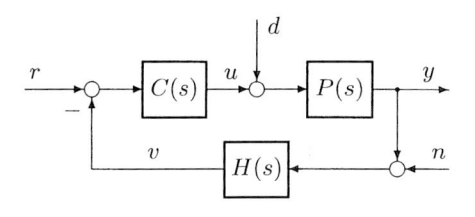

図 **7.4** フィードバック制御系

は自由に設計できるものとする．図 7.4 から

$$y(s) = P(s)[u(s) + d(s)], \quad u(s) = C(s)[r(s) - v(s)]$$
$$v(s) = H(s)[y(s) + n(s)] \tag{7.1}$$

が成立する．また 6.3 節で定義した還送差は

$$F(s) = 1 + H(s)P(s)C(s) = 1 + G(s)$$

となる．ここで $G(s) = H(s)P(s)C(s)$ を一巡伝達関数 (loop transfer function) あるいは開ループ伝達関数という．

さて，フィードバック制御系の感度関数 (sensitivity function) を

$$S(s) = \frac{1}{1 + G(s)} = \frac{1}{1 + H(s)P(s)C(s)} \tag{7.2}$$

により定義する．このとき，r から y までの閉ループ伝達関数は

$$T(s) = \frac{P(s)C(s)}{1 + H(s)P(s)C(s)} = \frac{1 - S(s)}{H(s)} \tag{7.3}$$

となる．よって，式 (7.1), (7.2), (7.3) から

$$\begin{aligned} y(s) &= \frac{P(s)C(s)}{1 + P(s)C(s)H(s)}r(s) + \frac{P(s)}{1 + P(s)C(s)H(s)}d(s) \\ &\quad - \frac{P(s)C(s)H(s)}{1 + P(s)C(s)H(s)}n(s) \\ &= T(s)r(s) + S(s)P(s)d(s) - (1 - S(s))n(s) \end{aligned} \tag{7.4}$$

を得る．したがって，制御偏差 $e = r - y$ は次式のように表される．

$$\begin{aligned} e(s) &= (1 - T(s))r(s) - S(s)P(s)d(s) + (1 - S(s))n(s) \\ &= e_1(s) + e_2(s) + e_3(s) \end{aligned} \tag{7.5}$$

ここに $e_1 = (1 - T(s))r$, $e_2 = -S(s)P(s)d$, および $e_3 = (1 - S(s))n$ はそれぞれ，目標値，外乱，および測定雑音によって生ずる誤差である．

目的は制御偏差 e を小さく抑えることであるから，e_1, e_2, e_3 を小さくすればよい．e_1, e_2, e_3 を別々に小さくすることは比較的容易であるが，これら 3 つの誤差を同時に小さくすることは非常に困難である．

以下では簡単のために，単一フィードバック制御系 ($H(s) = 1$) の場合について詳しく考察しよう．$H(s) = 1$ とおくと，式 (7.2), (7.3) から

$$T(s) + S(s) = 1, \qquad S(s) = \frac{1}{1 + P(s)C(s)} \tag{7.6}$$

を得る．このとき，$T(s) = 1 - S(s)$ を相補感度関数 (complementary sensitivity function) という．式 (7.6) より $C(s)$ を十分大きくすれば，$S(s) \simeq 0, T(s) \simeq 1$ となるので，式 (7.5) から e_1, e_2 はともに小さくなる．

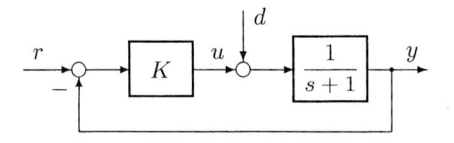

図 **7.5** フィードバック制御系

例 7.1 図 7.5 の制御系を用いて，フィードバック制御により外乱の影響が抑えられることを示そう．ただし，ここでは測定雑音は無視している．この場合，感度関数は $S(s) = (s+1)/(s+K+1)$ となるので，式 (7.5) より

$$e(s) = \frac{s+1}{s+K+1}r(s) - \frac{1}{s+K+1}d(s) \tag{7.7}$$

を得る．ここで $r(t) = \sin t, d(t) = \sin 2t$ とすると，$r(t)$ および $d(t)$ による $e_1(t)$, $e_2(t)$ の定常応答は式 (5.8) あるいは式 (5.9) から

$$e_1(t) = |S(j)|\sin(t + \phi_r), \qquad \phi_r = \angle S(j)$$
$$e_2(t) = -|T_d(2j)|\sin(2t + \phi_d), \qquad \phi_d = \angle T_d(2j)$$

となる．ただし $T_d(s) = S(s)P(s) = 1/(s+K+1)$ である．$K = 10$ とすると，$|S(j)| \simeq 0.13, |T_d(2j)| \simeq 0.089$ となる．また $K = 0$ の場合には，$|S(j)|_{K=0} = 1$, $|T_d(2j)|_{K=0} \simeq 0.45$ となるので，フィードバック制御により目標値の変動の影響はフィードバック制御のない場合に比較して約 13% に，外乱の影響は約 20% に減少している． □

式 (7.5) から e_3 を小さくするには $T(s)$ を小さくしなければならない．$T(s)$ と $S(s) = 1 - T(s)$ を同時に小さくすることは明らかに矛盾した要求であり (図 7.6)，ここにフィードバック制御系設計の本質的な困難さの一つがある．

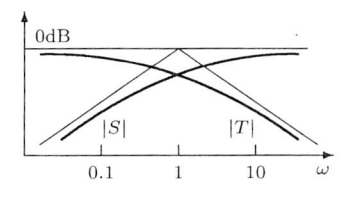

図 7.6　T, S のゲイン曲線

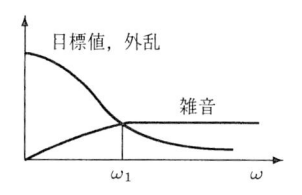

図 7.7　外生信号のスペクトル

実際の制御系では目標値 r，外乱 d は比較的低周波の信号成分を多く含み，雑音 n は高周波成分を多く含んでいるのが一般的である (図 7.7)．したがって，たとえば図 7.7 の周波数帯 $(0, \omega_1)$ では $|S(j\omega)|$ を小さくし，$|e_1(j\omega)|$，$|e_2(j\omega)|$ を抑え，ω_1 より高い周波数帯では $|S(j\omega)|$ を 1 に近づけて $|e_3(j\omega)|$ を抑えるという，周波数帯上でのトレード・オフ (trade-off) を行うことが可能となる．ボーデ線図を用いると制御系の総合的な特性が図式的に容易に表現できるので，周波数領域での各設計仕様間のトレード・オフを考慮しながらフィードバック制御系を設計できる．これが周波数応答法の長所である (8.2, 8.4 節)．

つぎに，プラントの伝達関数が $P(s)$ から $\tilde{P}(s)$ に変化したとき，閉ループ伝達関数が $T(s)$ から $\tilde{T}(s)$ に変化するとすれば，式 (7.2) の感度関数 $S(s)$ の定義から

$$\frac{\tilde{T}(s) - T(s)}{\tilde{T}(s)} = S(s) \frac{\tilde{P}(s) - P(s)}{\tilde{P}(s)} \tag{7.8}$$

が成立する．上式は閉ループ伝達関数の相対的な変化はプラントの伝達関数の相対的な変化が $S(s)$ 倍されたものであることを示している．したがって，$|S(s)| < 1$ であれば，プラントの特性が変動しても閉ループ系全体の特性の変動は小さく抑えられる．すなわち，フィードバックにより制御系全体の特性をロバストなものにすることができる (3.4 節)．

これに対して，フィードバックループがなければ，r から y への伝達特性は $T_0(s) = P(s)C(s)$ となるので，式 (7.8) に対応して

$$\frac{\tilde{T}_0(s) - T_0(s)}{\tilde{T}_0(s)} = \frac{\tilde{P}(s) - P(s)}{\tilde{P}(s)} \tag{7.9}$$

を得る.よって $P(s)$ の相対的変動がそのまま $T_0(s)$ の相対的変動となって現れるので,開ループ制御系はプラントの変動に対してロバストではない.

上述のように,感度関数の絶対値 $|S(j\omega)|$ が 1 より小さいか否かでフィードバック制御の効果を判定できる.しかし,つぎのボーデの関係から $S(s)$ にも解析的な制約が存在する.

命題 7.1 一巡伝達関数 $G(s) = H(s)P(s)C(s)$ は安定であり,その相対次数を ν とする.このとき,閉ループ系が安定であれば次式が成立する.

$$\frac{1}{\pi}\int_0^\infty \log|S(j\omega)|d\omega = \begin{cases} 発散, & \nu = 0 \\ -\gamma/2, & \nu = 1 \\ 0, & \nu \geq 2 \end{cases} \quad (7.10)$$

ここに $\gamma = -\lim_{s\to\infty} sG(s)$ ($G(s)$ の無限遠点における留数) である.

証明* 文献 [48] の方法による.仮定より $\log S(s) = -\log[1+G(s)]$ は $\mathrm{Re}[s] \geq 0$ で正則である.よって図 7.8 の虚軸と右半平面内の半径無限大 ($R \to \infty$) の半円周 Γ^- からなる閉路に沿って $\log S(s)$ を積分すれば

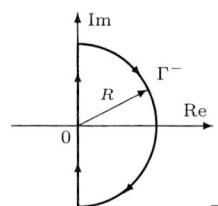

図 7.8 積分路

$$I_1 + I_2 = \frac{1}{2\pi j}\int_{-j\infty}^{j\infty}\log S(s)ds + \frac{1}{2\pi j}\int_{\Gamma^-}\log S(s)ds = 0 \quad (7.11)$$

を得る.虚軸上では $s = j\omega$ であるから

$$I_1 = \frac{1}{2\pi}\int_{-\infty}^\infty \log S(j\omega)d\omega = \frac{1}{2\pi}\int_{-\infty}^\infty \left[\log|S(j\omega)| + j\arg S(j\omega)\right]d\omega$$

となる.$\arg S(j\omega)$ は ω の奇関数であるから,上式右辺において $\arg S(j\omega)$ の積分は 0 である.よって式 (7.11) より

$$I_1 = \frac{1}{\pi}\int_0^\infty \log|S(j\omega)|d\omega = -\frac{1}{2\pi j}\int_{\Gamma^-}\log S(s)ds \quad (7.12)$$

を得る.つぎに Γ^- 上での積分を評価しよう.まず $\nu = 0$ の場合 $1+G(\infty) \neq 0$ と仮定すると Γ^- 上で $\log S(s) = -\log[1+G(s)]$ は 0 でない一定値に収束するので,式 (7.12)

右辺の積分は発散する．$\nu = 1$ であれば，$\lim_{s \to \infty} G(s) = 0$ となるので，$\log S(s)$ は

$$\log S(s) = -G(s) + \frac{1}{2} G^2(s) - \cdots, \qquad |G(s)| < 1 \tag{7.13}$$

のように展開できる．式 (7.12) 右辺の積分路は原点を中心として負の向きに 1/2 回転するので，式 (A.17) から

$$\frac{1}{2\pi j} \int_{\Gamma^-} \log S(s) ds = \frac{1}{2} \text{Res}[\log S(s), s = \infty] \tag{7.14}$$

を得る．式 (7.13) の右辺は厳密にプロパーであるから，式 (A.19) より

$$\begin{aligned}
\frac{1}{2} \text{Res}[\log S(s), s = \infty] &= -\frac{1}{2} \lim_{s \to \infty} s \log S(s) \\
&= -\frac{1}{2} \lim_{s \to \infty} s[-G(s) + G^2(s)/2 - \cdots] = \frac{\gamma}{2}
\end{aligned} \tag{7.15}$$

となる．よって式 (7.12), (7.15) から式 (7.10) の第 2 式を得る．また $\nu \geq 2$ であれば式 (7.15) において $\gamma = 0$ となるので証明が完了する．　　　　　　　　　　　　　□

命題 7.1 から $\nu \geq 2$ とすると，ある周波数帯で $|S(j\omega)| < 1$ ($\log |S(j\omega)| < 0$) であれば，必ず $|S(j\omega)| > 1$ ($\log |S(j\omega)| > 0$) となる周波数帯が存在する．このことは，すべての周波数帯で感度を自由に設計することはできないことを示しており，式 (7.10) は制御系設計における本質的な制約である．

本節を終わるにあたりフィードバック制御系の特徴をまとめておこう．

(a) 　システムの安定性を改善することができる．

(b) 　外乱の影響を抑制することができる．

(c) 　目標値から出力までの伝達関数 $T(s)$ を望ましい特性にできる場合もあるが，制御器 $C(s)$ のみからなる単一フィードバック制御系の場合には $T(s)$ を自由に設計することは困難である．これに関しては，7.6 節および 9.3 節の 2 自由度制御系の構成を参照されたい．

(d) 　開ループ伝達関数のもつ不確かさに対して，システム全体のロバスト性を改善できる．ここで，不確かさとはパラメータ変動，モデリングの際に無視された動特性，非線形性などを意味する．

もちろん，フィードバック制御のためには検出器を含むフィードバックループおよび目標値と出力の測定値を比較する要素を必要とするので，制御系は複雑になり，新たに測定雑音の問題が生じてくる．これらは上記の効果に対して支払わなければならない代価である．

7.3 定常特性

フィードバック制御系は安定であることが大前提であるが，その他いくつかの条件を満足しなければよい制御系とはいえない (1.3 節)．制御系の評価規範としては，安定性の他に下記のものがある．
(a) 定常特性 (定常偏差)
(b) 過渡特性 (速応性，減衰性)
(c) 周波数特性

本節では定常特性について述べる．過渡特性および周波数特性については 8.2 節で説明する．

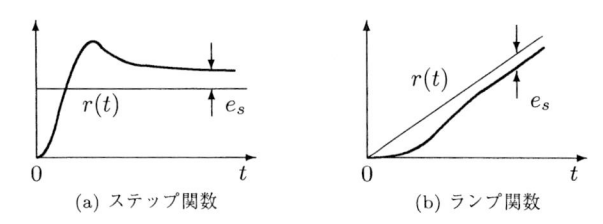

図 7.9　定常偏差

制御系の目的は外乱の影響を抑えて出力を目標値に追従させることである．制御系がどのような目標値および外乱を受けるかが設計段階でわかっている場合はまれであるから，制御系の性能 (performance) を評価するには，(a) ステップ関数，(b) ランプ関数，(c) 加速度関数 ($r(t) = t^2$) といった標準的なテスト信号が用いられる．このとき定常偏差 (steady state error) はテスト信号を入力して，時間が十分経過したときの偏差の定常値

$$e_s = \lim_{t \to \infty} e(t) = \lim_{t \to \infty} (r(t) - y(t)) \tag{7.16}$$

により定義される (図 7.9)．

以下では，図 7.4 のフィードバック制御系について考察するが，雑音はないと仮定する．

a. 目標値に対する定常偏差

まず $d = 0$ として，目標値に対する定常偏差から考察しよう．式 (7.5) から目標値 r に対する制御偏差は

$$e(s) = (1 - T(s))r(s) = W(s)r(s) \tag{7.17}$$

7.3 定常特性

となる.よって $W(s)r(s)$ が右半平面 $(\mathrm{Re}[s] \geq 0)$ に極をもたなければ,ラプラス変換の最終値定理から定常偏差 e_s は

$$e_s = \lim_{s \to 0} se(s) = \lim_{s \to 0} sW(s)r(s) \tag{7.18}$$

と表される.明らかに,ステップ入力 $(r(s) = 1/s)$ に対する定常偏差は

$$e_{sp} = \lim_{s \to 0} W(s) = W(0) \tag{7.19}$$

となる.e_{sp} はオフセットともいう.また $W(0) = 0$ であれば,ランプ入力 $(r(s) = 1/s^2)$ に対する定常偏差は次式で与えられる.

$$e_{sv} = \lim_{s \to 0} \frac{W(s)}{s} = W'(0) \tag{7.20}$$

しかし $W(0) \neq 0$ であれば,e_{sv} は発散する.

一般に $W(s)$ が $s = 0$ の近傍でテーラー展開できるとすると,

$$W(s) = W(0) + sW'(0) + \frac{s^2}{2!}W''(0) + \frac{s^3}{3!}W'''(0) + \cdots \tag{7.21}$$

が成立する.このとき,$C_k = W^{(k)}(0)$, $k = 0, 1, \cdots$ を誤差係数 (error coefficients) という.いま入力を $r(t) = t^k$, $t \geq 0$ とすると,$r(s) = k!/s^{k+1}$ であるから,式 (7.18), (7.21) より

$$\begin{aligned}
e_s &= \lim_{s \to 0} \left[sW(s) \frac{k!}{s^{k+1}} \right] \\
&= \lim_{s \to 0} \left[\frac{k!C_0}{s^k} + \frac{k!C_1}{s^{k-1}} + \cdots + \frac{C_{k-1}}{s} + C_k + \frac{sC_{k+1}}{k+1} + \cdots \right]
\end{aligned} \tag{7.22}$$

を得る.よって $C_0 = C_1 = \cdots = C_{k-1} = 0$ であれば,$e_s = C_k$ となるので,e_s は有界となる.このことから,最初の 0 でない誤差係数が C_l であれば,$l-1$ 次以下の多項式入力に対して定常偏差は 0, また l 次の多項式入力に対しては $e_s = C_l$ となり,$l+1$ より高い次数の多項式入力に対しては e_s は発散する.このように,$l-1$ 次以下の多項式入力に対する定常偏差が 0 となるような制御系は l 型 (type l) であるという.

例 7.2 図 7.10 の単一フィードバック制御系を考える.$H(s) = 1$ であるから

$$W(s) = S(s) = \frac{1}{1 + G(s)}$$

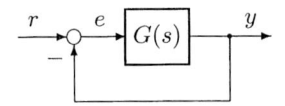

図 7.10 単一フィードバック制御系

となる.入力を $r(t) = t^k$, $t \geq 0$, すなわち $r(s) = k!/s^{k+1}$ とすると,式 (7.22) から

$$e_s = \lim_{s \to 0}\left[s\frac{1}{1+G(s)}\left(\frac{k!}{s^{k+1}}\right)\right] = \begin{cases} \dfrac{1}{1+G(0)}, & k=0 \\ \dfrac{k!}{\lim_{s \to 0} s^k G(s)}, & k=1,2,\cdots \end{cases} \quad (7.23)$$

を得る.ここで,ステップ入力,ランプ入力,加速度入力に対して,3つの偏差定数が定義される.

$K_p = G(0)$: 位置偏差定数 (position error constant)
$K_v = \lim_{s \to 0} sG(s)$: 速度偏差定数 (velocity error constant)
$K_a = \lim_{s \to 0} s^2 G(s)$: 加速度偏差定数 (acceleration error constant)

このとき,

$$C_0 = \frac{1}{1+K_p}, \quad C_1 = \frac{1}{K_v}, \quad C_2 = \frac{2}{K_a} \quad (7.24)$$

が成立することが容易にわかる. □

上の例から単一フィードバック制御系においては,$G(s)$ がたとえば

$$G(s) = \frac{K}{s^l(Ts+1)}, \quad l = 1, 2, \cdots \quad (7.25)$$

のように,原点に l 位の極をもてば,制御系は l 型となる.実際 $r(t) = t^{l-1}$ とすると,式 (7.23) から次式を得る.

$$e_s = \lim_{s \to 0}\left[s\frac{1}{1+\dfrac{K}{s^l(Ts+1)}}\frac{(l-1)!}{s^l}\right] = \lim_{s \to 0}\left[\frac{s(l-1)!}{s^l + K}\right] = 0$$

表 7.1 には単一フィードバック制御系の型と定常偏差の関係を示している.

b. 外乱に対する定常偏差

外乱 d に対する偏差は式 (7.5) の e_2 であるから,この場合定常偏差は

$$e_s = \lim_{s \to 0} se(s) = -\lim_{s \to 0} sS(s)P(s)d(s) \quad (7.26)$$

表 7.1 制御系の型と定常偏差

型	ステップ入力	ランプ入力	加速度入力
0	$1/(1+K_p)$	∞	∞
1	0	$1/K_v$	∞
2	0	0	$2/K_a$

と表される.したがって,$W(s) = -S(s)P(s)$ とおけば目標値に対する定常偏差に対する結果がそのまま適用できる.

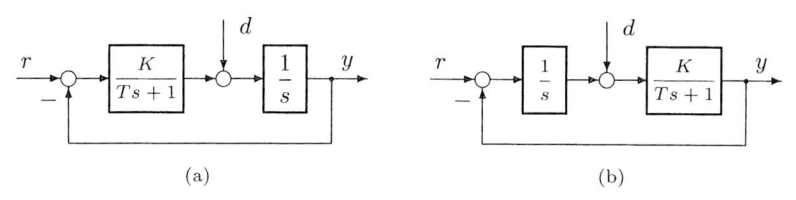

図 7.11 単一フィードバック制御系

例 7.3 図 7.11 に示す 2 つの単一フィードバック制御系の目標値および外乱に対する型を調べてみよう.どちらの制御系に対しても $G(s) = K/s(Ts+1)$ であるから,$K_p = \infty$, $K_v = K$ となる.よって,目標値に対しては 2 つの制御系はともに 1 型である.しかし外乱 d に対しては図 7.11(a) では

$$W(s) = -S(s)P(s) = -\frac{Ts+1}{Ts^2 + s + K} \tag{7.27}$$

となるので,式 (7.19), (7.20) より $e_{sp} = -1/K$ となる.よって,制御系は 0 型である.また,図 7.11(b) の場合には,

$$W(s) = -S(s)P(s) = -\frac{Ks}{s^2 + s + K} \tag{7.28}$$

であるから,$e_{sp} = 0$, $e_{sv} = -1$ となるので制御系は 1 型である. □

この例からわかるように,一般に目標値に対しては l 型の制御系であっても,外乱に対しては必ずしも l 型とはならないので,注意が必要である.

7.4 内部モデル原理

図 7.12 に示す制御系について考えよう.ここに,プラントの伝達関数 $P(s) = N(s)/D(s)$ はプロパーであり,$N(s)$ と $D(s)$ は共通因子をもたないとする.制御目標は外乱の影響を抑えて出力を目標値に追従させることである.これをトラッ

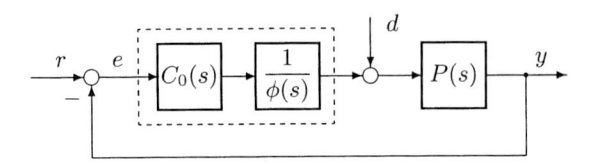

図 **7.12** 内部モデルを含む制御系

キング問題 (tracking problem) という. $t \to \infty$ のとき, 目標値, 外乱がともに 0 に収束するのであれば, フィードバック制御系を安定化するだけで, 上述のトラッキングの目標は達成される. このため $r(t), d(t)$ は $t \to \infty$ のとき 0 には収束しないと仮定し,

$$r(s) = \frac{N_r(s)}{D_r(s)}, \qquad d(s) = \frac{N_d(s)}{D_d(s)} \qquad (7.29)$$

とおく. ここに $N_r(s)/D_r(s), N_d(s)/D_d(s)$ は厳密にプロパーであるとし, $D_r(s)$ および $D_d(s)$ の零点のいくつかは虚軸を含む右半平面 ($\mathrm{Re}[s] \geq 0$) に存在すると仮定する. ここで $D_r(s), D_d(s)$ の不安定因子のみを含む最小公倍多項式を $\phi(s)$ とおくと, つぎの結果が得られる.

定理 7.1 図 7.12 のようにプラントの前に $1/\phi(s)$ を付加した閉ループ系を考える. $N(s)$ と $\phi(s)$ が共通因子をもたなければ, 式 (7.29) の目標値, 外乱に対して定常偏差を 0 とするような $C_0(s) = N_0(s)/D_0(s)$ が存在する.

証明 仮定より $D(s)\phi(s)$ と $N(s)$ は共通の零点をもたないので, $D_0(s)$ と $N_0(s)$ を適当にとれば

$$D_f(s) = D_0(s)D(s)\phi(s) + N_0(s)N(s) \qquad (7.30)$$

はフルビッツとなる (定理 9.2 参照). このとき $C_0(s) = N_0(s)/D_0(s)$ と $1/\phi(s)$ を合わせた $C(s) = C_0(s)/\phi(s)$ がトラッキングを実現する制御器であることを示そう. 図 7.12 の感度関数は

$$S(s) = \frac{1}{1 + P(s)C_0(s)/\phi(s)} = \frac{D_0(s)D(s)\phi(s)}{D_0(s)D(s)\phi(s) + N_0(s)N(s)}$$

となるので, 式 (7.5), (7.29) から次式を得る.

$$e(s) = \frac{D_0(s)D(s)\phi(s)}{D_f(s)} \frac{N_r(s)}{D_r(s)} - \frac{D_0(s)N(s)\phi(s)}{D_f(s)} \frac{N_d(s)}{D_d(s)} \qquad (7.31)$$

仮定から $\phi(s)$ は $D_r(s), D_d(s)$ のすべての不安定零点を含むので, 式 (7.31) において $D_r(s), D_d(s)$ の不安定零点はすべて消去される. また $D_f(s)$ の安定性か

ら，式 (7.31) の右辺は安定であり，かつ厳密にプロパーである．よって，

$$\lim_{t \to \infty} e(t) = \lim_{s \to 0} se(s) = 0$$

が成立する．これで証明が完了した． □

定理 7.1 は閉ループ系の内部に目標値および外乱のモデル $1/\phi(s)$ を導入することにより定常偏差を 0 にすることができることを示したもので，内部モデル原理 (internal model principle) と呼ばれている．

系 ステップ目標値 ($r(s) = 1/s$) に対して定常偏差が 0 となるための条件は，閉ループ系が安定で，かつ (a) 制御器が積分要素を含み， $P(0) \neq 0$ が成立するか，あるいは (b) プラントが積分要素を含むことである (例 7.3)． □

プラントに変動があっても，式 (7.30) の $D_f(s)$ がフルビッツである限りこの定理は成立するので，内部モデルの導入はロバストなトラッキング制御系を設計するための基本となる手法である．

7.5 合成可能な伝達関数

図 7.13 に示す制御系の設計問題を考える．ただし，プラントおよび制御器はプロパーな有理伝達関数であると仮定する．このとき，プラントの伝達関数 $P(s)$ と閉ループ伝達関数 $T(s)$ の相対次数に関して，つぎの結果が知られている．

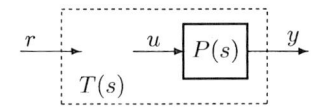

図 7.13 制御系の設計問題 ($d = 0$)

定理 7.2 図 7.13 において，つぎの条件
 (i) 制御系は正則である (3.6 節参照)．
 (ii) r から y に至る前向きパスはすべてプラント $P(s)$ を通過する．
 (iii) 制御器の要素はプロパーな有理伝達関数をもつ．
が満足されているとする．このとき $T(s)$ と $P(s)$ の相対次数について

$$\nu[P(s)] \leq \nu[T(s)] \tag{7.32}$$

が成立する．ただし $\nu[\cdot]$ は伝達関数の相対次数を表す．

証明 定理 3.3 を用いて証明する．条件 (ii) から $P(s)$ はすべての前向きパスに共通である．よって，Mason の公式 (3.55) から

$$T(s) = \frac{P(s)}{\Delta} \sum_i M_i \Delta_i \tag{7.33}$$

を得る．ここに，条件 (i) から $\Delta \neq 0$ である．また M_i は $P(s)$ を除く i 番目のパスゲイン $(P_i = P(s) M_i)$，Δ_i は余因子である．式 (3.56) から，行列式は

$$\Delta = 1 - \sum_n L_n + \sum_{n,m} L_n L_m - \cdots$$

となるが，条件 (iii) よりループゲイン L_m はすべてプロパーであるから，Δ の相対次数は 0 である．よって，式 (7.33) から

$$\nu[T(s)] = \nu[P(s)] + \nu[\textstyle\sum_i M_i \Delta_i]$$

となる．再び条件 (iii) より M_i, Δ_i はプロパーであるから，上式右辺の第 2 項は非負である．よって，式 (7.32) が示された． □

制御系の構造はまったく自由であるので，式 (7.32) は非常に一般的であり，状態フィードバック制御の場合にも成立する．定理 7.2 は式 (7.32) を満足しない伝達関数 $T(s)$ はプロパーな制御器では実現できないことを示している．

つぎに $T(s)$ の零点に対する制約を与える定理を示そう．

定理 7.3 前述の定理 7.2 と同じ条件の下で，$P(s)$ の零点は必ず $T(s)$ の零点となる．すなわち，$T(s)$ にみかけ上現れない $P(s)$ の零点は制御器の極により消去されている．

証明 式 (7.33) より明らかである． □

第 6 章で述べたように，不安定な極零点消去は許されないので，もしプラントが不安定零点をもてば，それは必ず $T(s)$ の零点となって残らなければならない．これは式 (7.32) とともに制御系を設計する上での制約条件となる．他方，9.3 節で後述するように $D(s)$ と $N(s)$ が既約であれば適当な制御器により $T(s)$ の極は自由に指定することができる．簡単に言えば，極はフィードバック制御によって自由に移動できるが，不安定零点はどうにもならないということである．

したがって，制御系を設計する場合，プラント $P(s)$ が与えられると $T(s)$ には相対次数と零点に関する 2 つの制約条件が課せられる．定理 7.2 の式 (7.32) および定理 7.3 を満足する $T(s)$ を合成可能 (synthesizable) な伝達関数という．

例 7.4 $P(s) = 1/s(s+1)$ とするとき，$T_1(s) = 2/(s^2 + 2s + 2)$, $T_2(s) = 6/(s+3)(s^2+2s+2)$ は合成可能である．たとえば，$T_1(s)$ は図 7.14 のようなブロック線図により実現される．図 7.14(a) では $s = -1$, 図 7.14(b) では $s = -2$ が影のモードとなる．このように，$P(s)$ が与えられたとき，$T(s)$ を合成しようとすれば，一般に極零点消去が生ずる．図 7.14(a) の単一フィードバック制御系の $s = -1$ はプラントの極で固定されたものであるが，図 7.14(b) の $s = -2$ は 2 つの制御器に共通のもので任意の値に指定できる (9.3 節)．□

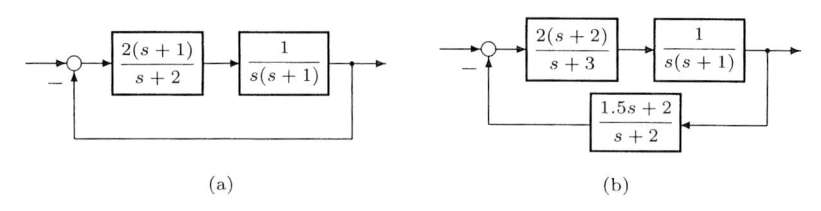

図 **7.14** $T_1(s)$ のフィードバック実現

7.6　2 自由度制御系

7.2 節の終わりにフィードバック制御系の特徴を 4 つにまとめ，単一フィードバック制御系の場合にはシステムの伝達特性を自由に設計することは困難であることも述べた．本節では，この点を克服するために考案された 2 自由度制御系を紹介する (図 7.15)．2 自由度制御系では，通常のフィードバック制御に加えて，目標値 r からのフィードフォワード制御を利用することに特長がある．

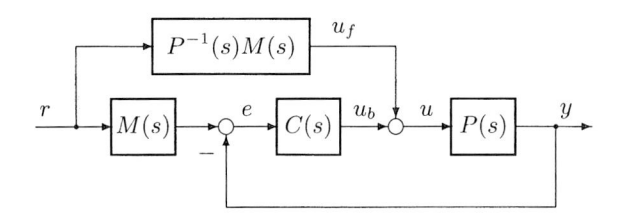

図 **7.15**　2 自由度制御系

図 7.15 からフィードフォワード制御則 u_f は

$$u_f(s) = F(s)r(s) = \frac{M(s)}{P(s)}r(s) \tag{7.34}$$

となる．ここに $M(s)$ は目標値から出力までの望ましい伝達関数 (安定) である．フィードフォワード要素 $F(s) = P^{-1}(s)M(s)$ ($F(s)$: 規約) はフィードバック

ループの外側に存在するので，プロパーかつ安定でなければならない．したがって，$M(s)$ は安定で，かつ $\nu[M(s)] \geq \nu[P(s)]$ を満足する．さらに $P(s)$ の不安定零点は $M(s)$ の零点によって消去されなければならないので，$M(s)$ は $P(s)$ の不安定零点を含む．このとき，$M(s)$ は定理 7.2, 7.3 で与えられる制約条件を満足する．他方，フィードバック制御則 u_b は

$$u_b(s) = C(s)e(s) = C(s)[M(s)r(s) - y(s)] \tag{7.35}$$

となる．よって，合成された制御則 $u = u_f + u_b$ は

$$u(s) = \frac{M(s)}{P(s)}r(s) + C(s)[M(s)r(s) - y(s)] \tag{7.36}$$

で与えられる．ここで $y(s) = P(s)u(s)$ を用いると，

$$y(s) = M(s)r(s) \tag{7.37}$$

が成立する．この場合，式 (7.35), (7.37) からフィードバック制御は $u_b = 0$ となり，$u = u_f$ を得る．しかし，出力に加わる外乱やプラントの変動によって式 (7.37) が成立しなくなる場合にはフィードバックループが働き，u_b によって外乱除去やロバスト安定化が達成される．

以上によって，2自由度制御系の目標値特性 $M(s)$ はプラントの相対次数と不安定零点に関する制約を除いて自由に指定することができ，またフィードバック制御系の性能は $C(s)$ を適切に設計することによって達成される．この意味で，図 7.15 の2自由度制御系は実用的なフィードバック制御系の標準的な構成ということができる．

7.7 ノ ー ト

7.1 節は [58], [37], 7.2 節は [72] によった．7.3 節の定常偏差は [58], [55] を参考にした．制御系のタイプに関しては，文献 [3] が詳しい．7.4 節の内部モデル原理，7.5 節の合成可能な伝達関数は文献 [37] に基づいている．また 7.6 節の2自由度制御系の設計法については [11], [23] を参照されたい．

7.8 演 習 問 題

7.1 式 (7.2) の感度関数 $S(s)$ は閉ループ伝達関数 $T(s)$ を用いて

$$S(s) = S_P^T(s) = \frac{\partial \log T(s)}{\partial \log P(s)}$$

と表されることを示せ．また $H(s)$ に関する感度関数

$$S_H^T(s) = \frac{\partial \log T(s)}{\partial \log H(s)}$$

を求め，$C(s)$ を大きくしても $S_H^T(s)$ は小さくならないことを示せ．

7.2 $P(s) = 1/s(s+1)$, $C(s) = 1$ とする単一フィードバック制御系において，感度関数および相補感度関数のゲイン特性 $|S(j\omega)|$ と $|T(j\omega)|$ を描け (図 7.6 参照).

7.3 つぎの開ループ伝達関数に対する誤差係数 C_0, C_1, C_2 を求めよ (例 7.2 参照).

(a) $\dfrac{K}{1+Ts}$ (b) $\dfrac{K}{s(1+T_1s)(1+T_2s)}$ (c) $\dfrac{K}{s^2(1+Ts)}$

7.4 図 P7.1 は単一フィードバック制御系の開ループ伝達関数のゲイン曲線 (折れ線近似) を示したものである．これから定常偏差定数 K_p, K_v, K_a の値を求めよ．

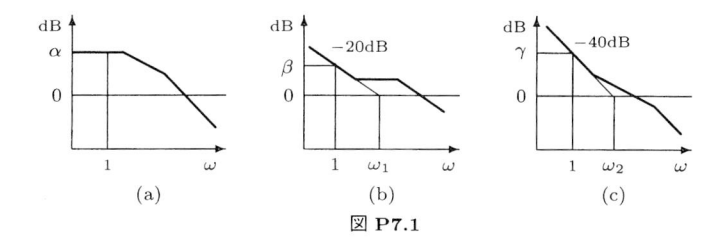

図 P7.1

7.5 図 7.15 の 2 自由度制御系において，$P(s)$ は安定であると仮定する．このとき，$M(s)$ と $C(s)$ が制御系を安定化すれば，

$$M(s) = P(s)F(s), \quad F(s): \text{安定，プロパー} \tag{7.38}$$

$$C(s) = \frac{Q(s)}{1 - P(s)Q(s)}, \quad Q(s): \text{安定，プロパー} \tag{7.39}$$

を満足する安定かつプロパーな伝達関数 $F(s), Q(s)$ が存在することを示せ．逆に $F(s), Q(s)$ を任意の安定かつプロパーな伝達関数とするとき，上式の $M(s), C(s)$ は 2 自由度制御系を安定化することを示せ．

7.6 図 7.15 に示した 2 自由度制御系は図 P7.2 のように等価変換できる．これは 2 自由度制御系の構成として適当かどうか考察せよ．

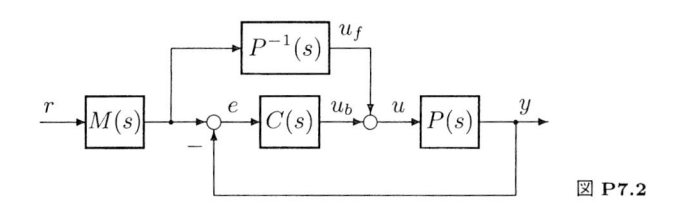

図 P7.2

8

フィードバック制御系の設計 (1)
—— 特性補償法 ——

本章では根軌跡法および周波数応答法に基づく古典的な制御系の設計について解説し，最後にプロセス制御に関連した事項について述べる．
- 制御系設計の一般的手順，制御性能の評価
- 根軌跡法と周波数応答法
- PID 制御系，積分器のワインドアップ，むだ時間系の制御

8.1 制御系設計の概要

第7章で述べたように，フィードバック制御を用いることにより，プラントの安定化，外乱の抑制，プラントのパラメータ変動に対する閉ループ系の低感度化を達成することができる．また2自由度制御系によれば，目標値から出力までの応答特性の設計も容易に行うことができる．

本節では，望ましい特性をもつフィードバック制御系の古典的設計法の一般的な手順について述べる．

a. 設計の手順

ここでは一般的な制御系の設計手順を与えておこう．

Step 1: 制御の目的，問題を理解し，制御系の性能を規定するための設計仕様 (specifications) を定める．制御系の性能は 7.3 節で述べた定常偏差および過渡特性である安定度，速応性により評価される (8.2 節)．

Step 2: フィードバック信号を得るための検出器の選択は測定すべき物理量により決められる場合が多いが，性能，サイズ，信頼性，耐久性，経済性なども考慮しなければならない．測定値は混入する高周波雑音を除去するために平滑 (smoothing) されるので時間遅れを伴うことがある．

Step 3: 制御対象の出力を制御するために用いられる要素をアクチュエータという (表 1.1 参照)．たとえば，レーダアンテナを目標物体の方向に追従させるために直流モータを用いるとすれば，図 8.1 に示すようにモータおよび増幅器を含め

たものがアクチュエータであり，負荷である制御対象とアクチュエータを合わせたものがプラントである．アクチュエータの選択は制御対象および制御目的によりかなり限定されるが，検出器の場合と同様の諸条件を考慮しなければならない．

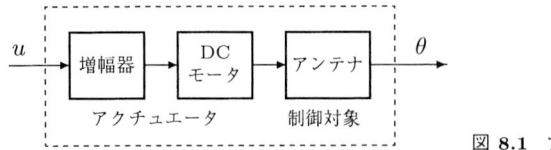

```
u → [増幅器] → [DCモータ] → [アンテナ] → θ
      アクチュエータ        制御対象
```

図 8.1　プラント

Step 4: プラント，検出器の伝達関数を求めブロック線図を描く．力学系，電気系であれば，物理法則に基づいて第3章で述べたような方法でプラント，検出器のモデルを求め，動作点近傍で線形化することによりプラント，検出器の伝達関数が求められる．しかし，物理モデルを作ることが困難な場合には，ステップ入力あるいは正弦波入力に対するプラント出力の応答を測定して実験的にプラントモデルを作成しなければならない[†]．また，サーボ系においては目標値の性質を知ること，プロセス制御においては外乱の性質を知ることが重要である．

Step 5: 閉ループ内に制御器を導入し，閉ループ系が先に与えられた設計仕様を満足するようにパラメータを調整する．このための方法としては根軌跡法と周波数応答法がある．パラメータ調整を行っても仕様が満足されなければ，制御器の変更，あるいは，アクチュエータ，検出器の再検討を行い，パラメータを再調整する．また外乱が測定できる場合には，これをフィードフォワード的に用いることにより制御性能を改善することができる (図 7.3 参照)．

Step 6: もし Step 5 の試行錯誤的な設計法によっては仕様を満足させることができなければ，最適制御 (第9章) の手法を適用して，フィードバック制御系の望ましい極配置を求め，必要な制御器の特性を逆算して求める．さらに得られた一巡伝達関数のゲイン余裕，位相余裕を求め，閉ループ系のロバスト性の検討を行う．最後に試行錯誤的な方法による結果と比較して，優れている方を採用する．

Step 7: シミュレーションにより，フィードバック制御系の性能を総合的に評価する．満足される結果が得られたならば，設計は完了し，実システムの設計，実装に移る．もしシミュレーション結果が満足できなければ，必要な Step に戻り設計をやり直す必要がある．

上述の設計ステップはおおよその手順を示したもので，設計者によって異なった方法，手順がとられるのが普通である．本章で取り扱う制御系設計は Step 5,

---

[†] ステップ応答法，周波数応答法と呼ばれるシステム同定 (identification) の方法である．

すなわちプラント，検出器および目標値，外乱の特性が与えられたとき，設計仕様を満足する閉ループ系を得るための制御器の特性を決定するいわゆる特性設計 (synthesis) である．したがって，実プロセスの装置化などの問題に触れないことに注意しておこう．

b. 制御方式

(a) 直列補償 (b) フィードバック補償

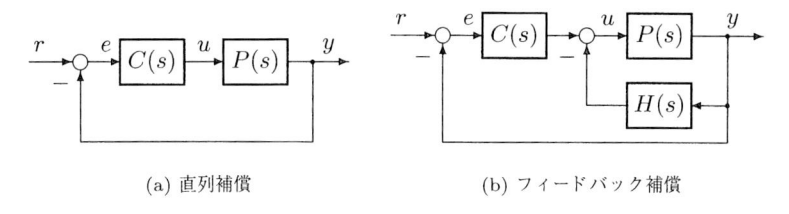

図 8.2 制御方式

本章で述べる制御系の設計法は制御器を導入して，閉ループ系の特性が与えられた仕様を満足するようにすることである．その方法には図 8.2 に示すように，直列 (カスケード) 補償とフィードバック補償の 2 つの方式がある．いずれの方式を用いるかは一般的に議論することはできないが，両方式の特長はつぎのとおりである．

(a) 　直列補償の方がフィードバック補償よりも制御器の設計が容易である．
(b) 　一般に前向きパスはパワーレベルが低い側から高い側へ信号を送ることになるので，直列補償の場合には増幅器を必要とする．
(c) 　後向きパスの場合には逆にパワーレベルが高い側から低い側へ信号が送られるので，フィードバック補償の場合には上述の増幅器は不要である．サーボ系における速度フィードバック制御はこの代表的な例である．

8.2 制御性能の評価

制御系の設計を行うには，制御系の性能を過渡特性 (速応性と減衰性) および定常特性 (制御精度) の両面から評価しなければならない．定常特性については，すでに 7.3 節で述べたので，ここでは過渡特性の時間領域および周波数領域における評価について説明する．

8.2.1 時間領域における特性

制御系の過渡特性はステップ応答に基づいて，速応性と減衰性の両面から評価される．図 4.2 で示したように，一般の振動的なシステムに対する過渡応答は立ち上がり時間 T_r，遅延時間 T_d，整定時間 T_s および最大オーバーシュート $A_{\max}$ に

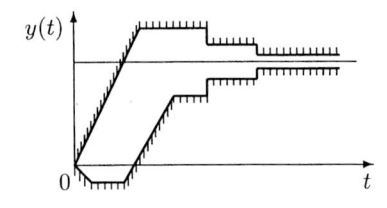

図 8.3 時間応答に対する制約

より特徴付けられる．望ましいステップ応答の領域を直接的に図 8.3 のように指定して，数値的な方法によって制御系を設計する方法もあるが，根軌跡法による設計の場合には，望ましい過渡応答特性を閉ループ系の極の配置として表す必要がある．しかし過渡応答は系の極だけでなく零点にも依存しているので，$T_r, T_d, T_s, A_{\max}$ に対する条件から望ましい閉ループ系の極の領域を指定することは一般に非常に困難である．したがって，ここでは 2 次系の場合に限定して過渡特性と閉ループ極の関係を導くことにしよう．

閉ループ系の伝達関数がつぎの 2 次系であるとする．

$$T(s) = \frac{\omega_n^2}{s^2 + 2\zeta\omega_n s + \omega_n^2}, \qquad 0 < \zeta < 1 \tag{8.1}$$

式 (8.1) に対するステップ応答は式 (4.24) で与えられる．式 (4.24) および図 4.5(b) からわかるように，ω_n が大きいほど応答は速く，また ζ が大きいほど減衰が強くなる．したがって，ω_n は速応性，ζ は安定性 (減衰性) の尺度となる．

最大オーバーシュートは式 (4.28) から $\omega_n T_{\max} = \pi/\sqrt{1-\zeta^2}$ のとき

$$A_{\max} = e^{-\zeta\pi/\sqrt{1-\zeta^2}}, \qquad \zeta = \cos\phi \tag{8.2}$$

となる．たとえば $A_{\max} \leq 5\%$ となるのは，減衰係数が $\zeta = \cos\phi \geq 0.69$ のときであるので，閉ループ系の極は図 8.4 の扇形領域の内側にあればよいことがわかる．ζ が大きく (小さく) なれば，扇形領域は小さく (大きく) なる．

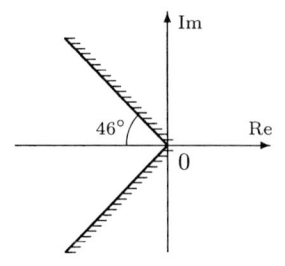

図 8.4 s 平面の扇形領域

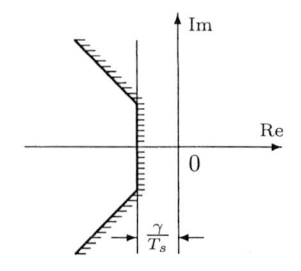

図 8.5 s 平面の望ましい領域

式 (8.2) は正確な $A_{\max}$ と ζ の関係式であるが，整定時間 T_s, 立ち上がり時間 T_r, 遅れ時間 T_d と ζ, ω_n の厳密な関係式を導くことは困難である．たとえば，整定時間については，式 (4.29) から近似的な表現

$$-\zeta\omega_n \leq \frac{\log(\delta\sqrt{1-\zeta^2})}{T_s} = -\frac{\gamma}{T_s} \qquad (\delta = 0.02,\ 0.05) \qquad (8.3)$$

が得られる．式 (8.3) の左辺の $-\zeta\omega_n$ は閉ループ極の実部であるから，式 (8.3) は閉ループ極が左半平面内の虚軸に平行な直線 (座標は $-\gamma/T_s$) の左側にあれば，整定時間 T_s に関する条件が満足されることを示している．図 8.4 と整定時間に関する条件を合わせて描いたものが図 8.5 である．

また，図 4.5(b) のステップ応答波形を数多くの ζ について描き，T_r, T_d をそれぞれ図式的に読み取ることにより近似的な評価式

$$\omega_n T_r \simeq 1 + 1.15\zeta + 1.4\zeta^2 \qquad (8.4)$$

および

$$\omega_n T_d \simeq 1 + 0.6\zeta + 0.15\zeta^2 \qquad (8.5)$$

が得られている．よって ζ が小さく ω_n が大きい方が T_r, T_d は小さくなる．

式 (8.2)〜(8.5) の評価式は式 (8.1) の 2 次系に対して導かれたものであるが，他には閉ループ系の極と過渡応答に関する頼りになる指標がないので，高次系に対してもこれらの関係式が準用されている．明らかに，閉ループ系の極は左半平面の虚軸から遠く離れた場所に配置するほど出力の応答は速くなるが，同時に制御入力も大きくなり，プラントへの入力が飽和する．制御入力が飽和すると制御性能は劣化するので (8.6 節)，閉ループ系の極は図 8.5 の望ましい領域の境界近くに配置されるのが普通である．また一般に閉ループ系の減衰係数はつぎのような値がよいとされている．

- サーボ系 (追従制御): $\zeta = 0.6 \sim 0.8$
- プロセス制御系 (定値制御): $\zeta = 0.2 \sim 0.5$

8.2.2　周波数領域における特性

ここでは，フィードバック制御系の過渡特性，定常特性の周波数領域における表現を与える．

a.　バンド幅，共振角周波数，ピーク値

閉ループ伝達関数を $T(s)$ とするとき，ゲイン特性 $|T(j\omega)|$ は一般に図 8.6 のようになる．ゲインが $|T(0)|$ の $1/\sqrt{2}$ (3 dB 低下) となる周波数 ω_b を $|T(j\omega)|$

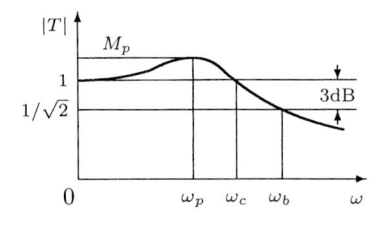

図 8.6 閉ループ系のゲイン曲線

のバンド幅という (5.2 節). バンド幅は制御系の出力が周波数 ω_b までの入力信号にはかなり忠実に追従することを意味している. よって ω_b が大きければ制御系はそれだけ入力の速い変化に追従できるので, 立ち上がり時間 T_r が小さくなる. 正確な解析的関係を導出することは困難であるが, 近似的に

$$T_r \sim 1/\omega_b \tag{8.6}$$

という関係が成立するので, バンド幅は速応性の評価に用いられる.

閉ループゲイン $|T(j\omega)|$ の最大値をピーク値といい M_p で表す. そのときの周波数 ω_p を共振角周波数という. とくに $T(s)$ が式 (8.1) の 2 次系であれば, 式 (5.38) から M_p は次式で与えられる.

$$M_p = \begin{cases} \dfrac{1}{2\zeta\sqrt{1-\zeta^2}}, & \omega_p = \omega_n\sqrt{1-2\zeta^2}, \quad \zeta \leq 1/\sqrt{2} \\ 1, & \omega_p = 0, \quad \zeta \geq 1/\sqrt{2} \end{cases} \tag{8.7}$$

この M_p は ζ のみの関数であり, システムの減衰特性の目安を与えるもので, 経験的には $M_p = 1.1 \sim 1.5$, とくに $M_p = 1.3$ という値が採用される. また, 高次系の M_p は 5.5 節のニコルス線図を用いて図式的に求めることができるが, 詳しくは省略する.

b. ゲイン余裕, 位相余裕

6.4 節で述べたように, 安定余裕が小さすぎると安定性, したがって減衰性が悪く, 逆に大きすぎると速応性が悪くなる. 経験的には PM, GM はつぎのような値がよいとされている.

- サーボ系 (追値制御): $PM = 40° \sim 60°$, $GM = 10 \sim 20\,\mathrm{dB}$
- プロセス制御 (定値制御): $PM \geq 20°$, $GM = 3 \sim 10\,\mathrm{dB}$

c. 望ましい開ループ系のゲイン特性

閉ループ系の過渡特性はピークゲイン M_p, バンド幅 ω_b により特徴付けられるが, ボード線図を用いて制御系の設計を行う場合には, 過渡特性に関する仕様を

開ループ伝達関数 $G(s)$ の位相余裕 PM, ゲイン余裕 GM, ゲイン交叉周波数 ω_c に置き換えて議論しなければならない.

単一フィードバック制御系の場合,定常特性を表す定常偏差定数は式 (7.24) となるので,ボード線図上では図 P7.1 のように表される.したがって,閉ループ系の定常特性をよくするには,低周波帯ではゲイン $|G(j\omega)|$ を大きくしなければならない.また,速応性を上げるために ω_c を大きくする必要がある.さらに減衰性をよくするには,ω_c における位相余裕 PM は正でなくてはならない.以上のことから,最小位相系の場合,望ましい開ループゲイン特性 $|G(j\omega)|$ は図 8.7 のようになる.

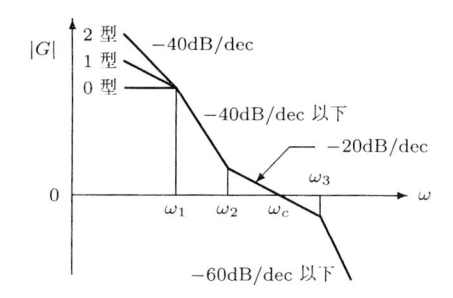

図 **8.7** 望ましい開ループゲイン特性

角周波数 ω_1 以下の低周波帯では,制御系の型によりゲイン特性の傾斜が異なる.また目標値,外乱の存在する周波帯が ω_2 以下であるとすると,ω_2 以下でのゲインを高くすると閉ループ系の感度が低くなり,目標値への追従,外乱の抑制が改善される.同時に ω_c 近傍では安定性をよくするためにゲインの傾斜は -20 dB/dec であることが望ましい.このとき,ω_2 と ω_3 が十分離れていれば,ボーデの定理 5.1 から $\arg G(j\omega_c) \simeq -90°$ となる.しかし実際には (ω_1, ω_2) 近傍での傾きが -40 dB/dec,また (ω_2, ω_3) における傾きが -20 dB/dec となれば,ω_c における位相は $-90°$ より小さくなる.しかし ω_2, ω_3 が ω_c にあまり接近していなければ,$\arg G(j\omega_c) > -180°$ とすることができる.

さらに ω_3 以上の高い周波数帯では高周波雑音,プラントの不確かさに対処するためにゲイン $|G|$ を十分減衰させなければならないので,傾斜は $-40 \sim -60$ dB/dec であることが望ましい.

以上が古典的な制御系の設計において考慮しなければならない一般的な事項である.8.3,8.4 節では簡単なサーボ系の例題を用いて,制御系の設計方法を具体的に説明する.

8.3 根軌跡法

根軌跡法は閉ループ内に制御器を導入して,閉ループ系が与えられた仕様を満足するように制御器のパラメータを調整する方法である.本節では図 8.8 のサーボ系を取り上げて,根軌跡法を説明する.ただし,簡単のために,発電機,モータの時定数をそれぞれ $T_a = 1, T_m = 0.5$ と仮定し,開ループゲインを $K_0 = K'K_aK_m = 0.5$ とする.このときプラントの伝達関数は

$$P(s) = \frac{1}{s(s+1)(s+2)}$$

となる.最も簡単な直列補償であるゲイン調整の方法から考察しよう.根軌跡の描き方については,4.6 節を参照されたい.

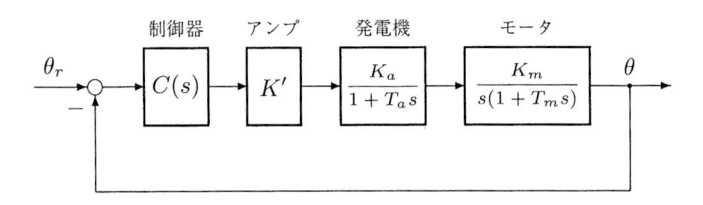

図 8.8 サーボ系のブロック線図

8.3.1 直列補償

例 8.1 (ゲイン調整)　$C(s) = K$ とおくと,開ループ伝達関数は

$$G(s) = \frac{K}{s(s+1)(s+2)}$$

となる.ここでは,閉ループ系の代表特性根 $p_{1,2} = \omega_n(-\zeta \pm j\sqrt{1-\zeta^2})$ の減衰係数が $\zeta = 0.5$ となるように K を定めよう.まず $G(s)$ の根軌跡は図 8.9 のようになる (例 4.8).また閉ループ系の安定条件は $0 < K < 6$ である.

図 8.9 において,原点から角度 $\phi = \cos^{-1}(1/2) = 60°$ ($\zeta = 0.5$) の半直線を引き,根軌跡との交点を求めると,$p_{1,2} = (-1 \pm j\sqrt{3})/3$ となるので

$$\omega_n = \frac{2}{3}, \quad p_3 = -\frac{7}{3}, \quad K = \frac{28}{27} \tag{8.8}$$

を得る.上式の値は $s^3 + 3s^2 + 2s + K = (s+p_3)(s^2 + 2\zeta\omega_n s + \omega_n^2)$, $\zeta = 1/2$ から求めている.よって閉ループ系の伝達関数はつぎのようになる.

$$T(s) = \frac{28/27}{s^3 + 3s^2 + 2s + 28/27} = \frac{28/27}{(s+7/3)(s^2 + (2/3)s + 4/9)}$$

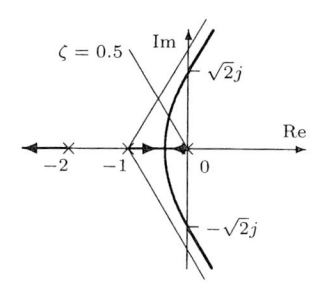

図 8.9 $G(s)$ の根軌跡

また $K_v = \lim_{s \to 0} sG(s) = K/2 = 14/27$ となるので，定常速度偏差は $e_{sv} \simeq 1.93$ とかなり大きくなる．整定時間は式 (8.3) より $\delta = 0.02$ とおくと，$T_s \simeq 4.2/(0.5 \times 2/3) = 12.6$ となり，これもかなり大きくなっている．図 8.10 に K をパラメータとしたときの閉ループ系のステップ応答を示す．この例の場合には，制御器が定数 K である限り，その値を変化させてもステップ応答はそれほど改善されないことがわかる． □

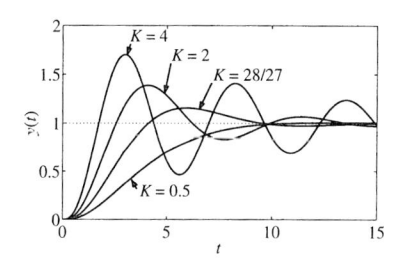

図 8.10 閉ループ系のステップ応答

つぎに，位相進み要素を用いて速応性を改善することを考えよう．

例 8.2 (位相進み補償)　位相進み要素の伝達関数は例 5.4(a) から

$$C(s) = K \frac{1 + T_1 s}{1 + \alpha T_1 s}, \qquad 0 < \alpha < 1 \tag{8.9}$$

で与えられる．α の値は $0.05 \sim 0.1$ 程度が普通である．閉ループ内に上の位相進み要素を挿入する．ここでは簡単のために，$\alpha = 0.1, T_1 = 1$ として，$P(s)$ の虚軸に近い極に対応する因子 $(s+1)$ を消去する．このとき，一巡伝達関数は

$$G(s) = \frac{10K}{s(s+2)(s+10)} \tag{8.10}$$

となり，根軌跡は図 8.11 のようになる．この根軌跡の左半平面に存在する部分は図 8.9 のものに比べて大きくなっていることに注意しよう．

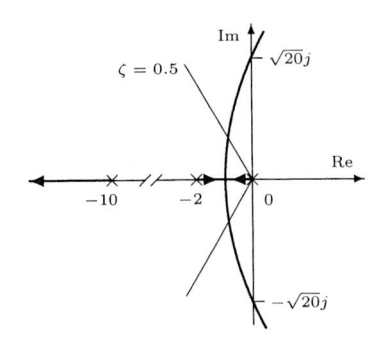

図 8.11 $G(s)$ の根軌跡: 位相進み補償

再び代表特性根が $\phi = 60°$ の直線上にくるように K を調整すると，

$$K = \frac{155}{54}, \qquad \omega_n = \frac{5}{3}, \qquad p_3 = -\frac{31}{3} \tag{8.11}$$

を得る．よって，閉ループ伝達関数は

$$T(s) = \frac{775/27}{s^3 + 12s^2 + 20s + 755/27} = \frac{775/27}{(s+31/3)(s^2+(5/3)s+25/9)}$$

となる．式 (8.11) の ω_n, p_3 は式 (8.8) のものに比べてともに大きくなっており，これによって閉ループ系の速応性が改善される．整定時間は $T_s \simeq 4.2/(0.5 \times 5/3) = 5.04$ となる．また $K_v = K/2 \simeq 1.44$ であるから，定常速度偏差は $e_{sv} \simeq 0.70$ となる．図 8.12 にはゲイン調整と位相進み要素によって得られた閉ループ系のステップ応答を示している．このように位相進み要素を導入することによって，整定時間，定常速度偏差ともにゲイン補償の場合に比べて半分以下となり，制御性能はかなり改善されている． □

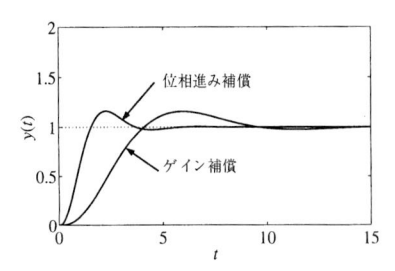

図 8.12 ステップ応答

この他，位相遅れ要素を利用すると定常特性の改善を行うことができる．詳細は省略するが，直列補償は一般につぎのような性質をもつことが知られている．

(a)　位相進み補償を用いると ω_n が大きくなり，T_r, T_s が小さくなるので，速応性が改善される．また K_v は少し大きくなる．

(b) 位相遅れ補償を用いると K_v が大きくなり, ω_n はわずかに小さくなる. したがって, 速応性を犠牲にすることなく定常特性を改善できる.

(c) 位相進み遅れ補償をうまく用いると, 速応性, 定常特性を同時に改善することができる.

8.3.2 フィードバック補償

つぎに根軌跡に基づいたフィードバック補償の方法について述べる.

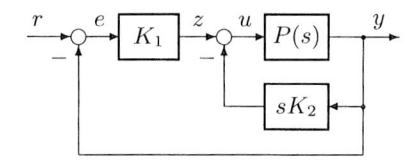

図 **8.13** 速度フィードバック制御系

例 8.3 図 8.13 の速度フィードバック制御系について考察する. ただしプラントの伝達関数は前節と同じく $P(s) = 1/s(s+1)(s+2)$ とする. したがって, 閉ループ系の伝達関数は

$$T(s) = \frac{K_1}{s^3 + 3s^2 + (2+K_2)s + K_1} \qquad (8.12)$$

となる. 特性方程式は

$$1 + \frac{K_2 s + K_1}{s(s+1)(s+2)} = 0 \qquad (8.13)$$

と変形できるので, 速度フィードバック補償は等価的に $K_1 + K_2 s$ という比例＋微分要素 (8.5 節) による直列補償とみなすことができる. この場合の特性根は 2 つのパラメータ K_1, K_2 により変化するが, そのうち 1 つを固定すると, 残りのパラメータに関して根軌跡を描くことができる. その方法はいくつか考えられるが, ここではまず内側の速度フィードバックループのゲイン調整を行い, つぎに外側のループのゲイン調整を行う方法について述べる.

図 8.13 において, ブロック K_1 の出力 z から y までの伝達関数は

$$\bar{G}(s) = \frac{1}{s(s^2+3s+2+K_2)} = \frac{1}{s(s^2+2\zeta_i\omega_i s+\omega_i^2)} \qquad (8.14)$$

となる. ここに ζ_i, ω_i は内側のループの減衰係数, および自然角周波数である. 方程式 $s^2 + 3s + 2 + K_2 = 0$ は

$$1 + \frac{K_2}{(s+1)(s+2)} = 0$$

となるので，根軌跡は K_2 をパラメータとして，図 8.14(a) のようになる．ただし，根軌跡は実軸に関して対称であるから実軸の下側の部分は省略している．

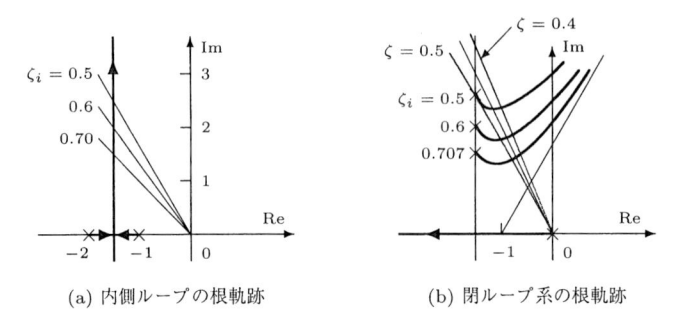

(a) 内側ループの根軌跡

(b) 閉ループ系の根軌跡

図 8.14 フィードバック補償

つぎに，フィードバック制御系全体の一巡伝達関数は

$$G(s) = \frac{K_1}{s(s^2 + 2\zeta_i \omega_i s + \omega_i^2)} \tag{8.15}$$

となる．したがって $\zeta_i = 0.5, 0.6, 0.707$ に対して，パラメータ K_1 を変化させたときの根軌跡は図 8.14(b) のようになる．このとき，$\zeta = 0.4, 0.45, 0.5$ となる半直線と根軌跡の交点から，K_1 および ω_n, p_3 を求めると表 8.1 のようになる．($\zeta = 0.45$ の半直線は $\zeta = 0.4$ と 0.5 の半直線の間にある．)

4.3 節の考察から，$p_3 > -\zeta \omega_n$ であれば閉ループ系の応答は非振動的で T_r, T_s は大きくなり，逆に $p_3 < -\zeta \omega_n$ であれば応答は代表特性根により支配され振動的となる．$\zeta_i = 0.6, \zeta = 0.45$ および $\zeta_i = 0.707, \zeta = 0.5$ はいずれも振動的であるが，ω_n が大きい方が立ち上がりが速いので，ここでは $\zeta_i = 0.6, \zeta = 0.45$ の組み合わせを与える $K_1 = 5.32, K_2 = 4.25$ を採用することにする．このとき，$K_v = \lim_{s \to 0} sG(s) = K_1/(2 + K_2) \simeq 0.68$ となる．また図 8.15 には表 8.1 のパラメータの組み合わせに対する閉ループ系のステップ応答を示している． □

表 8.1 ゲイン K_1, K_2 の調整

ζ_i (K_2)	ζ	K_1	ω_n	p_3	$-\zeta \omega_n$	図中の番号
0.5 (7.0)	0.4	6.15	2.68	-0.86	-1.07	1
0.6 (4.25)	0.45	5.32	2.03	-1.18	-0.91	2
	0.5	3.98	2.08	-0.92	-1.04	3
0.707 (2.5)	0.5	3.18	1.42	-1.58	-0.71	4

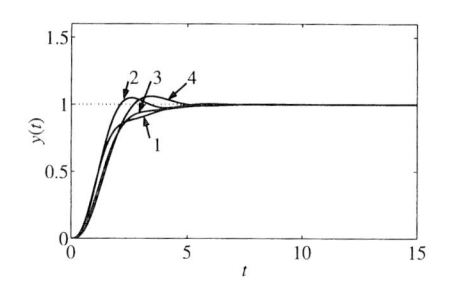

図 8.15 閉ループ系のステップ応答: フィードバック補償

8.4 周波数応答法

周波数応答法による設計は周波数応答関数 $G(j\omega)$ を利用して行われる．伝達関数 $G(s)$ が与えられなくても，$G(j\omega)(= G(s)$ の虚軸上での値) は実験的にたとえばボード線図として測定することができるので，周波数応答法はプラントの次数，むだ時間要素の有無といったシステムの複雑さにはあまり影響されない設計法である．また 8.2 節で述べたように，ボード線図を用いると制御系の総合的な特性がグラフとして表示され，周波数領域における設計仕様間のトレード・オフを考察することができる．

周波数応答法による設計ではボード線図，ナイキスト線図，ニコルス線図のいずれを用いてもよいが，本書では最も広く用いられているボード線図を用いた方法について説明する．ボード線図による場合の設計仕様は，8.2.2 項で述べたようにゲイン交叉周波数 ω_c，ゲイン余裕 GM，位相余裕 PM および定常特性 K_p, K_v で与えられる．また一般のフィードバック制御系の場合には，開ループ周波数応答関数と閉ループ周波数応答関数の関係は複雑であるから，単一フィードバック制御系のみを対象とする．

以下では，前節の設計例で用いたのと同じ図 8.8 のプラントに対して，ボード線図を用いてゲイン調整，位相進み補償，位相遅れ補償を行うそれぞれの方法について述べる．

8.4.1 ゲイン調整

例 8.4 例 8.1 で説明したゲイン調整をボード線図を利用して行ってみよう．$G(s) = K/s(s+1)(s+2)$ のボード線図は図 8.16 の曲線 A のようになる．ただし $K = 4$ とした．これより，$GM = 3\,\mathrm{dB}, PM = 10°, \omega_c = 1.2$ を得る．

(a) ゲイン特性　　　　　　　　　(b) 位相特性

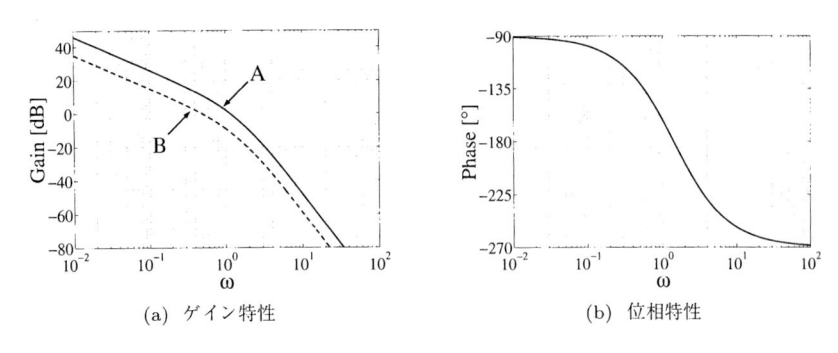

図 8.16　ゲイン補償 A: 補償前，B: 補償後

GM, PM はともに小さすぎるので，ゲイン K を小さくする必要がある．K を調整するときゲイン曲線は $20\log_{10} K$ [dB] だけ上下するが，位相曲線は変化しない (図 8.16 (b))．$PM = 50°$ となる角周波数は $\omega \simeq 0.5$ であるから，$|G(j\omega)|$ を 11 dB 下げる ($K = 1.13$ にする) 必要がある．よって，図 8.16 の新しいゲイン曲線 B より $GM \simeq 14$ dB を得る．この場合 $\omega_c \simeq 0.5$ であるから応答は遅く，また $K_v = K/2 \simeq 0.56$ より $e_{sv} \simeq 1.77$ と定常速度偏差はかなり大きくなる．もちろん，K_v を大きくしようとすれば，ω_c は右へ動き閉ループ系は $K \geq 6$ で不安定となる． □

以上のようにゲイン調整だけでは望ましい特性を得ることができないので，つぎに位相進み要素を用いた速応性の改善方法について考察しよう．

8.4.2　位相進み補償

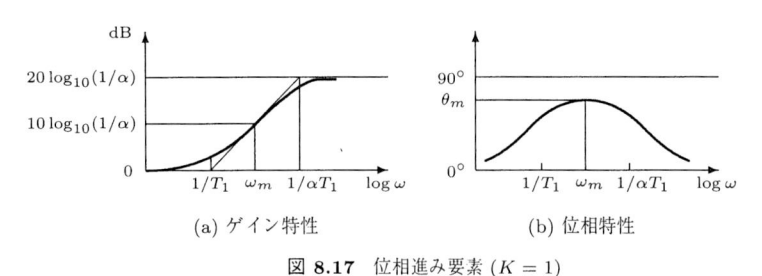

(a) ゲイン特性　　　　　　　　　(b) 位相特性

図 8.17　位相進み要素 ($K = 1$)

位相進み要素の伝達関数は式 (8.9) で与えられ，そのボーデ線図は図 8.17 のようになる．したがって，位相進み要素を直列 (カスケード) に用いると，$1/T_1 < \omega < 1/\alpha T_1$ の角周波数帯において位相を進ませることができる．式 (8.9) から

$$\theta(\omega) := \arg C(j\omega) = \tan^{-1}(\omega T_1) - \tan^{-1}(\alpha \omega T_1) \tag{8.16}$$

を得るので，$\theta(\omega)$ の ω に関する微分は

$$\frac{d\theta(\omega)}{d\omega} = \frac{T_1}{1+T_1^2\omega^2} - \frac{\alpha T_1}{1+\alpha^2 T_1^2 \omega^2} \tag{8.17}$$

となる．$d\theta(\omega)/d\omega = 0$ より，$\theta(\omega)$ は

$$\omega = \omega_m := \frac{1}{\sqrt{\alpha}T_1} \tag{8.18}$$

において最大値 $\theta_m = \tan^{-1}(1/\sqrt{\alpha}) - \tan^{-1}(\sqrt{\alpha})$ をとる．三角関数の加法公式から $\tan\theta_m = (1-\alpha)/2\sqrt{\alpha}$ を得るので，θ_m は

$$\sin\theta_m = \frac{1-\alpha}{1+\alpha}, \quad 0 < \alpha < 1 \tag{8.19}$$

を満足する．式 (8.18), (8.19) は位相進み要素のパラメータ T_1, α を決定するための基礎式である．位相進み補償を行う一般的な手法はつぎのようにまとめることができる．

Step 1: 望ましい定常特性 K_p, K_v を得るためのゲイン K の値を計算する．

Step 2: 得られた K をもつ $G(j\omega)$ のボーデ線図を描き，ゲイン余裕 GM', 位相余裕 PM' を求める．

Step 3: 望ましい位相余裕から PM' を引いた ψ が必要な位相進み量である．ψ に 5° 加えたものを θ_m とする．

Step 4: 式 (8.19) から α を定める．

Step 5: 補償前のゲイン $|G(j\omega)|$ が $10\log_{10}\alpha$ dB となる周波数を ω_m とする．これが補償後の一巡伝達関数のゲイン交叉周波数 (新しい ω_c) となる．

Step 6: T_1 を式 (8.18) から計算する．

Step 7: 以上で，α, T_1 が定まり，制御器の特性が確定したので，補償後の一巡伝達関数のボーデ線図を描き，位相余裕，ゲイン余裕が望ましい値となっているかどうか調べる．たとえば，位相余裕が不十分であれば，ψ を大きくして Step 3 〜 Step 7 を繰り返す．

以上の手順を具体例で説明しよう．

例 8.5 再びプラント $P(s) = 1/s(s+1)(s+2)$ を考える．式 (8.9) において，まず $K_v = 2$ を与えるゲインとして，$C(s) = 4$ ($T_1 = 0$) とおくと，ボーデ線図は図 8.18 の曲線 A のようになる．このとき，$PM' \simeq 10°$, $GM' \simeq 3$ dB を得る．望ましい位相余裕を 60° とすると，$\psi = 50°$ となり，$\theta_m = \psi + 5° = 55°$ を得る．式 (8.19) から α を求めると，$\alpha = (1-\sin 55°)/(1+\sin 55°) \simeq 0.1$ となる．し

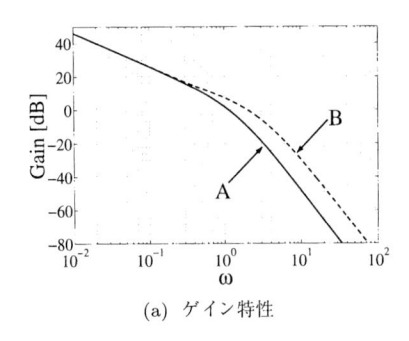

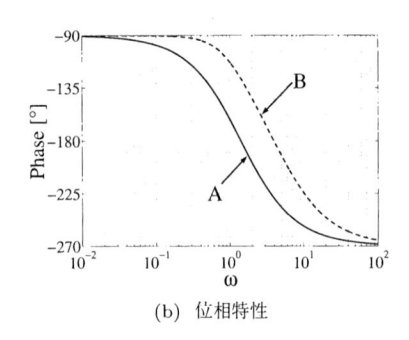

図 **8.18** 位相進み補償 A: 補償前，B: 補償後

たがって，ゲインが $10\log_{10}\alpha = -10$ dB となる周波数は図 8.18 から $\omega_m \simeq 2.0$ となる．よって式 (8.18) から $T_1 \simeq 1.58$ を得るので，制御器は次式で与えられる．

$$C(s) = \frac{4(1+1.58s)}{1+0.158s} = \frac{4(6.33+10s)}{6.33+s} \tag{8.20}$$

最後に位相進み補償された一巡伝達関数のボーデ線図を図 8.18 の曲線 B で示す．新しいゲイン交叉周波数は $\omega_m = 2.0$ に近い $\omega_c \simeq 1.9$ となり，位相余裕は $PM \simeq 40°$，ゲイン余裕は $GM \simeq 12$ dB となる． □

以上のように位相進み補償によると，ゲイン交叉周波数が高くなり，閉ループ系のバンド幅が増大し速応性が改善される．図 8.17 から $C(j\omega)$ の低周波ゲインはほぼ 1(= 0 dB) であるから，図 8.18(a) のように補償の前後で低周波のゲインはほとんど変化しないので，定常特性は改善できない．この意味で位相進み要素を用いた補償は位相進み要素の位相特性を利用していると考えられる．

上の例では $K = 4$ という補償前の伝達関数の $\omega_m = 2$ における PM は $-20°$ と負となっているので，補償後の位相余裕は計算どおりにはなっていない．プラントが 2 次系の場合は位相余裕が負となることはないので，理論に近い結果が得られる (演習問題 8.5)．

8.4.3 位相遅れ補償

つぎに位相遅れ要素を用いて定常特性を改善する方法について述べる．位相遅れ要素はゲイン余裕，位相余裕にあまり影響を与えることなく，低周波帯での開ループゲインを大きくする特徴がある．位相遅れ要素の伝達関数は

$$C(s) = K\frac{1+\beta T_2 s}{1+T_2 s}, \qquad 0 < \beta < 1 \tag{8.21}$$

で与えられ，そのボーデ線図 ($K = 1$) を図 8.19 に示す．最大の位相遅れ ϕ_m は

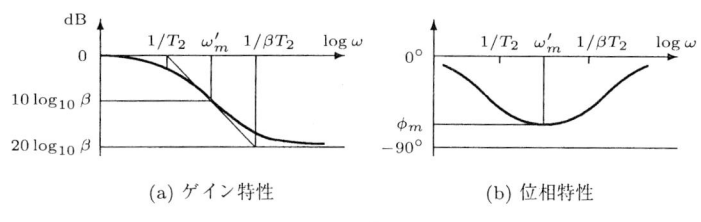

図 8.19 位相遅れ要素

式 (8.19) の導出と同様にして

$$\sin \phi_m = \frac{\beta - 1}{\beta + 1} \tag{8.22}$$

を満足することがわかる．位相遅れ補償を行う手順はつぎのようにまとめることができる．

Step 1: 望ましい定常特性 K_p あるいは K_v を得るためのゲイン K を求める．

Step 2: K_p あるいは K_v をもつ未補償の $G(j\omega)$ のボーデ線図を描き，ゲイン余裕，位相余裕を求める．

Step 3: 望ましい位相余裕 PM から $5°$ 大きい位相余裕を与える周波数を ω_c とする．この ω_c が補償後のゲイン交叉周波数となる．

Step 4: ゲイン曲線が新しいゲイン交叉周波数 ω_c をもつように減衰率 μ dB を定め，$\mu = -20 \log_{10} \beta$ によりパラメータ β を決定する．

Step 5: T_2 を $1/\beta T_2 = \omega_c/10$ から定める．すなわち，$C(j\omega)$ の折点周波数を ω_c より 1 dec 下にとる．このとき，$C(j\omega)$ の ω_c における位相遅れは約 $5°$ となる．Step 3 で $5°$ 加算したのはこのためである．

以上の手順を具体例によって説明しよう．

例 8.6 例 8.5 で位相進み補償された系にさらに位相遅れ補償を施して，定常特性を改善しよう．ここでは設計仕様を $K_v \geq 10$, $PM = 40°$, $GM = 10$ dB とする．したがって，新しい開ループ伝達関数は

$$G(s) = \frac{4K}{s(s+2)(s+1)} \frac{1 + 1.58s}{1 + 0.158s} \frac{1 + T_2 \beta s}{1 + T_2 s} \tag{8.23}$$

となる．$K_v = \lim_{s \to 0} sG(s) = 2K \geq 10$ より $K \geq 5$ を得る．$K = 5, T_2 = 0$ として式 (8.23) のボーデ線図を描くと図 8.20 の曲線 A のようになる．

よって，$40° + 5° = 45°$ の位相余裕を与える周波数は $\omega_c \simeq 1.8$ となる．これが新しいゲイン交叉周波数となるためには，β および T_2 を選んでゲイン曲線を

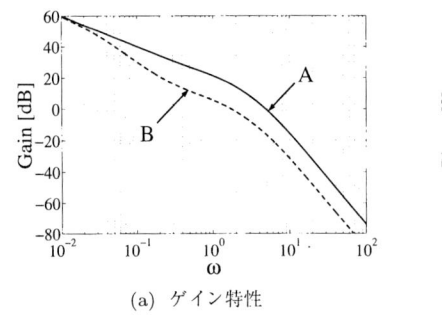

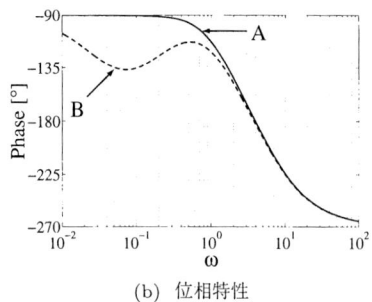

図 8.20 位相進み遅れ補償 A: 補償前, B: 補償後

$\mu \simeq 16\,\mathrm{dB}$ だけ下げなければならない.よって,$\beta \simeq 0.16$ および $T_2 \simeq 34.7$ を得る.以上により,位相遅れ要素は

$$C(s) = \frac{5(1+5.55s)}{1+34.7s} = \frac{5(0.16s+0.0288)}{s+0.0288} \quad (8.24)$$

となる.この制御器を導入した場合の式 (8.23) のボード線図を図 8.20 の曲線 B で示す.これより,補償後の一巡伝達関数では $\omega_c \simeq 1.5$,$PM \simeq 42°$,$GM \simeq 13\,\mathrm{dB}$ となっている.ω_c がいくぶん小さくなっているが,その他の仕様はほぼ満足されている.また,図 8.18(a) と 8.20(a) の比較から位相遅れ補償は位相遅れ要素のゲイン特性が利用されていると考えられる. □

次節では位相進み遅れ補償の一種である PID 制御について述べる.PID 制御方式が発明されてから 60 年以上を経過しているが [51],現在でも実際に最も広く用いられている制御方式である.

8.5 PID 制御系

一般にプロセス制御系の場合プラントは非常に複雑で,その正確な動特性を推定することは困難であるが,図 8.21 に示すようにプロセスはそのステップ応答が一定値に落ち着く定位プロセスと発散する無定位プロセスに大別できる.プロセス制御の場合には,時定数は数分から 60 分以上という長いものが多く,応答はサーボ系の場合に比較してかなり緩慢である.

これらのステップ応答から定位プロセスはつぎのようなむだ時間要素を含む 1 次系あるいは 2 次系によって近似できる.

$$P(s) = \frac{Ke^{-sL}}{1+Ts}, \quad \frac{Ke^{-sL}}{(1+T_1s)(1+T_2s)} \quad (8.25)$$

8.5 PID 制御系

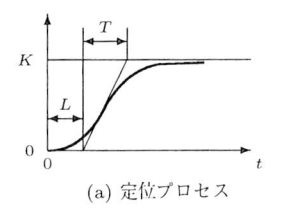

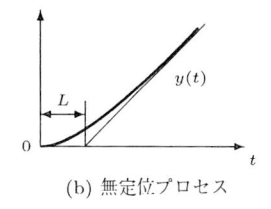

図 8.21 ステップ応答

(a) 定位プロセス (b) 無定位プロセス

また無定位プロセスの場合は

$$P(s) = \frac{R}{s}e^{-sL}, \quad \frac{R}{s(1+Ts)}e^{-sL} \tag{8.26}$$

により近似できる．このような特性をもつプラントを制御するために PID 制御器 (調節計)[†] が用いられる (図 8.22)．実際には，PID 制御器の微分要素 $T_D s$ は式 (4.9) の近似微分要素で置き換えた $T_D s/(1+\gamma T_D s)$ が用いられるが，簡単のために図 8.22 に示した表現を用いる．また PID 制御系の場合にも速応性を改善するためには，7.6 節で述べた 2 自由度制御系の構成をとる必要がある．

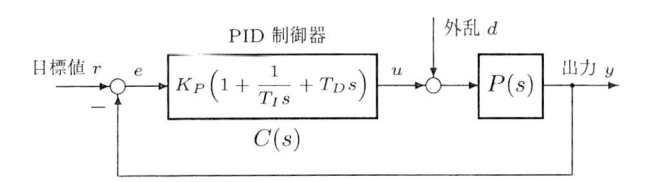

図 8.22 PID 制御系

図 8.22 において，制御信号は時間領域では

$$u(t) = K_P e(t) + \frac{K_P}{T_I}\int_0^t e(\tau)d\tau + K_P T_D \frac{de(t)}{dt} \tag{8.27}$$

と表される．右辺第 1 項は現在の誤差 $e(t)$ に比例した信号，第 2 項は過去の誤差の積分値に比例した信号，また第 3 項は $e(t)$ の微分 ($\simeq$ 誤差の予測値) に比例した信号である．ここで K_P を比例ゲイン，T_I を積分時間，T_D を微分時間という．

制御器 $C(s)$ が K_P のみの場合を P 制御，$T_D = 0$ の場合を PI 制御 $K_P(1+1/T_I s)$ という．また $T_I = \infty$ とすると PD 制御 $K_P(1+T_D s)$ となる．明らか

[†] 比例 (proportional) + 積分 (integral) + 微分 (derivative) を含む制御器 (controller) の略称である．詳しくは文献 [13] を参照されたい．

に PD 制御は位相進み補償，PI 制御は位相遅れ補償，PID 制御は位相進み遅れ補償に対応している．

第 7 章の内部モデル原理から，$C(s)$ が積分要素を含み，かつ $P(0) \neq 0$ であれば，ステップ目標値に対して定常偏差は 0 となる．しかし，定常偏差が 0 になるだけでは，よい制御系とはいえない．すなわち，制御系の過渡特性が望ましいものでなければならない．したがって，プラントの特性に合わせて PID 制御器のパラメータ K_P, T_I, T_D の値を調整 (チューニング) する必要がある．

図 8.22 の PID 制御器のパラメータ K_P, T_I, T_D を調整する方法としてはジグラー・ニコルスの過渡応答法および限界感度法が歴史的には有名である [77]．過渡応答法は，目標値あるいは外乱のステップ変化に対する応答において，振幅減衰比が 25% となるようにチューニングする方法であり，表 8.2 のようにまとめられる．ただし，プラントは式 (8.25) のように仮定しており，$R = K/T$ は応答速度と呼ばれる．また制御器を比例ゲイン K_P のみとして，K_P を変化させて閉ループ系が持続振動をするときのゲイン K_c および振動の周期 T_c を求める．これらの値を基にして，K_P, T_I, T_D の値を表 8.3 のように定めるのが限界感度法である．しかし実際の現場では，さまざまなチューニングの方法が考案されており，表 8.2, 8.3 の数値がそのまま用いられることはほとんどない．

表 8.2 過渡応答法

	K_P	T_I	T_D
P	$1/RL$	—	—
PI	$0.9/RL$	$L/0.3$	—
PID	$1.2/RL$	$2L$	$0.5L$

表 8.3 限界感度法

	K_P	T_I	T_D
P	$0.5K_c$	—	—
PI	$0.45K_c$	$T_c/1.2$	—
PID	$0.6K_c$	$0.8T_c$	$T_c/8L$

PID 制御系において，目標値がステップ変化した場合の制御信号の動きを調べよう．ただし，制御系は $t < 0$ では静止しており，プラントは厳密にプロパーであるとする．このとき，目標値が変化しても出力 $y(t)$ はすぐには変化しないので，目標値変化直後の偏差は近似的に $e(t) = 1(t)$ と考えてよい．したがって，式 (8.27) から制御信号は

$$u(t) \simeq K_P 1(t) + \left(\frac{K_P}{T_I}\right) t + K_P T_D \delta(t), \qquad 0 < t \ll 1 \tag{8.28}$$

となり，上式右辺の第 1, 第 3 項のために，制御信号 $u(t)$ は非常に急激な変化をする．ただし第 3 項は正確には，式 (4.10) のような指数関数である．

このような制御信号の急激な変化は現実の制御系では好ましくないので，比例，微分動作は出力に働き，積分動作のみが制御偏差に働くように修正したものが，図 8.23 に示す I-PD 制御系である．このとき，目標値がステップ変化をすると，その直後の制御信号の動きは式 (8.28) の右辺から $1(t)$ と $\delta(t)$ の項を除いたものとなるので，制御信号の応答は滑らかとなる．制御信号が滑らかな動きをすることは実際の制御系では非常に重要であるので，I-PD 制御系の方が好まれる傾向にある．

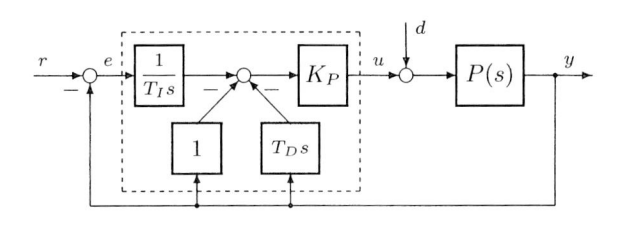

図 8.23 I-PD 制御系

8.6 積分器のワインドアップ

積分動作に付随して発生する積分器のワインドアップについて説明しよう．たとえばガスバルブの開度が 0〜100％ であるように，実際のアクチュエータの動作範囲は物理的に制約されているので，プラント入力には飽和が存在する．

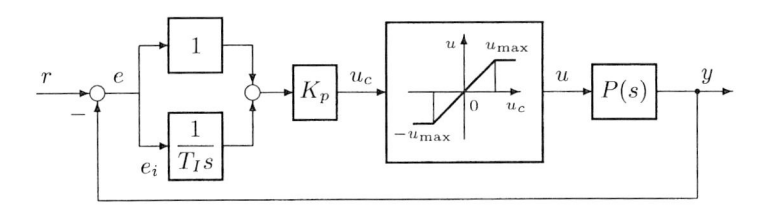

図 8.24 飽和のある PI 制御系

図 8.24 において，大きなステップ入力が加わりプラント入力 u が飽和に達しているとしよう．この場合，積分器は偏差 e を加算し続けるので，積分器の出力，したがって u_c は増大し続けるが，プラント入力 u は最大値 $u_{\max}$ のままである．u_c を $u_{\max}$ より大きくしても制御には役立たないにもかかわらず，積分器は偏差を積算し続けるので，u_c は引き続き大きくなる．これを積分器のワインドアップ (windup) という．その結果，偏差 e の符号が反転しても，プラント入力 u の符

号はなかなか反転せず，プラントに偏差を助長するような制御入力が引き続き加えられる．大きな値であった積分器の出力が減少して，u_c の符号が反転して初めてプラントには偏差を打ち消すような制御入力が加えられる．この結果，大きなオーバーシュートが生じて出力の応答は著しく悪化する．この点を回避する一つの方法は，u_c が $u_{\max}$ に達すると同時に積分器の入力を $e_i = 0$ にリセットし，偏差 e の符号が反転するまで $e_i = 0$ に保持し，そして偏差 e の符号が反転すれば，再び $e_i = e$ とすることである．

図 8.25 はアナログ的な積分器のワインドアップ対策の方法の一例である．不感帯のある非線形要素のゲインは非常に大きいとする．図において，$|u_c| \leq u_{\max}$ であれば，フィードバックループは作動しないが，$|u_c| > u_{\max}$ となれば高ゲインフィードバックが作動する．この制御器は積分器を含んでいるので，$e_i = 0$ となるまで修正動作が働く．

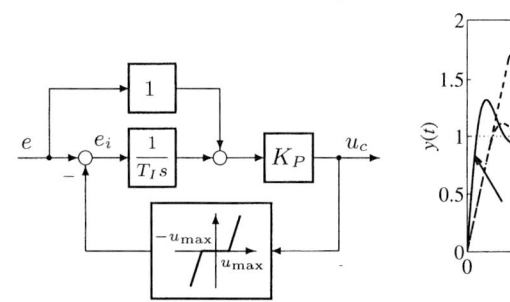

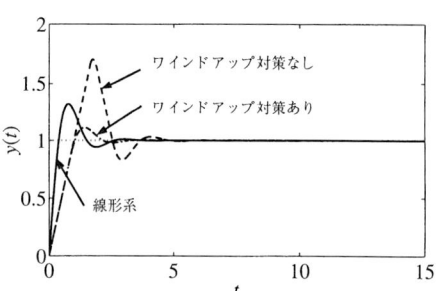

図 8.25　アンチワインドアップ機構　　図 8.26　飽和のある PI 制御系のステップ応答

例 8.7　図 8.24 において，$P(s) = 1/s$, $K_P = 3$, $T_I = 0.3$, $u_{\max} = 1.0$ とし，ステップ入力 $r(s) = 1/s$ に対する系の出力の応答を計算した結果を図 8.26 に示す．実線は飽和がない場合 ($u_{\max}$: 十分大) の線形系の応答を示している．飽和が存在しないので，立ち上がり時間が小さくなっている．破線は飽和要素がある場合の応答を示している．積分器のワインドアップにより大きなオーバーシュートが現れているが，積分器の入力 e_i をリセットする上述のワインドアップ対策を施すことにより，応答が大幅に改善されることがわかる．　　□

8.7　むだ時間系の制御

図 8.27 のようなむだ時間を含む制御対象 $e^{-sL}P(s)$ を考える．この場合，もし遅れのない信号 z が制御に利用できるとすれば，むだ時間要素をループの外に追

8.7 むだ時間系の制御

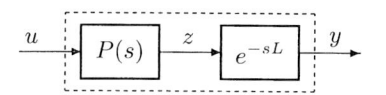

図 8.27 出力むだ時間をもつ制御対象

い出すことによって，制御系設計はむだ時間のない場合に帰着される．

実際には z は直接には利用できない．もしむだ時間要素を除いた部分の正確なモデル $P_0(s)(=P(s))$ が与えられるとすれば，制御入力 u から z の予測値を計算することができる．この考えに基づくと，図 8.28 のような制御系が構成できる．しかしこの制御系は 7.1 節で述べた開ループ制御系の一種であり，実システムの制御には用いることはできない．

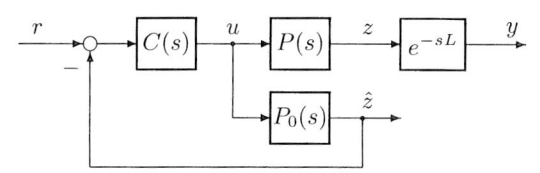

図 8.28 開ループ制御系

この制御系に対して，$\hat{z}$ を L だけ遅らせた信号 $\hat{z}(t-L)$ と実際の出力 $y(t)=z(t-L)$ とを比較し，その差 $\tilde{y}(t)$ をフィードバック信号として用いれば，開ループ制御系の欠点を克服することができる．このようにして，図 8.29 のフィードバック制御系が得られる．この制御系は Smith [71] によって考案されたもので，むだ時間システムに対するスミス予測制御系と呼ばれている．図 8.29 において，$P_0(s)$ と e^{-sL_0} はそれぞれ $P(s)$ と e^{-sL} のモデルである．

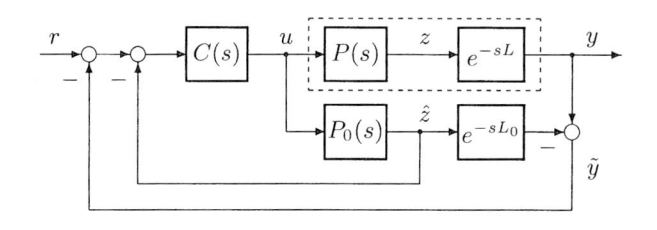

図 8.29 スミス予測制御系

もし理想的な状況 $P_0(s)=P(s)$, $L_0=L$ が成立すれば，$z=\hat{z}$ となり外側のループのフィードバック信号は $\tilde{y}=0$ となる．したがって，この場合スミス予測

制御系の伝達関数 $T(s) = y(s)/r(s)$ は

$$T(s) = \frac{C(s)P(s)}{1+C(s)P(s)} e^{-sL} \tag{8.29}$$

で与えられる．よって，閉ループ系の特性方程式は

$$1 + C(s)P(s) = 0 \tag{8.30}$$

となるので，システムの安定性はむだ時間とは無関係に $C(s)$ と $P(s)$ で決定される．もちろん，モデルのミスマッチ $P_0(s) \neq P(s)$，あるいは $L_0 \neq L$ が生ずれば式 (8.29) は成立しない (演習問題 8.7)．

8.8 ノート

8.1 節は [58], [47], [41], 8.2 節は [47], [37] を参考にした．8.3 節の根軌跡法は [58], [41], 8.4 節の周波数応答法は [58], [37] によったが，一部 Matlab により再計算した．紙面の都合で述べなかったが，ニコルス線図や M_p 規範に基づく方法は [41], [58], [66] などを参照されたい．PID 制御については文献 [13], [59] がある．近年の PID 制御の研究はロバスト PID 制御，すなわちプラントのモデルが不確かさを含む場合のパラメータの決定法に大きな関心が寄せられている [6]．積分器のワインドアップについては [47] を参照した．スミス予測制御系については，文献 [24], [60], [59] などがある．

8.9 演習問題

8.1 図 P8.1 の制御系において，$C(s) = K$ とするとき，根軌跡法により $\zeta = 0.5$ となるようにゲイン K を調整せよ．

8.2 図 P8.1 の制御系において，位相進み要素 $C(s) = K(s+1)/(0.1s+1)$ を導入し，閉ループ系の代表根の減衰率が $\zeta = 0.5$ になるようにゲイン K を調整し，速応性がどのように改善されるかを調べよ．

8.3 図 P8.1 の制御系において，PD 要素 $C(s) = K_P(1+T_D s)$ を用いたとき，$K_P = 2$ として，根軌跡法により $\zeta = 0.707$ となるように T_D を調整せよ．また K_P が大きくなるとき，T_D に対する根軌跡がどのように変化するかを調べよ．

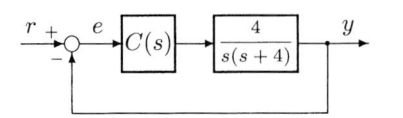

図 **P8.1**

8.4 図P8.1の制御系において,PI要素 $C(s) = K_P(1+1/T_I s)$ を用いたとき,$T_I = 1.0$ として,根軌跡法により閉ループ系の代表根の減衰係数が $\zeta = 0.707$ となるように K_P を調整せよ.

8.5 図P8.1の制御系において,$PM = 50°$ となるように位相進み要素 $C(s) = K(1+Ts)/(1+\alpha Ts)$ を設計せよ.

8.6 図8.23のI-PD制御系は目標値フィルタ
$$F(s) = \frac{1}{1 + T_I s + T_D T_I s^2}$$
をもつPID制御系であることを示せ.

8.7 図8.29のスミス予測制御系において,モデルミスマッチがない場合とある場合について,r から y までの伝達関数を計算せよ.

9

フィードバック制御系の設計 (2)
—— 解析的方法 ——

2次形式評価規範に基づいた最適制御系の解析的な設計法であるウィナーの方法について解説する．
- 2次形式評価関数，最適制御系の設計，スペクトル分解
- 最適制御系を実現する極配置
- サーボ系の最適設計，パラメータ最適化法

9.1 2次形式評価関数

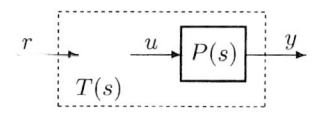

図 9.1 制御系の設計問題

図 9.1 に示す制御系設計問題において，評価関数に基づいて最適な閉ループ伝達関数 $T(s)$ を求める解析的方法を紹介する．すでに第 3，第 7 章で述べたように，フィードバック制御系の性能は立ち上り時間 T_r，整定時間 T_s，オーバーシュート $A_{\max}$ および定常偏差 e_s などにより評価されるので，$q_1 \sim q_4$ を非負の定数として

$$J_1 = q_1 T_r + q_2 T_s + q_3 A_{\max} + q_4 e_s \tag{9.1}$$

という評価関数が考えられる．J_1 を最小にする制御系を J_1 に関して最適な制御系という．J_1 は物理的にわかりやすい評価関数ではあるが，与えられた伝達関数 $T(s)$ に関して，$T_r, T_s, A_{\max}, e_s$ を解析的に表現することは困難であり，J_1 を最小にする制御系を求めることはほとんど不可能である．したがって，より数学的に取り扱いやすい評価関数が必要となる．

以上のような点を考慮して，解析的設計における評価関数は制御偏差 (= 誤差)

を $e(t) = r(t) - y(t)$ とするとき，$e(t)$ の 2 乗積分値

$$J_2 = \int_0^\infty e^2(t)dt = \int_0^\infty [r(t) - y(t)]^2 dt \tag{9.2}$$

で与えられる[†]．明らかに $e_s \neq 0$ であれば J_2 は発散する．また $T_r, T_s, A_{\max}$ が大きくなれば J_2 の値も大きくなる．したがって，J_2 を小さくすることは，立ち上がり時間，整定時間，オーバーシュートに間接的に制限を課すことになるので，J_2 は合理的な評価関数と考えられる．しかし，制御入力 u が大きくなりすぎるとプラント入力が飽和するので，この飽和を避けるためには $u(t)$ にも何らかの制約を設けなければならない．そのためには，

$$\max_{t \geq 0} |u(t)| \leq M, \quad M > 0 \tag{9.3}$$

という制約が考えられる．しかし，式 (9.3) の条件の下で式 (9.2) の J_2 を最小にする最適制御問題は数学的に非常に困難な問題となる．このため，一般には式 (9.3) の代わりに $u(t)$ の 2 乗積分値に対する制約式が用いられる．

$$\int_0^\infty u^2(t)dt \leq M, \quad M > 0 \tag{9.4}$$

式 (9.4) の下で式 (9.2) の J_2 を最小にする問題は，ある $q > 0$ に対して

$$J = \int_0^\infty (qe^2(t) + u^2(t))dt \tag{9.5}$$

を最小にする最適制御問題と等価である．実際 $\lambda = 1/q$ がラグランジュ乗数である．式 (9.5) の J を 2 次形式評価関数という．本章の設計問題では外乱，雑音を無視しているが，外乱，雑音も考慮に入れた設計法としては YBJ の方法がある (文献 [72], [35])．

9.2　最適制御系の設計

本節では与えられたプラント $P(s) = N(s)/D(s)$ に対して，式 (9.5) の評価関数 J を最小にする伝達関数 $T(s)$ を求める方法について述べる．

9.2.1　最適条件の導出

図 9.1 から誤差信号および制御入力は s 領域において

$$e(s) = r(s) - y(s) = (1 - T(s))r(s) \tag{9.6}$$

[†] この他，$J_3 = \int_0^\infty |e(t)|dt$, $J_4 = \int_0^\infty t|e(t)|dt$, $J_5 = \int_0^\infty te^2(t)dt$ なども用いられる．

および
$$u(s) = \frac{1}{P(s)} y(s) = \frac{T(s)}{P(s)} r(s) \tag{9.7}$$

と表すことができる．したがって，パーセバルの公式 (付録 B.3 節) によって式 (9.5) は次式のようになる．

$$\begin{aligned}J &= \frac{1}{2\pi j} \int_{-j\infty}^{j\infty} [qe(s)e(-s) + u(s)u(-s)]ds \\ &= \frac{1}{2\pi j} \int_{-j\infty}^{j\infty} \left[q(1-T(s))(1-T(-s)) + \frac{T(s)T(-s)}{P(s)P(-s)} \right] r(s)r(-s)ds\end{aligned} \tag{9.8}$$

上式においてプラント $P(s)$, 目標値 $r(s)$ は与えられているので，$T(s)$ を1つ指定すると J の値は1つ確定する．すなわち，式 (9.8) の J は伝達関数 $T(s)$ の汎関数 (functional) となる．これを $J = J[T(s)]$ と表す．もちろん許容される $T(s)$ は安定で，かつ J の値を有限にするものでなければならない．以下では，変分法を適用して最適な $T(s)$ を求めよう．

さて J を最小にする伝達関数を $T(s)$ とし，

$$\bar{T}(s) = T(s) + \varepsilon T_1(s) \tag{9.9}$$

とおく．ただし $T_1(s)$ は任意のプロパーでかつ安定な伝達関数，ε は微小パラメータである．式 (9.9) を式 (9.8) に代入して整理すると，

$$J[T + \varepsilon T_1] = J_a + \varepsilon(J_b + J_c) + \varepsilon^2 J_d = \Phi(\varepsilon) \tag{9.10}$$

を得る．ここに J_a は式 (9.8) と同じであり，

$$J_b = \frac{1}{2\pi j} \int_{-j\infty}^{j\infty} \left[q(T(s)-1) + \frac{T(s)}{P(s)P(-s)} \right] r(s)r(-s)T_1(-s)ds \tag{9.11}$$

$$J_c = \frac{1}{2\pi j} \int_{-j\infty}^{j\infty} \left[q(T(-s)-1) + \frac{T(-s)}{P(s)P(-s)} \right] r(s)r(-s)T_1(s)ds \tag{9.12}$$

$$J_d = \frac{1}{2\pi j} \int_{-j\infty}^{j\infty} \left[q + \frac{1}{P(s)P(-s)} \right] r(s)r(-s)T_1(s)T_1(-s)ds \tag{9.13}$$

である．式 (9.11), (9.12), (9.13) の被積分関数はすべて実係数の有理関数であるから，J_a, J_b, J_c, J_d は実数値をとる (付録の留数定理 A4 を参照)．また，式 (9.12) において，$s \to -s$ とおくことにより，$J_c = J_b$ であることがわかる．

式 (9.10) 右辺を $\Phi(\varepsilon)$ とおくと，それは ε の 2 次式となる．$T(s)$ が J を最小にすることは，$\varepsilon = 0$ のとき $\Phi(\varepsilon)$ が最小値をとることと等価である．式 (9.13) の被積分関数は $s = j\omega$ のとき正であるから $J_d > 0$ となる．よって $\Phi''(0) > 0$ が成立する．したがって，$\Phi'(0) = 0$ となることが $T(s)$ が最適な伝達関数であるための必要十分条件となる．このとき，$\Phi'(0) = 2J_b = 0$ より $J_b = 0$ を得る．式 (9.11) において

$$X(s) = \left[q(T(s) - 1) + \frac{T(s)}{P(s)P(-s)}\right] r(s)r(-s) \tag{9.14}$$

とおくと，つぎの結果を得る．

命題 9.1 任意の安定な $T_1(s)$ に対して $J_b = 0$ となるための必要十分条件は，式 (9.14) の $X(s)$ の極がすべて右半平面内に存在することである (図 9.2)．

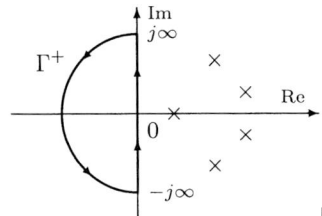

図 **9.2** $X(s)$ および $T_1(-s)$ の極と閉曲線

証明 (十分性) 仮定から $T_1(-s)$ の極はすべて右半平面 ($\mathrm{Re}[s] > 0$) にあるので，$X(s)T_1(-s)$ は左半平面 $\mathrm{Re}[s] \leq 0$ において正則である．したがって，図 9.2 に示す虚軸と左半平面内の半径無限大の半円周 Γ^+ からなる閉曲線に沿った $X(s)T_1(-s)$ の積分は 0 となる．すなわち，

$$\frac{1}{2\pi j}\left(\int_{-j\infty}^{j\infty} + \int_{\Gamma^+}\right) X(s)T_1(-s)ds = 0 \tag{9.15}$$

が成立する．半円周 Γ^+ 上での積分を評価しよう．式 (9.6), (9.7) にラプラス変換の初期値定理を用いると

$$r(0+) = \lim_{s \to \infty} sr(s), \quad y(0+) = \lim_{s \to \infty} sT(s)r(s)$$
$$u(0+) = \lim_{s \to \infty} \frac{sT(s)r(s)}{P(s)} \tag{9.16}$$

となる．$r(0+)$, $y(0+)$, $u(0+)$ はすべて有界 (0 または定数) であるから，$r(s)$, $T(s)r(s)$, $T(s)r(s)/P(s)$ はいずれも $s \to \infty$ のとき $1/s$ のオーダーである[†]．ま

[†] $1/s$ のオーダーというのは，正確には $1/s$ のオーダーあるいはそれ以上という意味である．以下も同様である．

た，式 (9.13) の J_d は有界でなければならないから $r(s)T_1(s)/P(s)$ も $s \to \infty$ のとき $1/s$ のオーダーでなければならない．しかも $T_1(s)$ はプロパーであるから，式 (9.15) の被積分関数 $X(s)T_1(-s)$ は $1/s^2$ のオーダーである．したがって，ジョルダンの補題 (付録 B.4 節) の証明と同様にして Γ^+ 上での積分は 0 に収束するので，式 (9.15) から，次式を得る．

$$J_b = \frac{1}{2\pi j} \int_{-j\infty}^{j\infty} X(s)T_1(-s)ds = 0$$

(必要性) $X(s)$ が左半平面 ($\mathrm{Re}[s] < 0$) に少なくとも 1 つの極をもつとしよう．明らかに，$T_1(s)$ を適当に選べば式 (9.15) の積分は 0 ではなくなる．他方 Γ^+ 上での積分は 0 であるから $J_b \neq 0$ となる．これは矛盾である． □

9.2.2 最適な伝達関数の決定

つぎに式 (9.14) の $X(s)$ が左半平面 ($\mathrm{Re}[s] \leq 0$) において正則であるという条件から最適な $T(s)$ を求める方法について述べよう．いま，

$$\Pi(s) = qN(s)N(-s) + D(s)D(-s), \qquad q > 0 \tag{9.17}$$

$$\Lambda(s) = r(s)r(-s) \tag{9.18}$$

とおくと，$\Pi(s)$, $\Lambda(s)$ はともに s の偶関数で，$\Pi(j\omega) \geq 0$, $\Lambda(j\omega) > 0$ となる．よって $\Pi(s), \Lambda(s)$ は

$$\Pi(s) = D_f(s)D_f(-s), \qquad \Lambda(s) = Z(s)Z(-s) \tag{9.19}$$

のようにスペクトル分解できる (付録 B.5 参照)．ここに $D_f(s)$ はフルビッツ多項式であり，有理関数 $Z(s)$ は $\mathrm{Re}[s] > 0$ に極，零点をもたない．また $P(s) = N(s)/D(s)$ はプロパーであるから，$\deg D_f(s) = \deg D(s)$ である．このとき最適な伝達関数 $T(s)$ はつぎの定理で与えられる．

定理 9.1 2 次形式評価関数 J を最小にする閉ループ伝達関数は式 (9.19) の $D_f(s)$ を用いて次のように与えられる．

(a) r: ステップ関数

$$T(s) = \frac{qN(0)}{D_f(0)} \frac{N(s)}{D_f(s)} \tag{9.20}$$

(b) r: ランプ関数

$$T(s) = \left(1 + \frac{k_2}{k_1}s\right) \frac{qN(0)}{D_f(0)} \frac{N(s)}{D_f(s)} \tag{9.21}$$

ここに k_1, k_2 は次式で与えられる.

$$k_1 = \frac{N(0)}{D_f(0)}, \qquad k_2 = \left[\frac{d}{ds}\frac{N(-s)}{D_f(-s)}\right]_{s=0} \qquad (9.22)$$

証明* 結果は簡潔に表現されるが,その証明はかなり面倒である.式 (9.14) に式 (9.18), (9.19) を用いると

$$\begin{aligned}X(s) &= \frac{[qN(s)N(-s) + D(s)D(-s)]T(s)r(s)r(-s)}{N(s)N(-s)} - qr(s)r(-s) \\ &= \frac{D_f(s)D_f(-s)T(s)Z(s)Z(-s)}{N(s)N(-s)} - qZ(s)Z(-s)\end{aligned}$$

となる.よって上式を変形すると

$$\frac{N(-s)X(s)}{D_f(-s)Z(-s)} = \frac{D_f(s)T(s)Z(s)}{N(s)} - q\frac{N(-s)Z(s)}{D_f(-s)} \qquad (9.23)$$

を得る.さらに,上式右辺第2項を

$$q\frac{N(-s)Z(s)}{D_f(-s)} = \left[\frac{qN(-s)Z(s)}{D_f(-s)}\right]_+ + \left[\frac{qN(-s)Z(s)}{D_f(-s)}\right]_- \qquad (9.24)$$

と分解する.ここに $[\,\cdot\,]_+$ は $\mathrm{Re}[s] > 0$ において正則,$[\,\cdot\,]_-$ は $\mathrm{Re}[s] \leq 0$ において正則な部分を表す†.式 (9.24) を用いると,式 (9.23) から

$$\frac{D_f(s)T(s)Z(s)}{N(s)} - q\left[\frac{N(-s)Z(s)}{D_f(-s)}\right]_+ = q\left[\frac{N(-s)Z(s)}{D_f(-s)}\right]_- + \frac{N(-s)X(s)}{D_f(-s)Z(-s)} \qquad (9.25)$$

を得る.定理 7.3 から $T(s)$ は $N(s)$ の不安定零点をすべてその零点として含む必要があることに注意すれば,式 (9.25) の左辺は $\mathrm{Re}[s] > 0$ で正則,また右辺は $\mathrm{Re}[s] \leq 0$ で正則である.よって左辺は全平面で正則である.しかも,式 (9.16) から $s \to \infty$ のとき

$$\left|\frac{D_f(s)T(s)Z(s)}{N(s)}\right| \sim \left|\frac{T(s)r(s)}{P(s)}\right| \sim \left|\frac{u(0+)}{s}\right| \qquad (9.26\mathrm{a})$$

$$\left|\left[\frac{N(-s)Z(s)}{D_f(-s)}\right]_+\right| \sim |P(s)r(s)| \sim |r(s)| \sim \left|\frac{r(0+)}{s}\right| \qquad (9.26\mathrm{b})$$

となるので,式 (9.25) 左辺は有界で,$t \to \infty$ のとき 0 に収束する.したがって,複素関数論における Liouville の定理から式 (9.25) は両辺とも恒等的に 0 となる.よって,最適な $T(s)$ は次式で与えられる.

$$T(s) = \frac{qN(s)}{D_f(s)Z(s)}\left[\frac{N(-s)Z(s)}{D_f(-s)}\right]_+ \qquad (9.27)$$

---

† $[\,\cdot\,]_+$ は括弧内の関数を部分分数展開して,左半平面に極をもつ項のみを取り出す演算を表す.

ここで $r(s) = 1/s$ とおくと，$Z(s) = 1/s$, $Z(-s) = 1/(-s)$ であり[†]，$D_f(-s)$ は左半平面には零点をもたないので，

$$\left[\frac{N(-s)Z(s)}{D_f(-s)}\right]_+ = \left[\frac{N(-s)}{D_f(-s)}\frac{1}{s}\right]_+ = \frac{N(0)}{D_f(0)s} \tag{9.28}$$

となる．よって式 (9.20) を得る．また，$r(s) = 1/s^2$ とおくと $Z(s) = 1/s^2$ であるから同様にして

$$\left[\frac{N(-s)}{D_f(-s)}\frac{1}{s^2}\right]_+ = \frac{k_2}{s} + \frac{k_1}{s^2} \tag{9.29}$$

と展開できる．式 (9.29) から k_1, k_2 は式 (9.22) のように得られる [定理 2.8(b) の証明を参照]．式 (9.29) を式 (9.27) に代入することにより，式 (9.21) を得る． □

9.2.3 簡単な例題

ここでは低次のプラントに対して，定理 9.1 を適用して最適な $T(s)$ を求める手順を具体的に説明する．いずれも目標値はステップ関数とする．

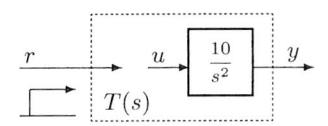

図 9.3 最適制御系の設計

例 9.1 プラントの伝達関数を $P(s) = 10/s^2$ とするとき，J を最小にする最適な伝達関数 $T(s)$ を求めよう (図 9.3)．ただし $r(s) = 1/s$ とする．$N(s) = 10$, $D(s) = s^2$ であるから，式 (9.18) より

$$\Pi(s) = 100q + s^4 = (s^2 + \sqrt{20\sqrt{q}}s + 10\sqrt{q})(s^2 - \sqrt{20\sqrt{q}}s + 10\sqrt{q})$$

を得る．よって $\alpha = 10\sqrt{q}$ とおくと，$D_f(s) = s^2 + \sqrt{2\alpha}s + \alpha$ となる．$N(0) = 10$, $D_f(0) = \alpha$ であるから，式 (9.20) から次式を得る．

$$T(s) = \frac{10q}{\alpha}\frac{10}{s^2 + \sqrt{2\alpha}s + \alpha} = \frac{\alpha}{s^2 + \sqrt{2\alpha}s + \alpha} \tag{9.30}$$

よって $T(s)$ は図 9.4 に示すフィードバック制御系として実現される．

式 (9.30) より $T(s)$ の減衰係数はパラメータ q に無関係に $\zeta = 1/\sqrt{2}$ となる．よって，図 9.5 に示すように $q \to \infty$ のとき，閉ループ系の極は原点から出発して 2 本の直線 (負の実軸とのなす角度 45°) に沿って無限遠点に発散する．これは

[†] $r(s) = 1/(s+\lambda)$, $\lambda > 0$ としておいて，結果の式で $\lambda \to 0$ とするとよい．

$\Pi(s) = 100q + s^4 = 0$ の q をパラメータとする 4 本の根軌跡の中で左半平面に存在するものに等しい．q の値は $T(s)$ のステップ応答波形を利用して決定される．図 9.4 の場合，e から y までの伝達関数は $G(s) = \alpha/s(s+\sqrt{2\alpha})$, $\zeta = 1/\sqrt{2}$ である．よって演習問題 6.10 から位相余裕は $PM = \tan^{-1}(\sqrt{2+2\sqrt{2}}) \simeq 65.5°$ となる．これは十分な PM の値である． □

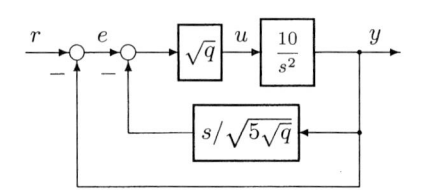

図 9.4　最適フィードバック制御系

図 9.5　左半平面内の根軌跡

例 9.2　不安定な極および零点をもつプラント $P(s) = (s-1)/s(s-2)$ を考えよう．これは制御が困難とされているプラントの例である ([72] 参照)．
$N(s) = s - 1$, $D(s) = s^2 - 2s$ であるから

$$\Pi(s) = q(1-s)(1+s) + (s^2 - 2s)(s^2 + 2s) = s^4 - (4+q)s^2 + q$$
$$= (s^2 + \alpha s + \sqrt{q})(s^2 - \alpha s + \sqrt{q}) = D_f(s)D_f(-s)$$

となる．ただし $\alpha = \sqrt{4 + q + 2\sqrt{q}}$ である．よって $r(s) = 1/s$ であれば，式 (9.20) から $T(s)$ は

$$T(s) = \frac{qN(0)}{D_f(0)} \frac{s-1}{s^2 + \alpha s + \sqrt{q}} = \frac{\sqrt{q}(1-s)}{s^2 + \sqrt{4+q+2\sqrt{q}}s + \sqrt{q}} \quad (9.31)$$

で与えられる． □

つぎに $T(s)$ をフィードバック制御系として実現することを考えよう．$T(s)$ が単一フィードバック制御系で実現されるとして，制御器 $C(s)$ を求めると

$$C(s) = \frac{1}{P(s)} \frac{T(s)}{1 - T(s)} = \frac{s(s-2)}{s-1} \frac{q(1-s)}{s^2 + (\sqrt{4+9+2\sqrt{q}} + \sqrt{q})s}$$
$$= \frac{\sqrt{q}(2-s)}{s + \sqrt{4+q+2\sqrt{q}} + \sqrt{q}} \quad (9.32)$$

を得る．よって図 9.6 のフィードバック制御系の伝達関数は式 (9.31) のようになるが，$C(s)$ と $P(s)$ の間で不安定な極零点消去が生ずるので，このフィードバック制御系は不安定である．

このように単一フィードバック制御系によって $T(s)$ を実現しようとすると望ましくない極零点消去が生ずる可能性があるので，図 9.6 とは異なったフィードバック制御系の構成法を考えなければならない．次節では極配置の考え方によるフィードバック制御系の構成法について述べる．

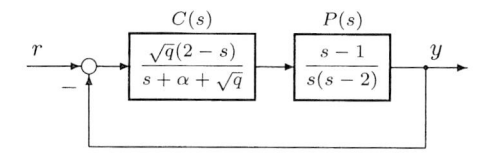

図 9.6 不安定極零点消去を伴うフィードバック制御系

9.3 フィードバック制御系の構成

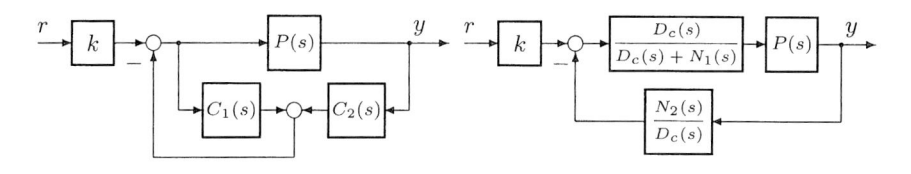

図 9.7 フィードバック構成   図 9.8 等価なフィードバック制御系

図 9.7 のような 2 自由度フィードバック構成を用いることにより，相対次数に関する制約 (定理 7.2) を満足する任意の $T(s)$ が実現できることを示そう．以下では，プラントの伝達関数を $P(s) = N(s)/D(s)$ とし，2 つの制御器 $C_1(s), C_2(s)$ をそれぞれ

$$C_1(s) = \frac{N_1(s)}{D_c(s)}, \qquad C_2(s) = \frac{N_2(s)}{D_c(s)} \tag{9.33}$$

とおく．また $C_1(s), C_2(s)$ は共通の分母多項式をもつと仮定する．

図 9.7 と 9.8 は等価であるから，その閉ループ伝達関数は次式となる．

$$\begin{aligned}\hat{T}(s) &= \frac{kP(s)}{1 + C_1(s) + P(s)C_2(s)} \\ &= \frac{kN(s)D_c(s)}{D(s)[D_c(s) + N_1(s)] + N(s)N_2(s)}\end{aligned} \tag{9.34}$$

ステップ入力に対する望ましい閉ループ伝達関数は $T(s) = kN(s)/D_f(s)$ [式

(9.20)] と表されるので,式 (9.34) 右辺と等置すると

$$D_c(s)D_f(s) = D(s)[D_c(s) + N_1(s)] + N(s)N_2(s)$$

を得る.上式を変形すると

$$D_c(s)[D_f(s) - D(s)] = N_1(s)D(s) + N_2(s)N(s) \tag{9.35}$$

となる.式 (9.35) において,$D(s)$, $N(s)$, $D_f(s)$ は既知の多項式,$D_c(s)$, $N_1(s)$, $N_2(s)$ は未知の多項式である.式 (9.34) および $T(s) = kN(s)/D_f(s)$ からわかるように,多項式 $D_c(s)$ は式 (9.34) の分母と消去されて $\hat{T}(s)$ には現れないので,$D_c(s)$ の零点は $\hat{T}(s)$ の影の極となる.したがって,$D_c(s)$ がフルビッツでなければ閉ループ系は不安定となる.$D_c(s)$ は設計者が自由に指定できるものであるから,これを適当な安定多項式に選ぶものとする.閉ループ系の応答に悪影響を与えない程度に $D_c(s)$ の零点は $D_f(s)$ の零点よりやや左側に配置するとよいとされている.

このように $D_c(s)$ を選ぶと,問題は $D(s)$, $N(s)$, $D_f(s)$ および $D_c(s)$ が与えられたとき,式 (9.35) から $N_1(s)$, $N_2(s)$ を求めることに帰着される[†].以下ではプラント $P(s) = N(s)/D(s)$ の次数は n とし,

$$D(s) = a_0 s^n + a_1 s^{n-1} + \cdots + a_{n-1} s + a_n \tag{9.36}$$

$$N(s) = b_1 s^{n-1} + \cdots + b_{n-1} s + b_n \tag{9.37}$$

とおく.このとき,つぎの結果が得られる.

定理 9.2 プラント $P(s)$ が既約,すなわち $D(s)$ と $N(s)$ が共通の零点をもたないとする.このとき,$D_c(s)$ が $n-1$ 次多項式であれば,任意の n 次多項式 $D_f(s)$ に対して極配置を実現するプロパーな制御器 $C_1(s)$, $C_2(s)$ が存在する.

証明 多項式 $N_1(s)$, $N_2(s)$, $D_c(s)$ を

$$\begin{aligned} N_1(s) &= \beta_1 s^{n-1} + \cdots + \beta_{n-1} s + \beta_n \\ N_2(s) &= \gamma_1 s^{n-1} + \cdots + \gamma_{n-1} s + \gamma_n \\ D_c(s) &= \delta_1 s^{n-1} + \cdots + \delta_{n-1} s + \delta_n \end{aligned} \tag{9.38}$$

[†] $x(s), y(s)$ を未知多項式とするとき $a(s)x(s) + b(s)y(s) = c(s)$ の形の方程式を Diophantus 方程式という.ただし $a(s), b(s), c(s)$ は与えられた多項式である.

9.3 フィードバック制御系の構成

とおく．$\deg D(s) = n$ であるから，式 (9.19) より $\deg D_f(s) = n$ となるので

$$D_c(s)[D_f(s) - D(s)] = d_0 s^{2n-1} + d_1 s^{2n-2} + \cdots + d_{2n-2} s + d_{2n-1} \quad (9.40\text{に近い})\quad (9.39)$$

と表される．よって，式 (9.38), (9.39) を式 (9.35) に代入して整理し，s の各ベキの係数を比較することにより次式を得る．

$$\begin{bmatrix} a_0 & & & 0 & & & \\ a_1 & a_0 & & b_1 & 0 & & \\ \vdots & \vdots & \ddots & \vdots & \vdots & \ddots & \\ a_n & \vdots & & a_0 & b_n & \vdots & & 0 \\ & a_n & & \vdots & & b_n & & \vdots \\ & & \ddots & \vdots & & & \ddots & \vdots \\ & & & a_n & & & & b_n \end{bmatrix} \begin{bmatrix} \beta_1 \\ \beta_2 \\ \vdots \\ \beta_n \\ \gamma_1 \\ \gamma_2 \\ \vdots \\ \gamma_n \end{bmatrix} = \begin{bmatrix} d_0 \\ d_1 \\ \vdots \\ \vdots \\ \vdots \\ d_{2n-2} \\ d_{2n-1} \end{bmatrix}$$
(9.40)

$D(s)$ と $N(s)$ が共通の零点をもたなければ，上式左辺の $2n \times 2n$ 係数行列は正則となる．式 (9.40) の係数行列はシルベスター行列 $S(D, N)$，また $\det S(D, N)$ は多項式 $D(s), N(s)$ のシルベスターの終結式として知られている．$\det S(D, N) \neq 0$ は $D(s)$ と $N(s)$ が共通の零点をもたないための必要十分条件である．したがって，式 (9.40) から $\beta_1, \cdots, \beta_n, \gamma_1, \cdots, \gamma_n$ が一意的に定まるので，制御器 $C_1(s), C_2(s)$ が求まる． □

ここで $\deg D_c(s) = m$ と仮定すると，式 (9.40) の連立 1 次方程式は $2m + 2$ 個の未知パラメータ $\beta_1, \cdots, \beta_{m+1}, \gamma_1, \cdots, \gamma_{m+1}$ および $n + m + 1$ 個の方程式からなる．よって $n + m + 1 > 2m + 2$ であれば，未知パラメータを決定することは不可能であるから，$D_c(s)$ の次数は $m \geq n - 1$ 以上でなければならない．

つぎに，この定理の適用例を示そう．

例 9.3 式 (9.31) の伝達関数 $T(s)$ を図 9.8 のフィードバック系として実現してみよう．$N(s) = s - 1, D(s) = s^2 - 2s$ であるから，式 (9.31) と式 (9.34) の分子を比較することにより，$k = -\sqrt{q}$ を得る．いま $D_c(s) = s + 2$ とおくと，

$$D_c(s)[D_f(s) - D(s)] = (s + 2)(s^2 + \alpha s + \sqrt{q} - s^2 + 2s)$$
$$= (\alpha + 2)s^2 + (2\alpha + \sqrt{q} + 4)s + 2\sqrt{q}$$

となるので，$d_0 = 0, d_1 = \alpha + 2, d_2 = 2\alpha + \sqrt{q} + 4, d_3 = 2\sqrt{q}$ を得る．ただし $\alpha = \sqrt{4 + q + 2\sqrt{q}}$ である．よって，式 (9.40) は

$$\begin{bmatrix} 1 & 0 & 0 & 0 \\ -2 & 1 & 1 & 0 \\ 0 & -2 & -1 & 1 \\ 0 & 0 & 0 & -1 \end{bmatrix} \begin{bmatrix} \beta_1 \\ \beta_2 \\ \gamma_1 \\ \gamma_2 \end{bmatrix} = \begin{bmatrix} 0 \\ \alpha + 2 \\ 2\alpha + \sqrt{q} + 4 \\ 2\sqrt{q} \end{bmatrix} \quad (9.41)$$

となる．式 (9.41) を解いて

$$\beta_1 = 0, \quad \beta_2 = -(6 + 3\alpha + 3\sqrt{q}), \quad \gamma_1 = 8 + 4\alpha + 3\sqrt{q}, \quad \gamma_2 = -2\sqrt{q}$$

を得る．よって，たとえば $q = 4$ とおくと，$\alpha = 2\sqrt{3}, k = -2$ および

$$C_1(s) = \frac{-12 - 6\sqrt{3}}{s + 2}, \quad C_2(s) = \frac{(14 + 8\sqrt{3})s - 4}{s + 2} \quad (9.42)$$

となる．これより式 (9.31) の伝達関数 $T(s)$ を実現する安定なフィードバック制御系は図 9.9 のようになる． □

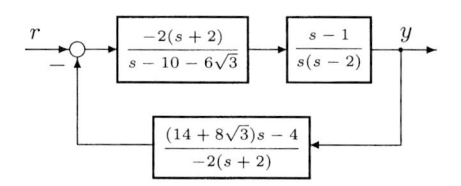

図 **9.9** $T(s)$ を実現するフィードバック制御系

例 9.2 で扱ったプラントの伝達関数は不安定極のみならず不安定零点をもち，容易にわかるようにゲインのみでは安定化することはできない．またこのようなプラントを第 8 章で述べたような位相進み，あるいは位相遅れ要素を用いて安定化することもむずかしい．しかし，最適制御によれば解析的な方法で制御系を設計することができる．これは解析的方法の優れた点である．

9.4 サーボ系の設計

例 9.1, 9.2 のプラントは積分器 $1/s$ を初めから含んでいるので，出力はステップ目標値に対して定常偏差なしで追従する．しかし，プラントが $1/s$ を含まない場合には，定常偏差は 0 とならず，評価関数 J の値は発散する．

9.4 サーボ系の設計

例 9.4 $P(s) = 1/(s+1)^2$ とすると, $N(s) = 1, D(s) = s^2 + 2s + 1$ であるから

$$D_f(s)D_f(-s) = (s^2 + 2s + 1)(s^2 - 2s + 1) + q$$
$$= (s^2 + \alpha s + \sqrt{1+q})(s^2 - \alpha s + \sqrt{1+q}) \quad (9.43)$$

を得る. ただし $\alpha = \sqrt{2 + 2\sqrt{1+q}}$ である. よって $r(s) = 1/s$ とおくと, 式 (9.20) より $T(s)$ は

$$T(s) = \frac{q}{\sqrt{1+q}} \frac{1}{s^2 + \sqrt{2 + 2\sqrt{1+q}}s + \sqrt{1+q}} \quad (9.44)$$

となる. したがって, 出力の定常値は $y_s = \lim_{s \to 0} sy(s) = T(0) = q/(1+q)$ となるので, 定常偏差は 0 とはならない. □

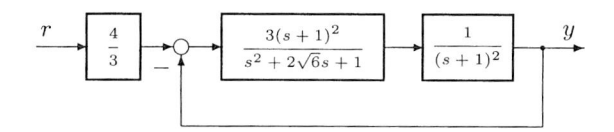

図 9.10 $T(s)$ を実現するフィードバック制御系 $(q = 3)$

この例の場合, 目標値信号をあらかじめ $(q+1)/q$ 倍して図 9.10 のようなフィードバック制御系を構成すれば定常偏差は 0 となる. ただし, 簡単のために $q = 3$ とした. しかしこのフィードバック制御系では, プラントの伝達関数がたとえば $P(s)$ から $\tilde{P}(s) = 1/(s+a)^2, a \neq 1$ に変動すると, 定常偏差は 0 とはならない. 実際, 閉ループ系 $(\tilde{P}, C)$ の伝達関数は

$$\tilde{T}(s) = \frac{4(s+1)^2}{(s+a)^2(2s^2 + 2\sqrt{6}s + 1) + 3(s+1)^2} \quad (9.45)$$

となるので, 出力の定常値は

$$y_s = \lim_{s \to 0} sy(s) = \lim_{s \to 0} \tilde{T}(s) = \frac{4}{a^2 + 3} \quad (9.46)$$

となり, $a \neq 1$ であれば $y_s \neq 1$ であるから $e_s \neq 0$ となる. よって図 9.10 のフィードバック制御系においては, 定常偏差が 0 になるという性質はプラントの変動に対しては保存されない. すなわち, この制御系の構成はプラントの変動に対してロバストなサーボ系ではないことがわかる.

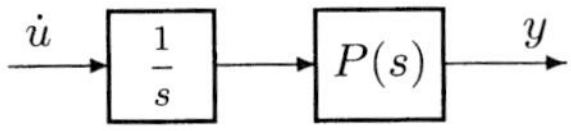

図 9.11　内部モデルを含むプラント

第7章で述べたようにプラントが積分要素を含めば，単一フィードバック制御系の場合ステップ目標値に対する定常偏差は 0 となる．また，積分要素を含まない場合でも内部モデル原理によってあらかじめプラントの前に内部モデル $1/s$ を付加して (図 9.11)

$$J' = \int_0^\infty (qe^2(t) + \dot{u}^2(t))dt \qquad (9.47)$$

を最小にする問題を考えれば，$\lim_{t\to\infty} e(t) = 0$ を達成するフィードバック制御系を設計することができる．$\mathfrak{L}[\dot{u}(t)] = su(s)$ であるから，式 (9.47) は

$$J' = \frac{1}{2\pi j}\int_{-j\infty}^{j\infty}\left[q(1-T(s))(1-T(-s)) + \frac{(-s^2)T(s)T(-s)}{P(s)P(-s)}\right]r(s)r(-s)ds$$

と表される [式 (9.8) 参照]．よって

$$P'(s) = \frac{N(s)}{D'(s)} = \frac{N(s)}{sD(s)} \qquad (9.48)$$

とおいて，定理 9.1 を適用すれば式 (9.47) の J' を最小にする制御系を構成することができる．例 9.4 のプラントに対して，上の方法を適用してみよう．

例 9.5　$P(s) = 1/(s+1)^2$ に対して，J' を最小にする伝達関数 $T(s)$ を求めよう．$N(s) = 1$, $D'(s) = s^3 + 2s^2 + s$ となるので，式 (9.17) から

$$\begin{aligned}\Pi(s) &= (s^3 + 2s^2 + s)(-s^3 + 2s^2 - s) + q\\ &= -s^6 + 2s^4 - s^2 + q = D_f(s)D_f(-s)\end{aligned} \qquad (9.49)$$

となる．簡単のために $q = 36$ とおくと，

$$D_f(s) = s^3 + 4s^2 + 7s + 6 \qquad (9.50)$$

となるので，式 (9.20) から

$$T(s) = \frac{6}{s^3 + 4s^2 + 9s + 6} \qquad (9.51)$$

を得る．$y_s = \lim_{s\to 0} T(s) = 1$ であり，定常偏差は 0 となる．

式 (9.51) の $T(s)$ を図 9.8 のフィードバック制御系として実現しよう．この場合 $n-1=2$ であるから $D_c(s)=(s+2)^2$ とおくと，

$$D_c(s)[D_f(s)-D'(s)] = 2s^4+14s^3+38s^2+48s+24$$

となるので，$d_0=0$, $d_1=2$, $d_2=14$, $d_3=38$, $d_4=48$, $d_5=24$ を得る．また

$$N_1(s)=\beta_1 s^2+\beta_2 s+\beta_3, \quad N_2(s)=\gamma_1 s^2+\gamma_2 s+\gamma_3$$

とおくと，式 (9.40) は次式のようになる．

$$\begin{bmatrix} 1 & 0 & 0 & 0 & 0 & 0 \\ 2 & 1 & 0 & 0 & 0 & 0 \\ 1 & 2 & 1 & 0 & 0 & 0 \\ 0 & 1 & 2 & 1 & 0 & 0 \\ 0 & 0 & 1 & 0 & 1 & 0 \\ 0 & 0 & 0 & 0 & 0 & 1 \end{bmatrix} \begin{bmatrix} \beta_1 \\ \beta_2 \\ \beta_3 \\ \gamma_1 \\ \gamma_2 \\ \gamma_3 \end{bmatrix} = \begin{bmatrix} 0 \\ 2 \\ 14 \\ 38 \\ 48 \\ 24 \end{bmatrix} \tag{9.52}$$

上式を解くと，$\beta_1=0$, $\beta_2=2$, $\beta_3=10$; $\gamma_1=16$, $\gamma_2=38$, $\gamma_3=24$ となるので，制御器は

$$C_1(s)=\frac{2s+10}{(s+2)^2}, \quad C_2(s)=\frac{16s^2+38s+24}{(s+2)^2} \tag{9.53}$$

のように与えられる．よって $T(s)$ は図 9.12 のようなフィードバック制御系として実現される． □

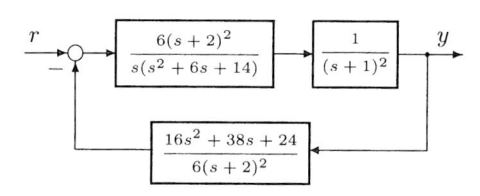

図 **9.12** 最適サーボ系のフィードバック構成

ここで，プラントの特性が $\tilde{P}(s)=1/(s+a)^2$ に変化したとすると，閉ループ系 $(\tilde{P},C)$ の伝達関数は図 9.12 を参照して

$$\tilde{T}(s)=\frac{6(s+2)^2}{s(s+a)^2(s^2+6s+14)+16s^2+38s+24} \tag{9.54}$$

となる．よって $\tilde{T}(s)$ が安定であれば a の値に無関係に $y_s = \lim_{s \to 0} \tilde{T}(s) = 1$ となるので，定常偏差は常に 0 となる．すなわち，図 9.12 の閉ループ系において定常偏差が 0 となるという性質はプラントの変動に対してロバストである．

すでに第 7 章で述べたように，閉ループ系の内部に目標値および外乱の内部モデルを導入することにより，ロバストトラッキングと外乱抑制ができる．よって，最適なサーボ系の設計は目標値，外乱の内部モデル $1/\phi(s)$ をプラントの前に付加してから 9.2, 9.3 節の設計法を適用すればよいことがわかる．

9.5 パラメータ最適化法

最後に評価関数 J の値を計算する方法について説明し，これを応用したパラメータ最適化法について述べよう．式 (9.8) の J を再掲すると

$$J = \frac{1}{2\pi j} \int_{-j\infty}^{j\infty} \left[q(1 - T(s))(1 - T(-s)) + \frac{T(s)T(-s)}{P(s)P(-s)} \right] r(s)r(-s)ds$$

である．上式の被積分関数は s の偶関数となるので，$P(s), T(s), r(s)$ が有理関数であれば，一般に J は

$$I_n = \frac{1}{2\pi j} \int_{-j\infty}^{j\infty} \frac{B_n(s)B_n(-s)}{A_n(s)A_n(-s)} ds \tag{9.55}$$

のように表される．ここに

$$A_n(s) = a_0 s^n + a_1 s^{n-1} + \cdots + a_{n-1}s + a_n \tag{9.56}$$

$$B_n(s) = b_1 s^{n-1} + \cdots + b_{n-1}s + b_n \tag{9.57}$$

であり，$A_n(s)$ はフルビッツであるとする．ここで

$$D_n(s) = B_n(s)B_n(-s) = d_0 s^{2n-2} + d_1 s^{2n-4} + \cdots + d_{n-1} \tag{9.58}$$

とおくと，I_n はつぎの公式で与えられる．

定理 9.3 式 (9.55) の積分の値は次のようになる．

$$I_1 = \frac{d_0}{2a_0 a_1}, \qquad I_2 = \frac{a_0 d_1 - d_0 a_2}{2a_0 a_1 a_2}$$

$$I_3 = \frac{a_3(a_0 d_1 - a_2 d_0) - a_0 a_1 d_2}{2a_0 a_3 (a_0 a_3 - a_1 a_2)}$$

$$I_4 = \frac{a_4[d_0(a_2 a_3 - a_1 a_4) - a_0 a_3 d_1 + a_0 a_1 d_2] + a_0 d_3(a_0 a_3 - a_1 a_2)}{2a_0 a_4 (a_0 a_3^2 + a_1^2 a_4 - a_1 a_2 a_3)}$$

証明 文献 [65], [21] を参照されたい．また文献 [65] には I_{10} までの結果が与えられている． □

例 9.6 例 9.1 で設計された最適制御系に対して J の値を計算してみよう．式 (9.30) から $T(s) = \alpha/D_f(s)$, $1 - T(s) = (s^2 + \sqrt{2\alpha}s)/D_f(s)$ となるので，$\alpha = 10\sqrt{q}$ に注意すると式 (9.8) より

$$J = \frac{1}{2\pi j}\int_{-j\infty}^{j\infty}\left[q\frac{(s^2+\sqrt{2\alpha}s)(s^2-\sqrt{2\alpha}s)}{D_f(s)D_f(-s)} + \frac{\alpha^2 s^4}{100 D_f(s)D_f(-s)}\right]\left(-\frac{1}{s^2}\right)ds$$
$$= \frac{1}{2\pi j}\int_{-j\infty}^{j\infty}\frac{-2qs^2 + 2q\alpha}{D_f(s)D_f(-s)}ds \tag{9.59}$$

を得る．したがって，$n = 2, a_0 = 1, a_1 = \sqrt{2\alpha}, a_2 = \alpha, d_0 = -2q, d_1 = 2q\alpha$ となるので，定理 9.3 の I_2 から

$$J = \frac{2q\alpha + 2q\alpha}{2\alpha\sqrt{2\alpha}} = \frac{1}{\sqrt{5\sqrt{q}}} \tag{9.60}$$

を得る． □

定理 9.3 を利用すると，パラメータ $(k_1, \cdots, k_m)$ を含む制御系に対して，評価関数 J を最小にするパラメータ最適化 (parameter optimization) 問題を解くことができる．ここではフィードバック制御系の構成は与えられているとする．

まず，パラメータ $(k_1, \cdots, k_m)$ の関数として，$J = J(k_1, \cdots, k_m)$ を評価し，ついで

$$\frac{\partial J}{\partial k_i} = 0, \quad i = 1, \cdots, m \tag{9.61}$$

を解き，$(k_1^0, \cdots, k_m^0)$ を求める．式 (9.61) は $(k_1^0, \cdots, k_m^0)$ が J を最小にするための必要条件であるので，J のヘッシアン (Hessian)

$$\frac{\partial^2 J}{\partial k^2} = \begin{bmatrix} \dfrac{\partial^2 J}{\partial k_1^2} & \dfrac{\partial^2 J}{\partial k_1 \partial k_2} & \cdots & \dfrac{\partial^2 J}{\partial k_1 \partial k_m} \\ \vdots & \vdots & & \vdots \\ \dfrac{\partial^2 J}{\partial k_m \partial k_1} & \cdots & & \dfrac{\partial^2 J}{\partial k_m^2} \end{bmatrix} \tag{9.62}$$

がその点において正定値となるようなパラメータの組 $(k_1^0, \cdots, k_m^0)$ を見出さなければならない．もしそのようなパラメータの組が 1 つしかなければ，それが最

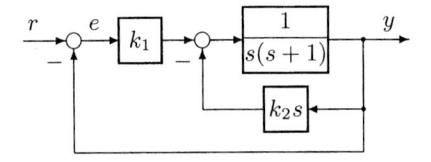

図 9.13 k_1, k_2 を含む制御系

適解である．またそのようなパラメータの組が複数個存在すれば，J の値を具体的に計算して J が最小となるパラメータの組を決定しなければならない．

例 9.7 図 9.13 のフィードバック制御系に対して，J をパラメータ k_1, k_2 の関数として評価し，J を最小にする (k_1^0, k_2^0) を求めよう．ただし $P(s) = 1/s(s+1)$, $r(s) = 1/s$, $q = 4$ とする．図 9.13 より

$$T(s) = \frac{k_1}{D_f(s)}, \qquad e(s) = \frac{s + k_2 + 1}{D_f(s)}, \qquad u(s) = \frac{(s+1)k_1}{D_f(s)}$$

を得る．ただし $D_f(s) = s^2 + (k_2 + 1)s + k_1$ である．よって J の被積分関数 $L = qe(s)e(-s) + u(s)u(-s)$ を計算すると，

$$L = \frac{4(s + k_2 + 1)(-s + k_2 + 1)}{D_f(s)D_f(-s)} + \frac{k_1^2(s+1)(-s+1)}{D_f(s)D_f(-s)}$$

$$= \frac{-(k_1^2 + 4)s^2 + 4(k_2 + 1)^2 + k_1^2}{[s^2 + (k_2 + 1)s + k_1][s^2 - (k_2 + 1)s + k_1]}$$

となる．したがって，$a_0 = 1$, $a_1 = k_2 + 1$, $a_2 = k_1$, $d_0 = -(k_1^2 + 4)$, $d_1 = 4(k_2 + 1)^2 + k_1^2$ となるので，定理 9.3 の I_2 から

$$J = \frac{4(k_2 + 1)^2 + k_1^2 + (k_1^2 + 4)k_1}{2(k_2 + 1)k_1} \tag{9.63}$$

を得る．$D_f(s)$ がフルビッツであるという条件 $(k_1 > 0, k_2 > -1)$ の下で J を最小化するパラメータを求めてみよう．

式 (9.63) から J の偏微分を計算すると

$$\frac{\partial J}{\partial k_1} = \frac{k_1^2 + 2k_1^3 - 4(k_2 + 1)^2}{2(k_2 + 1)k_1^2}, \qquad \frac{\partial J}{\partial k_2} = \frac{4(k_2 + 1)^2 - k_1^3 - k_1^2 - 4k_1}{2(k_2 + 1)^2 k_1}$$

となる．$\partial J/\partial k_1 = \partial J/\partial k_2 = 0$ より

$$4(k_2 + 1)^2 = k_1^2 + 2k_1^3 = k_1^3 + k_1^2 - 4k_1 \tag{9.64}$$

を得る. 式 (9.64) を解くと, $k_1^0 = 2$, $k_2^0 = \sqrt{5} - 1$ を得るので, 最適な伝達関数は次式で与えられる.

$$T(s) = \frac{2}{s^2 + \sqrt{5}s + 2}, \qquad \omega_n = \sqrt{2}, \qquad \zeta = 0.791$$

この伝達関数は $P(s) = 1/s(s+1)$, $r(s) = 1/s$ に対して, 定理 9.1 より得られるものと一致する (演習問題 9.3). □

パラメータ最適化問題を解析的に解くことは, $n = 3$ 以上では非常に複雑となるので数値的に I_n を計算する方法に頼らざるをえない.

9.6 ノ ー ト

本章では [65], [37] を参考にした. s 領域における最適制御系の設計法のより進んだものとしては, YJB [72], [35] が有名である. 2 乗積分値の計算方法については, 文献 [65], [21], [26] を参照されたい. とくに [26] にはラウスの方法による 2 乗積分値の計算法と FORTRAN プログラムが掲載されている.

9.7 演 習 問 題

9.1 定理 9.1 を応用して, $P(s) = 10/s(s+2)$, $r(s) = 1/s$ に対する最適制御系の伝達関数を求め, フィードバック制御系として実現せよ. ただし $q = 1$ とする.

9.2 前問 9.1 と同じプラントに対して, 図 P9.1 のようなフィードバック制御系を考える. 定理 9.3 を用いて 2 乗積分 J の値を評価し, かつ J を最小にする k の値を求めよ.

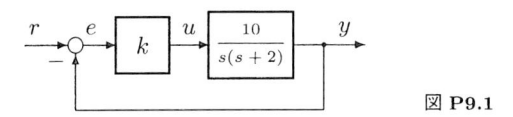

図 P9.1

9.3 $P(s) = 1/s(s+1)$, $r(s) = 1/s$, $q = 4$ に対する最適制御系の伝達関数を求め, かつフィードバック系として実現せよ. また, その結果を例 9.7 と比較せよ.

9.4 $P(s) = 1/s(s+1)$, $r(s) = 1/s^2$ に対する最適制御系の伝達関数を求め, フィードバック系として実現せよ.

9.5 $P(s) = (s+b_1)/(s^2+a_1 s+a_2)$, $C(s) = (\beta_1 s + \beta_2)/(s+\alpha_1)$ である単一フィードバック制御系を考える. $P(s)$ が既約であれば, パラメータ β_1, β_2, α_1 をいろいろ変化させることにより, 閉ループ系の極が自由に配置できることを示せ.

付録 A 複 素 関 数 論

ラプラス変換,ナイキストの安定定理などで必要となる複素関数論からの結果を述べる.定理の証明は参考文献 [16], [18], [5], [39] を参照されたい.以下では $\mathbb{R}$ および $\mathbb{C}$ を実数および複素数の集合,また $j = \sqrt{-1}$ を虚数単位とする.

A.1 正則関数

$s \in \mathbb{C}$ を $s = \sigma + j\omega$ と表し,s の属する複素平面を s 平面という.s 平面の領域 (連結開集合) を $D \subset \mathbb{C}$ とする.複素数 $s \in D$ から複素数 $w = u + jv$ への対応

$$w = F(s) = u(\sigma, \omega) + jv(\sigma, \omega) \tag{A.1}$$

が与えられるとき,$F(s)$ を複素関数という.式 (A.1) で u, v は 2 変数 (σ, ω) の実関数であり,それぞれ $F(s)$ の実部および虚部という.

領域 D で定義された 1 価連続な関数 $F(s)$ を考える.点 $s \in D$ において h が (任意の方法で) 0 に近づくとき,

$$\lim_{h \to 0} \frac{F(s+h) - F(s)}{h} = A(\neq \infty) \tag{A.2}$$

が存在すれば,$F(s)$ は点 s で微分可能であるという.A を $F'(s)$ あるいは,$dF(s)/ds$ と表し,s における微係数という.$F(s)$ が領域 D の各点で微分可能であるとき,$F(s)$ は D で正則であるといい,D で正則な関数を正則関数という.また,正則関数は何回でも微分可能であり,かつ正則関数の実部と虚部は独立ではなく,コーシー・リーマンの微分方程式

$$\frac{\partial u}{\partial \sigma} = \frac{\partial v}{\partial \omega}, \qquad \frac{\partial v}{\partial \sigma} = -\frac{\partial u}{\partial \omega} \tag{A.3}$$

で結ばれている.

さて,領域 D 内の区分的に滑らかな曲線を C とし,C に沿った $F(s)$ の積分を考える.

定理 A1 (積分定理)　$F(s)$ が D で正則であれば，D 内の（単純）閉曲線 C に沿った $F(s)$ の積分は 0 となる．すなわち

$$I = \int_C F(s)ds = 0 \tag{A.4}$$

が成立する．ここに積分路は正の $[C$ により囲まれる領域を左にみる$]$ 向きにとるものとする (図 A.1)．　□

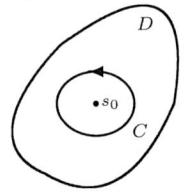

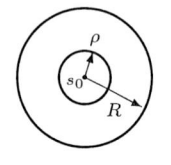

図 **A.1**　領域 D と積分路 C　　　　図 **A.2**　円環領域

定理 A2　点 $s = s_0$ を囲む任意の閉曲線を C とすると，

$$\int_C (s-s_0)^n ds = \begin{cases} 2\pi j, & n = -1 \\ 0, & n \neq -1 \end{cases} \tag{A.5}$$

が成立する．　□

A.2　ローラン展開，特異点

$0 < \rho < R < \infty$ として，円環領域 $D = \{s \mid \rho < |s-s_0| < R\}$ を考える (図 A.2)．

定理 A3　$F(s)$ が D で正則であれば，$F(s)$ は一意的に

$$F(s) = \sum_{k=0}^{\infty} a_k(s-s_0)^k + \sum_{k=1}^{\infty} \frac{a_{-k}}{(s-s_0)^k} \tag{A.6}$$

のように展開できる．ここに

$$a_k = \frac{1}{2\pi j}\int_C \frac{F(s)}{(s-s_0)^{k+1}}ds, \quad k = 0, \pm 1, \cdots \tag{A.7}$$

であり，C は D 内の点 s_0 を囲む閉曲線である．　□

式 (A.6) の表現をローラン展開という．右辺第 1 項はテーラー展開に相当する．第 2 項は負のベキ級数であり，これを主要部という．また $s_0 = \infty$ における $F(s)$ のローラン展開は

$$F(s) = \sum_{k=1}^{\infty} a_k s^k + \sum_{k=0}^{\infty} a_{-k} s^{-k}, \quad R < |s| < \infty \tag{A.8}$$

となる．上式における主要部は正のベキからなる右辺第1項である．

$s_0 \neq \infty$ とし，$F(s)$ は $0 < |s-s_0| < R$ では正則であるが，$|s-s_0| < R$ では正則でないとき，$s = s_0$ を $F(s)$ の特異点という．このとき，$F(s)$ は $0 < |s-s_0| < R$ で式 (A.6) の展開をもつ．つぎに示すように，特異点近傍における $F(s)$ の挙動は主要部で定まる．

(1) 主要部がない場合: $a_{-k} = 0, k = 1, 2, \cdots$ であれば，$F(s)$ は $|s-s_0| < R$ で正則であるから，$s = s_0$ は除去可能な特異点という．

(2) 主要部が有限個の項からなる場合:

$$F(s) = \sum_{k=0}^{\infty} a_k (s-s_0)^k + \frac{a_{-1}}{s-s_0} + \cdots + \frac{a_{-n}}{(s-s_0)^n}, \quad a_{-n} \neq 0 \quad (A.9)$$

であるとき，$s = s_0$ を n 位の極 (pole) という．$F(s) = 1/s(s+1)^2$ において，$s = 0$ および -1 はそれぞれ 1 位および 2 位の極である．

(3) 主要部が無限個の項からなる場合: $s = s_0$ を $F(s)$ の真性特異点という．真性特異点は位数無限大の極である．たとえば，

$$e^{1/s} = 1 + \frac{1}{s} + \frac{1}{2!}\frac{1}{s^2} + \cdots + \frac{1}{n!}\frac{1}{s^n} + \cdots \quad (A.10)$$

において，$s = 0$ は真性特異点である．

$s = s_0$ が $F(s)$ の n 位の零点 (zero) であるとは，$F(s)$ が $s = s_0$ の近傍 D において正則であり，D で正則な関数 $G(s)$ を用いて $F(s) = (s-s_0)^n G(s), G(s_0) \neq 0$ と表されることである．明らかに，$s = s_0$ が $F(s)$ の n 位の零点であれば，$s = s_0$ は $1/F(s)$ の n 位の極である．

$F(s)$ が多項式の比

$$F(s) = \frac{N(s)}{D(s)} = \frac{b_0 s^m + b_1 s^{m-1} + \cdots + b_m}{s^n + a_1 s^{n-1} + \cdots + a_n}, \quad b_0 \neq 0 \quad (A.11)$$

として表されるとき，$F(s)$ を有理関数 (rational function) という．代数学の基本定理より n 次多項式は n 個の零点をもつので，式 (A.11) より $F(s)$ は n 個の極および m 個の零点をもつ．さらに，

$$\lim_{s \to \infty} s^{n-m} F(s) = b_0 \neq 0 \quad (A.12)$$

であるから，$n > m$ のとき $s = \infty$ は $F(s)$ の $n-m$ 位の零点であり，$m = n$ のときは正則点，また $n < m$ のときは $m-n$ 位の極である．よって，無限遠点まで含めれば，$F(s)$ は $\max(n, m)$ 個の極と零点をもつ．

領域 D で有限個あるいは可算無限個の極を除いて正則な関数を有理型 (meromorphic) 関数という．たとえば，$F(s) = 1/(1 - e^{-s})$ は有理関数ではないが，1 位の極 $s = 2n\pi j, n = 0, \pm 1, \cdots$ を除いて $|s| < \infty$ で正則であるから有理型関数である．

A.3　留　　数

$F(s)$ が $0 < |s - s_0| < R$ で正則であれば，式 (A.6) のようにローラン展開できる．ここで，点 s_0 を囲む円 $(|s - s_0| = R)$ 内の任意の閉曲線 C に沿って式 (A.6) を積分すれば，定理 A2 から

$$\frac{1}{2\pi j} \int_C F(s)ds = a_{-1} = (s - s_0)^{-1} \text{の係数} \tag{A.13}$$

を得る．このとき，a_{-1} を点 s_0 における $F(s)$ の留数 (residue) といい，$\mathrm{Res}(s_0)$ あるいは $\mathrm{Res}[F(s), s_0]$ で表す．

定理 A4 (留数定理)　　閉曲線 C によって囲まれる領域を D とする．$F(s)$ が D 内の有限個の孤立特異点 $s_1, \cdots, s_n$ を除いて正則であれば

$$\frac{1}{2\pi j} \int_C F(s)ds = \sum_{i=1}^{n} \mathrm{Res}[F(s), s_i] \tag{A.14}$$

が成立する．　　□

式 (A.9) を利用すると，留数はつぎの方法で求めることができる．
(1)　$s = a$ が $F(s)$ の 1 位の極の場合：

$$\mathrm{Res}(a) = \lim_{s \to a} [(s - a)F(s)] \tag{A.15}$$

(2)　$s = a$ が $F(s)$ の n 位の極の場合：

$$\mathrm{Res}(a) = \frac{1}{(n-1)!} \left\{ \lim_{s \to a} \frac{d^{n-1}}{ds^{n-1}} \left[(s - a)^n F(s) \right] \right\} \tag{A.16}$$

つぎに無限遠点 $s = \infty$ における留数を定義しよう．$F(s)$ が $R < |s| < \infty$ で正則のとき，$|s| = \rho < \infty$ に沿って無限遠点 $s = \infty$ に関して正の向きに回る一周積分を $2\pi j$ で割ったものを $s = \infty$ における $F(s)$ の留数という．したがって，原点に関して正の向きに 1 周する積分を用いると

$$\mathrm{Res}(\infty) = -\frac{1}{2\pi j} \int_{|s|=\rho} F(s)ds \tag{A.17}$$

と表される.また $F(s)$ が式 (A.8) のように展開されたとすれば,$\mathrm{Res}(\infty) = -a_{-1}$ である.式 (A.10) より $e^{1/s}$ の $s = \infty$ における留数は -1 である.

定理 A5 $F(s)$ が有理関数であれば,$s = \infty$ を含む $F(s)$ のすべての留数の和は 0 となる.すなわち,$s = \infty$ でない有限個の特異点を $s_1, \cdots, s_n$ とすると

$$\mathrm{Res}(s_1) + \cdots + \mathrm{Res}(s_n) + \mathrm{Res}(\infty) = 0 \tag{A.18}$$

が成立する. □

$s = \infty$ における留数はつぎのように計算される.

(1) $F(s)$ が $s = \infty$ で 1 位の零点をもてば

$$\mathrm{Res}(\infty) = -\lim_{s \to \infty} sF(s) \tag{A.19}$$

を得る.また $F(s)$ が $s = \infty$ で位数 2 以上の零点をもてば $\mathrm{Res}(\infty) = 0$ となる.

(2) $F(s) = N(s)/D(s)$ が非プロパーな有理関数 $(m > n)$ の場合には,

$$F(s) = Q(s) + \frac{R(s)}{D(s)} \tag{A.20}$$

と表される.ここに多項式 $Q(s), R(s)$ は $\deg Q(s) = m - n$,$\deg R(s) < n$ を満足する.よって次式を得る.

$$\mathrm{Res}(\infty) = -\lim_{s \to \infty} \left[\frac{sR(s)}{D(s)} \right] \tag{A.21}$$

A.4 偏角原理

領域 D において $F(s)$ は有理型,すなわち可算無限個の極を除いて正則であるとする.$F(s)$ の対数微分 $F'(s)/F(s) = d\log F(s)/ds$ を考える.

定理 A6 領域 D の周囲を C とし,$F(s)$ は D で有理型とする.D 内の $F(s)$ の極を $p_1, \cdots, p_r$,零点を $z_1, \cdots, z_k$ とし,極 p_i の位数を $n_i, i = 1, \cdots, r$,零点 z_j の位数を $m_j, j = 1, \cdots, k$ とする.C 上には $F(s)$ の極も零点もないとすると

$$\frac{1}{2\pi j} \int_C \frac{F'(s)}{F(s)} ds = Z - P \tag{A.22}$$

が成立する.ここに $P = n_1 + \cdots + n_r$,$Z = m_1 + \cdots + m_k$ である.すなわち P および Z はそれぞれ極および零点の重複度を含めた総数である. □

点 s が閉曲線 C を正の向きに 1 周するとき，$w = F(s)$ による C の像を Γ とする．$n(\Gamma, 0)$ を Γ の原点 $w = 0$ まわりの回転数 (正の向き) とすると，

$$\frac{1}{2\pi j}\int_C \frac{F'(s)}{F(s)}ds = \frac{1}{2\pi j}\int_\Gamma \frac{dw}{w} = n(\Gamma, 0) \tag{A.23}$$

となる．よって，式 (A.22), (A.23) から

$$n(\Gamma, 0) = Z - P \tag{A.24}$$

を得る．すなわち，Γ の原点まわりの回転数が C 内の重複度を含めた $F(s)$ の零点の数と極の数の差で与えられる．

A.5　1 次 変 換

$a, b, c, d \in \mathbb{C}$ とするとき，

$$w = F(s) = \frac{as + b}{cs + d}, \qquad ad - bc \neq 0 \tag{A.25}$$

を 1 次変換という．

定理 A7　s 平面の左半平面 $\mathrm{Re}[s] < 0$ を w 平面の単位円の外部に写像する 1 次変換は

$$w = F(s) = e^{j\theta}\frac{\bar{a} + s}{a - s}, \qquad \mathrm{Re}[a] < 0 \tag{A.26}$$

で与えられる．よって $1/F(s)$ は s 平面の左半平面 $\mathrm{Re}[s] < 0$ を w 平面の単位円の内部に写像する 1 次変換である．

証明　$s = \sigma + j\omega$, $a = \alpha + j\beta$, $\alpha < 0$ とおくと，

$$|w|^2 = \frac{(\sigma + \alpha)^2 + (\omega - \beta)^2}{(\sigma - \alpha)^2 + (\omega - \beta)^2}$$

となる．これより，$\sigma = 0$ であれば $|w| = 1$, $\sigma < 0$ であれば $|w| > 1$, また $\sigma > 0$ であれば $|w| < 1$ となる．　□

a_i, $i = 1, \cdots, n$ を任意の複素数とするとき，1 次変換の積

$$B(s) = \prod_{i=1}^{n} \frac{\bar{a}_i + s}{a_i - s} \tag{A.27}$$

を有理 Blaschke 積という．$B(s)$ は全域通過関数である．

付録B　フーリエ変換

フーリエ変換に関する事項とスペクトル分解について述べる．フーリエ変換に関する参考文献は [19], [22], [8], [68] などがある．またスペクトル分解は文献 [36] によった．

B.1　フーリエ変換

区間 $(-\infty, \infty)$ で定義された区分的に連続あるいは区分的に滑らかな関数 $f(t)$ を考える．不連続点は無限個あってもよいが，任意の有限区間では有限個しかないと仮定する．とくに不連続点 t においては左極限 $f(t-0)$, 右極限 $f(t+0)$ の存在を仮定する．さらに $f(t)$ は $(-\infty, \infty)$ で絶対可積分

$$\int_{-\infty}^{\infty} |f(t)| dt < \infty$$

であるとする．このとき積分

$$F(j\omega) = \int_{-\infty}^{\infty} f(t) e^{-j\omega t} dt, \qquad \omega：実数 \tag{B.1}$$

を $f(t)$ のフーリエ変換 (Fourier transform) という．

定理 B1　$f(t)$ が絶対可積分であるとき，フーリエ変換 $F(j\omega)$ は，$-\infty < \omega < \infty$ において連続で，かつ次式が成立する．

$$\lim_{\omega \to \pm\infty} F(j\omega) = 0 \tag{B.2}$$

証明　文献 [22], [8] 参照．　　□

しかし複素関数 $F(j\omega)$, $-\infty < \omega < \infty$ が連続で，式 (B.2) を満足しても，$F(j\omega)$ がある絶対可積分関数のフーリエ変換であるとは限らない．

定理 B2　$f(t)$, $-\infty < t < \infty$ が区分的に滑らかで，かつ絶対可積分であれば

$$f(t) = \lim_{R \to \infty} \frac{1}{2\pi} \int_{-R}^{R} F(j\omega) e^{j\omega t} d\omega \quad (コーシーの主値) \tag{B.3}$$

が成立する．ただし不連続点では左辺の $f(t)$ は $\{f(t+0) + f(t-0)\}/2$ で置き換える．

証明 文献 [19] 参照. □

定理 B3 $f(t), -\infty < t < \infty$ が有界, 連続, かつ絶対可積分であるとする. このとき, $F(j\omega), -\infty < \omega < \infty$ が絶対可積分であれば, 次式が成立する.

$$f(t) = \frac{1}{2\pi} \int_{-\infty}^{\infty} F(j\omega)e^{j\omega t}d\omega \tag{B.4}$$

証明 $\varepsilon > 0$ として, $f_\varepsilon(t)$ をつぎのように定義する.

$$f_\varepsilon(t) = \frac{1}{2\pi} \int_{-\infty}^{\infty} F(j\omega)e^{-\varepsilon|\omega|}e^{j\omega t}d\omega$$

明らかに $|F(j\omega)e^{-\varepsilon|\omega|}e^{j\omega t}| \leq |F(j\omega)|$ であり, 仮定より $F(j\omega)$ は絶対可積分であるから,

$$\lim_{\varepsilon \to 0} f_\varepsilon(t) = \frac{1}{2\pi} \int_{-\infty}^{\infty} F(j\omega)e^{j\omega t}d\omega \tag{B.5}$$

が成立する. ここで, $f_\varepsilon(t)$ の右辺を具体的に書き下すと

$$f_\varepsilon(t) = \frac{1}{2\pi} \int_{-\infty}^{\infty} \left(\int_{-\infty}^{\infty} f(u)e^{-j\omega u}du \right) e^{-\varepsilon|\omega|+j\omega t}d\omega$$
$$= \frac{1}{2\pi} \int_{-\infty}^{\infty} f(u)du \int_{-\infty}^{\infty} e^{-\varepsilon|\omega|+j\omega(t-u)}d\omega$$

となる. 積分順序の変更は $f(u)$ の絶対可積分性および $\varepsilon > 0$ より可能である (Fubini の定理). 容易に

$$\int_{-\infty}^{\infty} e^{-\varepsilon|\omega|+j\omega(t-u)}d\omega = \frac{2\varepsilon}{\varepsilon^2 + (t-u)^2}$$

となるので,

$$f_\varepsilon(t) = \frac{1}{\pi} \int_{-\infty}^{\infty} \frac{\varepsilon}{\varepsilon^2 + (t-u)^2}f(u)du = \frac{1}{\pi} \int_{-\infty}^{\infty} \frac{1}{1+u^2}f(t+\varepsilon u)du \tag{B.6}$$

を得る. ここで, 評価式

$$\left| \frac{1}{1+u^2}f(t+\varepsilon u) \right| \leq \frac{M}{1+u^2}, \quad M = \sup_{-\infty < t < \infty} |f(t)| < \infty$$

および $\int_{-\infty}^{\infty} 1/(1+u^2)du = \pi$ を用いると, 式 (B.6) で積分と極限 $\varepsilon \to 0$ の順序交換が許されるので,

$$\lim_{\varepsilon \to 0} f_\varepsilon(t) = \lim_{\varepsilon \to 0} \frac{1}{\pi} \int_{-\infty}^{\infty} \frac{1}{1+u^2}f(t+\varepsilon u)du = f(t)$$

表 B.1　フーリエ変換

	$f(t)$	$F(j\omega)$
1	$\delta(t-t_0)$	$e^{j\omega t_0}$
2	$e^{j\omega_0 t}$	$2\pi\delta(\omega-\omega_0)$
3	$\operatorname{sgn} t = \begin{cases} 1, & t>0 \\ -1, & t<0 \end{cases}$	$\dfrac{2}{j\omega}$
4	$1(t) = \begin{cases} 1, & t>0 \\ 0, & t<0 \end{cases}$	$\pi\delta(\omega) + \dfrac{1}{j\omega}$
5	$\chi_{(-T,T)}(t) = \begin{cases} 1, & |t|<T \\ 0, & |t|>T \end{cases}$	$\dfrac{2\sin\omega T}{\omega}$
6	$e^{-\alpha|t|},\ \alpha>0$	$\dfrac{2\alpha}{\omega^2+\alpha^2}$
7	$e^{-\alpha t^2},\ \alpha>0$	$\sqrt{\pi/\alpha}\,e^{-\omega^2/4\alpha}$
8	$f'(t)$	$j\omega F(j\omega)$
9	$\int_{-\infty}^{t} f(\tau)d\tau$	$\left(\pi\delta(\omega) + \dfrac{1}{j\omega}\right)F(j\omega)$

を得る．よって式 (B.5) より，式 (B.4) が示された．　　□

式 (B.3), (B.4) を逆フーリエ変換という．表 B.1 には，代表的な関数のフーリエ変換が示されている．この表の中で，1～4 は上記の定理の条件を満足しない関数であることに注意されたい．この点については文献 [68] が詳しい．

定理 B4 (合成積)　$f(t), g(t), -\infty < t < \infty$ はともに区分的に連続で，かつ絶対可積分であるとする．このとき，$f(t), g(t)$ の少なくとも一方が有界であれば，合成積

$$h(t) = \int_{-\infty}^{\infty} f(\tau)g(t-\tau)d\tau = (f*g)(t) \tag{B.7}$$

は有界，連続，絶対可積分となり，そのフーリエ変換は次式で与えられる．

$$H(j\omega) = F(j\omega)G(j\omega) \tag{B.8}$$

証明　文献 [19] 参照．　　□

以下では $f(t), -\infty < t < \infty$ は実数値関数とする．$f(t) = 0, t < 0$ であれば

$f(t)$ は因果的 (causal), 逆に $f(t) = 0, t > 0$ であれば, 反因果的 (anticausal) であるという.

因果的な関数 $f(t)$ のフーリエ変換は式 (B.1) より

$$F(j\omega) = \int_0^\infty f(t)\cos\omega t dt - j\int_0^\infty f(t)\sin\omega t dt = x(\omega) + jy(\omega) \quad \text{(B.9)}$$

と表される. ここに $x(\omega), y(\omega)$ は $F(j\omega)$ の実部および虚部である. $x(\omega)$ は偶関数, $y(\omega)$ は奇関数であるから,

$$f(t) = \frac{1}{2\pi}\int_{-\infty}^\infty F(j\omega)e^{j\omega t}d\omega = \frac{1}{2\pi}\int_{-\infty}^\infty [x(\omega)\cos\omega t - y(\omega)\sin\omega t]d\omega$$
(B.10)

となる. 仮定より $f(t) = 0, t < 0$ であるから

$$\frac{1}{2\pi}\int_{-\infty}^\infty [x(\omega)\cos\omega t - y(\omega)\sin\omega t]d\omega = 0, \quad t < 0$$

が成立する. 上式で, t を $-t$ に置き換えると

$$\frac{1}{2\pi}\int_{-\infty}^\infty [x(\omega)\cos\omega t + y(\omega)\sin\omega t]d\omega = 0, \quad t > 0 \quad \text{(B.11)}$$

を得る. 式 (B.11) を式 (B.10) に用いると

$$f(t) = \frac{1}{\pi}\int_{-\infty}^\infty x(\omega)\cos\omega t d\omega = -\frac{1}{\pi}\int_{-\infty}^\infty y(\omega)\sin\omega t d\omega \quad \text{(B.12)}$$

となるので, 因果的な関数は $F(j\omega)$ の実部あるいは虚部のいずれか一方の逆変換として表される. すなわち, 因果的な関数のフーリエ変換の実部と虚部の間には一定の関係があることが予想される.

定理 B5 $f(t)$ が因果的であれば, フーリエ変換 $F(j\omega)$ の実部 $x(\omega)$ と虚部 $y(\omega)$ は互いにヒルベルト変換

$$y(\omega) = -\frac{1}{\pi}\int_{-\infty}^\infty \frac{x(u)}{\omega - u}du, \quad x(\omega) = \frac{1}{\pi}\int_{-\infty}^\infty \frac{y(u)}{\omega - u}du \quad \text{(B.13)}$$

の関係にある. 上式の積分は主値をとるものとする.

証明 文献 [68] 参照. □

B.2　両側ラプラス変換

区分的に連続な絶対可積分関数 $f(t), -\infty < t < \infty$ に対して

$$F_{\text{II}}(s) = \int_{-\infty}^{\infty} f(t) e^{-st} dt, \qquad s = \sigma + j\omega \tag{B.14}$$

が収束するとき，$F_{\text{II}}(s)$ を $f(t)$ の両側 (two-sided) ラプラス変換という．$f(t)$ が因果的であれば，$F_{\text{II}}(s)$ は通常の (片側) ラプラス変換 $F(s)$ と一致する．

定理 B6　$f(t), -\infty < t < \infty$ が，$M > 0, \alpha < \beta$ に対して

$$|f(t)| \leq \begin{cases} Me^{\alpha t}, & t \geq 0 \\ Me^{\beta t}, & t < 0 \end{cases} \tag{B.15}$$

を満足すれば，両側ラプラス変換 $F_{\text{II}}(s)$ は帯状領域 $\alpha < \text{Re}[s] < \beta$ において絶対収束し，かつ正則である．

証明　$s = \sigma + j\omega, \alpha < \sigma < \beta$ とする．このとき

$$F_{\text{II}}(s) = \int_0^{\infty} f(t) e^{-st} dt + \int_{-\infty}^0 f(t) e^{-st} dt \tag{B.16}$$

と表される．上式右辺第 1 項は

$$\int_0^{\infty} |f(t) e^{-st}| dt \leq M \int_0^{\infty} e^{-(\sigma-\alpha)t} dt = \frac{M}{\sigma - \alpha} < \infty$$

と評価できるので，$\text{Re}[s] > \alpha$ で絶対収束し，かつ正則となる (定理 2.1). 同様にして，式 (B.16) 右辺の第 2 項は $\text{Re}[s] < \beta$ において絶対収束し，かつ正則となる．よって定理が証明された．　□

たとえば，$f(t) = e^{-a|t|}, a > 0$ とすると

$$F_{\text{II}}(s) = \int_{-\infty}^{\infty} e^{-a|t|-st} dt = \frac{1}{a-s} + \frac{1}{a+s} = \frac{2a}{a^2 - s^2}$$

となり，$F_{\text{II}}(s)$ は $-a < \text{Re}[s] < a$ で絶対収束する．

定理 B7　$f(t), -\infty < t < \infty$ は区分的に連続で，式 (B.15) の条件を満足すると仮定する．このとき，

$$f(t) = \frac{1}{2\pi j} \int_{c-j\infty}^{c+j\infty} F_{\text{II}}(s) e^{st} ds, \qquad \alpha < c < \beta \tag{B.17}$$

が成立する．ただし，$f(t)$ の不連続点では $f(t)$ は $\{f(t+0)+f(t-0)\}/2$ で置き換える．式 (B.17) の積分をブロムウィッチ積分という．

証明 $s = c + j\omega$, $\varphi(t) = f(t)e^{-ct}$ とおくと，$f(t)$ の両側ラプラス変換は

$$F_{\text{II}}(s) = F_{\text{II}}(c+j\omega) = \int_{-\infty}^{\infty} \varphi(t)e^{-j\omega t}dt \tag{B.18}$$

と表される．$f(t)$ は式 (B.15) を満足するので，$\varphi(t)$ は絶対可積分である．よって式 (B.18) は $\varphi(t)$ のフーリエ変換である．逆フーリエ変換の公式 (定理 B2, B3) より

$$f(t)e^{-ct} = \varphi(t) = \frac{1}{2\pi}\int_{-\infty}^{\infty} F_{\text{II}}(c+j\omega)e^{j\omega t}d\omega \tag{B.19}$$

を得る．式 (B.19) で積分変換を ω から $s = c+j\omega$ に変換すると，式 (B.17) を得る． □

定理 B8 式 (B.17) の積分はつぎのように計算できる．$F_{\text{II}}(s)$ が $\alpha < \text{Re}[s] < \beta$ で正則で，かつ $|s| > R_0 > 0$ で正則で，$|F_{\text{II}}(s)| \leq MR^{-k}$, $k > 0$, $|s| \geq R > R_0$ を満足すれば，

$$f(t) = \begin{cases} \displaystyle\sum_{j:\text{Re}[s_j]<c} \frac{1}{(m_j-1)!}\lim_{s\to s_j}\left[\left(\frac{d}{ds}\right)^{m_j-1}\left((s-s_j)^{m_j}F(s)e^{st}\right)\right], & t > 0 \\ \displaystyle\sum_{j:\text{Re}[s_j]>c} \frac{-1}{(m_j-1)!}\lim_{s\to s_j}\left[\left(\frac{d}{ds}\right)^{m_j-1}\left((s-s_j)^{m_j}F(s)e^{st}\right)\right], & t < 0 \end{cases} \tag{B.20}$$

が成立する．ここに s_j は $F(s)$ の m_j 位の極である．

証明 $t > 0$ と仮定し，図 B.1 の積分路を考える．ただし $\Gamma^+ = BCDEA$, $\Gamma^- = BFA$ である．式 (B.17) 右辺の積分を

$$\frac{1}{2\pi j}\int_{\uparrow AB} = \frac{1}{2\pi j}\int_{ABCDEA} - \frac{1}{2\pi j}\int_{\Gamma^+}$$

と表す．定理の仮定の下で，Γ^+ 上での積分はジョルダンの補題 (B.4 節) により 0 に収束する．したがって，上式右辺第 1 項を評価すればよい．$R \to \infty$ のとき，閉路 $ABCDEA$ 内に $\text{Re}[s] < c$ なるすべての $F(s)$ の極が含まれる．したがって，定理 A4 から

$$\frac{1}{2\pi j}\int_{c-j\infty}^{c+j\infty} F(s)e^{st}ds = \sum_{i:\text{Re}[s_i]<c} \text{Res}[F(s)e^{st}, s_i] \tag{B.21}$$

を得る．s_i が $F(s)$ の m_i 位の極であるから，式 (A.16) より式 (B.20) ($t > 0$ の場合) が証明できた．また $t < 0$ の場合は閉路 $ABFA$ に沿った積分を考えれば，同様に証明できる． □

図 **B.1** 積分路 Γ^+, Γ^- 図 **B.2** 2 つの原始関数

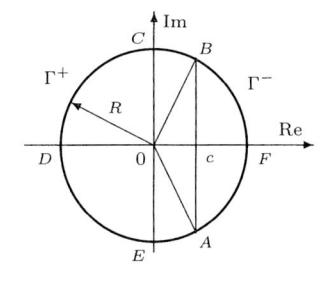

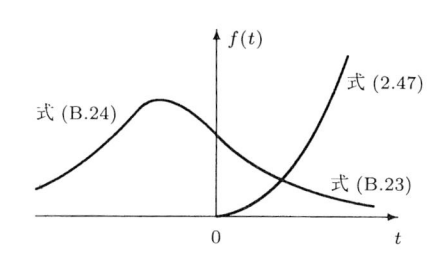

両側ラプラス変換

$$F_{\text{II}}(s) = \frac{1}{(s+a)(s-b)^2}, \qquad a, b > 0 \tag{B.22}$$

は $-a < \mathrm{Re}[s] < b$ で収束する．$F_{\text{II}}(s)$ の逆変換を求めてみよう．$s = -a < 0$ は 1 位の極，$s = b > 0$ は 2 位の極であるから，

$$f(t) = \lim_{s \to -a} \left[\frac{e^{st}}{(s-b)^2} \right] = \frac{e^{-at}}{(a+b)^2}, \qquad t > 0 \tag{B.23}$$

および

$$f(t) = \lim_{s \to b} \left[\frac{d}{ds} \left(\frac{e^{st}}{s+a} \right) \right] = -\frac{e^{bt}}{(a+b)} \left(t - \frac{1}{b+a} \right), \qquad t < 0 \tag{B.24}$$

となる (図 B.2)．しかし式 (B.22) を $\mathrm{Re}[s] > b$ で収束する片側ラプラス変換とみると，例 2.6 の式 (2.47) のように，$f(t)$ は $t \geq 0$ で定義された発散する関数となる．このように，$F_{\text{II}}(s)$ の収束域が異なれば，その原始関数が異なることに注意されたい．

定理 B9 $f(t)$ は因果的であり，デルタ関数は含まないとする．このとき，$f(t)$ が絶対可積分であれば両側ラプラス変換 $F_{\text{II}}(s)$ は $\mathrm{Re}[s] \geq 0$ で正則，有界である．逆に $F_{\text{II}}(s)$ が $\mathrm{Re}[s] \geq 0$ で正則かつ有界であれば，$f(t)$ は絶対可積分で，かつ因果的である．

証明 仮定より $F_{\text{II}}(s) = \int_{-\infty}^{\infty} f(t)e^{-st}dt = \int_{0}^{\infty} f(t)e^{-st}dt$ は $\mathrm{Re}[s] \geq 0$ で絶対収束する．よって $F_{\text{II}}(s)$ は $\mathrm{Re}[s] \geq 0$ で有界であり，虚軸上に極をもたない．

また定理 2.1 より $F_{\text{II}}(s)$ は $\text{Re}[s] > 0$ で正則であるから, $F_{\text{II}}(s)$ は $\text{Re}[s] \geq 0$ で正則となる. つぎに $\lim_{s \to \infty} F_{\text{II}}(s) = a \neq 0$ とすると, $F_{\text{II}}(s) := F_{\text{II}}(s) - a$ とおくことにより, $\lim_{s \to \infty} F_{\text{II}}(s) = 0$ と仮定してよい. このとき, 式 (B.20), (B.21) から

$$f(t) = \sum_{k:\text{Re}[s_k]>0} \text{Res}[F_{\text{II}}(s)e^{st}, s_k], \qquad t < 0$$

となるが, $F_{\text{II}}(s)$ は $\text{Re}[s] \geq 0$ で正則であるから, $f(t) = 0, t < 0$ を得る. 同じく, 式 (B.20) より $f(t)$ は絶対可積分であることが示される. □

この定理より, 因果的かつ絶対可積分関数 $f(t)$ のラプラス変換 $F(s)$ が有理関数であれば, それはプロパーであることがわかる.

B.3 パーセバルの公式

実数値関数 $f(t)$ は因果的で, 有界かつ絶対可積分であるとする. $f(t)$ の 2 乗積分をそのラプラス変換を用いて計算する公式を考えよう.

定理 B10 (パーセバル (Parseval) の公式) $F(s)$ は $\text{Re}[s] \geq 0$ で正則, かつ厳密にプロパーであるとする. このとき, つぎの等式が成立する.

$$\int_0^\infty f^2(t)dt = \frac{1}{2\pi j}\int_{-j\infty}^{j\infty} F(s)F(-s)ds = \sum_{F(s)\text{の極}} \text{Res}[F(s)F(-s)] \quad (B.25)$$

証明 $[0, \infty)$ で有界かつ絶対可積分関数は 2 乗可積分であるから, 式 (B.25) 左辺の積分は存在する. 定理 B7 で $c = 0$ とおくことにより

$$\int_0^\infty f^2(t)dt = \int_0^\infty f(t)\left\{\frac{1}{2\pi j}\int_{-j\infty}^{j\infty} F(s)e^{st}ds\right\}dt$$
$$= \frac{1}{2\pi j}\int_{-j\infty}^{j\infty} F(s)\left\{\int_0^\infty f(t)e^{st}dt\right\}ds = \frac{1}{2\pi j}\int_{-j\infty}^{j\infty} F(s)F(-s)ds$$

を得る. $s = j\omega$ とおき, 積分区間を $(-\infty, \infty)$ とすると, これはフーリエ変換におけるパーセバル公式と同じものである. 最後に $F(s)F(-s) \sim 1/s^2$ ($|s| \to \infty$) であるから, 式 (B.25) の留数による表現は式 (B.21) と同様にして導かれる. □

B.4 ジョルダンの補題

ラプラス変換, フーリエ変換の逆変換を計算する場合に有用な補題を証明しておこう.

B.4 ジョルダンの補題

定理 B11 (ジョルダン (Jordan) の補題) $F(s)$ は $|s| > R_0 > 0$ で正則,かつ

$$|F(s)| \leq MR^{-k}, \qquad |s| \geq R > R_0 \tag{B.26}$$

が成立するとする.ただし $M, k > 0$ である.このとき,

(i) $\displaystyle\lim_{R\to\infty} \frac{1}{2\pi j} \int_{\Gamma^+} F(s)e^{st} ds = 0, \qquad t > 0 \tag{B.27}$

(ii) $\displaystyle\lim_{R\to\infty} \frac{1}{2\pi j} \int_{\Gamma^-} F(s)e^{st} ds = 0, \qquad t < 0 \tag{B.28}$

が成立する.ただし,積分路は図 B.1 の円弧 $\Gamma^+ = BCDEA$ および $\Gamma^- = AFB$ である.直線 AB の座標 c は正負零のいずれでもよい.

証明 $c > 0$ と仮定し,(i) を証明しよう.$s = Re^{j\theta} = R(\cos\theta + j\sin\theta)$ とおくと,$|ds| = Rd\theta, |e^{st}| = e^{tR\cos\theta}$ であるから,

$$\left|\frac{1}{2\pi j}\int_{\Gamma^+} F(s)e^{st}ds\right| \leq \frac{1}{2\pi} MR^{-k+1} \int_{\pi/2-\alpha}^{3\pi/2+\alpha} e^{tR\cos\theta} d\theta \tag{B.29}$$

となる.ただし,$\angle BOC = \angle AOE = \alpha > 0$ である.BC, EA に沿った式 (B.29) 右辺の積分は,$R\cos\theta \leq c$ を用いることにより

$$
\begin{aligned}
|I_{BC}| + |I_{EA}| &\leq \frac{MR^{-k+1}}{\pi} \int_{\pi/2-\alpha}^{\pi/2} e^{tR\cos\theta} d\theta \\
&= \frac{MR^{-k+1}}{\pi} \int_0^{\alpha} e^{tR\sin\eta} d\eta \quad \left[\eta = \frac{\pi}{2} - \theta\right] \\
&\leq \frac{MR^{-k+1}}{\pi} \int_0^{\alpha} e^{tR\eta} d\eta = \frac{MR^{-k}}{\pi t}(e^{tR\alpha} - 1) \tag{B.30}
\end{aligned}
$$

と評価できる.t を固定して,$R \to \infty$ とすると,$R\alpha \to c$ であるから,式 (B.30) は 0 に収束する.つぎに CDE 上での積分は $\cos\theta \geq 1 - 2\theta/\pi, 0 \leq \theta \leq \pi/2$ より

$$
\begin{aligned}
|I_{CDE}| &\leq \frac{MR^{-k}}{2\pi} \int_{\pi/2}^{3\pi/2} e^{tR\cos\theta} d\theta = \frac{MR^{-k}}{\pi} \int_0^{\pi/2} e^{-tR\cos\theta} d\theta \\
&\leq \frac{MR^{-k}}{\pi} \int_0^{\pi/2} e^{-tR(1-2\theta/\pi)} d\theta = \frac{MR^{-k}}{2t}(1 - e^{-Rt})
\end{aligned}
$$

となる.ここで $R \to \infty$ とすると $|I_{CDE}| \to 0$ を得る.よって式 (B.30) が証明された.式 (B.31) の証明も同様である. $\square$

上の証明より,式 (B.26) の条件を $\displaystyle\lim_{|s|\to\infty}|F(s)| = 0$ と変更しても補題は成立することがわかる.

B.5 スペクトル分解

第 9 章で必要となるスペクトル分解について述べる.

定理 B12 (スペクトル分解)　次数 $2n$ の実係数偶数次多項式 $A(s)$ を考える. もし虚軸上 $s = j\omega$ において, $A(s)$ が非負であれば, 次数 n の実係数安定多項式 $B(s)$ が存在して, 次式が成立する.

$$A(s) = B(s)B(-s) \tag{B.31}$$

証明　$A(s)$ は実係数で, かつ $A(s) = A(-s)$ が成立する. よって $A(a_k) = 0$ であれば, $A(\bar{a}_k) = A(-a_k) = A(-\bar{a}_k) = 0$ となる. これは, 実軸上や虚軸上の零点を除いて, 零点は 4 つの組として現れることを示している (図 B.3 参照). $A(s)$ の零点の中で, 左半平面内 $\mathrm{Re}[s] < 0$ に存在するものを $a_1, a_2, \cdots, a_n$ とする. $A(j\omega) \geq 0$ であるから, もし 零点 β が虚軸上に存在すれば, 容易にわかるように, それは 2 重の零点でなければならない. したがって, その 1 つを左半平面, 他の 1 つを右半平面に入れると, $A(s)$ は

$$A(s) = c(s - a_1) \cdots (s - a_n)(-s - a_1) \cdots (-s - a_n), \quad c > 0 \tag{B.32}$$

と表すことができる. ここで

$$B(s) = \sqrt{c}(s - a_1) \cdots (s - a_n)$$

とおくと $B(s)$ はフルビッツであり, かつ式 (B.31) を満足する.　□

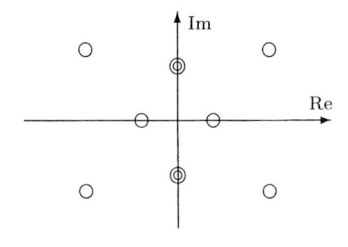

図 B.3　$A(s)$ の零点 $(n = 5)$

演習問題の略解

【第 1 章】

1.1 図 S1.1 参照．実際には運転手は車間距離や道路の状況を監視している．

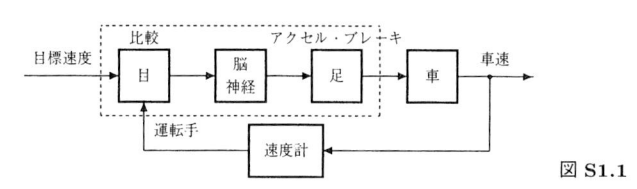

図 S1.1

1.2 図 S1.2 参照．

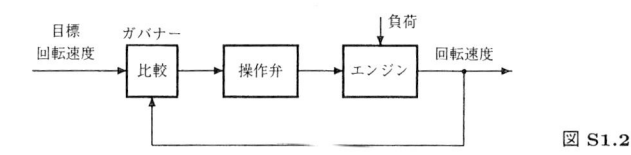

図 S1.2

1.3 ①食物連鎖のような生態系のメカニズム．②たとえば降雨，降雪，風などが大気汚染物質を他の場所へ移動させて除去するような環境がもたらすサービス．③害虫駆除，森林のマネージメントなど生態系のバランスを回復させる人工的な手段．④工学的な通常の自動制御系．

【第 2 章】

2.1 (a) $\dfrac{e^{-s}-e^{-3s}}{s}$ (b) $\dfrac{1}{Ts^2}\left(\dfrac{1-e^{-sT}}{1+e^{-sT}}\right)$ (c) $\dfrac{1}{s}\left(\dfrac{1-e^{-sT}}{1+e^{-sT}}\right)$

2.2 $f_p(t)=f(t)-f(t-T)$ であるから，この両辺をラプラス変換すると，$F_p(s)=F(s)-e^{-sT}F(s)=(1-e^{-sT})F(s)$ となる．

2.3 (a) $\mathfrak{L}[te^{jbt}]=\dfrac{1}{(s-jb)^2}=\dfrac{1}{s^2-b^2-2jbs}$

(b) $\mathfrak{L}[t\sin bt]=\mathfrak{L}\left[t\left(\dfrac{e^{jbt}-e^{-jbt}}{2j}\right)\right]=\dfrac{2bs}{(s^2+b^2)^2}$

(c) $\mathfrak{L}[t\cos bt]=\dfrac{s^2-b^2}{(s^2+b^2)^2}$ (d) $\mathfrak{L}[te^{at}\sin bt]=\dfrac{2b(s-a)}{[(s-a)^2+b^2]^2}$

(e) $\mathfrak{L}[te^{at}\cos bt]=\dfrac{(s-a)^2-b^2}{[(s-a)^2+b^2]^2}$

(f)　$\mathfrak{L}[\sinh bt] = \dfrac{b}{s^2 - b^2}$　　(g)　$\mathfrak{L}[\cosh bt] = \dfrac{s}{s^2 - b^2}$

(h)　$\mathfrak{L}[t \sinh bt] = \dfrac{2bs}{(s^2 - b^2)^2}$　　(i)　$\mathfrak{L}[t \cosh bt] = \dfrac{s^2 + b^2}{(s^2 - b^2)^2}$

2.4　$|f(t)| = e^t$ から，絶対収束座標は $\sigma_a = 1$ である．条件収束座標 σ_c を求める．簡単のために $s = \sigma$ (実数) と仮定する．定義から

$$\mathfrak{L}[f(t)] = \sum_{n=1}^{\infty}(-1)^{(n+1)}\int_{\log n}^{\log(n+1)} e^t e^{-\sigma t}dt$$

となる．ここで $e^t = u$ とおくと

$$\mathfrak{L}[f(t)] = \sum_{n=1}^{\infty}(-1)^{(n+1)}\int_{n}^{n+1}\dfrac{du}{u^\sigma} = \sum_{n=1}^{\infty}(-1)^{(n+1)}\alpha_n \quad (*)$$

を得る．$\sigma > 0$ のとき $\alpha_n \downarrow 0$ (単調減少), $\sigma < 0$ のとき $\alpha_n \uparrow \infty$ (単調増加，発散) となる．よって，交代級数の性質から式 $(*)$ 右辺は，$\sigma > 0$ のとき収束，$\sigma < 0$ のとき発散する．これより，$\sigma_c = 0$ を得る．

2.5　$\Gamma(\alpha + 1) = \displaystyle\int_0^\infty e^{-\tau}\tau^\alpha d\tau$ の右辺の積分は $\alpha > -1$ で収束する．よって，s を正の実数として，$\tau = st$ とおくと，次式を得る．

$$\Gamma(\alpha + 1) = \int_0^\infty e^{-st}s^\alpha t^\alpha s\,dt = s^{\alpha+1}\int_0^\infty t^\alpha e^{-st}dt = s^{\alpha+1}\mathfrak{L}[t^\alpha](s)$$

2.6　例 2.3 から $1'(t) = \delta(t)$ であるから，$\mathfrak{L}[\delta'(t)] = s\mathfrak{L}[\delta(t)] = s$ となる．以下，同様である．$1(t) = \int_{-\infty}^t \delta(\tau)d\tau$ となることは，デルタ関数の定義から明らかである．

2.7

(a)　$\mathfrak{L}^{-1}\left[\dfrac{s}{(s^2+b^2)^2}\right] = \mathfrak{L}^{-1}\left[\dfrac{1}{(s^2+b^2)}\dfrac{s}{(s^2+b^2)}\right] = \dfrac{1}{b}\sin bt * \cos bt$

$$= \dfrac{1}{b}\int_0^\infty \sin b\tau \cos(t-\tau)d\tau = \dfrac{1}{2b}t\sin bt$$

(b)　$t + (e^{-at} - 1)/a$　　(c)　$\dfrac{1}{2} - \dfrac{1}{2}e^{-t}(\sin t + \cos t)$

(d)　$\dfrac{s+1}{(s+3)(s^2+2s+5)} = \dfrac{-1/4}{s+3} + \dfrac{(s+1)+2}{4((s+1)^2+2^2)}$ であるから，

$$\mathfrak{L}^{-1}\left[\dfrac{s+1}{(s+3)(s^2+2s+5)}\right] = -\dfrac{1}{4}e^{-3t} + \dfrac{1}{4}e^{-t}\Big(\cos 2t + \sin 2t\Big)$$

(e)　$\dfrac{1}{4} + \dfrac{t}{2}e^{-t} - \dfrac{1}{4}e^{-3t}$　　(f)　$\left[\dfrac{1}{a^2}(1 - e^{-a(t-1)}) - \dfrac{t-1}{a}e^{-a(t-1)}\right]1(t-1)$

2.8 (a) $(s+1)(s+2)y(s) = \dfrac{1}{s^2+1}$ を $y(s)$ について解き，逆ラプラス変換する．

$$y(t) = \frac{1}{2}e^{-t} - \frac{1}{5}e^{-2t} + \frac{1}{10}\sin t - \frac{3}{10}\cos t, \quad t > 0$$

(b) $(s+1)(s+3)y(s) = 1 + \dfrac{s}{s^2+1}$

$$y(t) = \frac{1}{4}e^{-t} - \frac{7}{20}e^{-3t} + \frac{1}{5}\sin t + \frac{1}{10}\cos t, \quad t > 0$$

(c) $(s^2+2s+5)y(s) = 2s+4+\dfrac{1}{s} \Rightarrow y(t) = \dfrac{1}{5} + \dfrac{9}{10}e^{-t}\Big(2\cos 2t + \sin 2t\Big)$

2.9 ライプニッツの公式を用いて $t^n e^{-t}$ を n 回微分すると，

$$l_n(t) = \frac{(-1)^n}{n!}e^{t/2}\sum_{k=0}^{n}\binom{n}{k}\frac{n!}{k!}t^k(-1)^k e^{-t} = (-1)^n \sum_{k=0}^{n}\binom{n}{k}\frac{t^k(-1)^k e^{-t/2}}{k!}$$

を得る．$\displaystyle\int_0^\infty t^k e^{-t/2} e^{-st} dt = k!/(s+1/2)^{k+1}$ であるから，

$$L_n(s) = \mathfrak{L}[l_n(t)](s) = (-1)^n \sum_{k=0}^{n}(-1)^k \binom{n}{k}\frac{1}{(s+1/2)^{k+1}}$$

となる．これは $\dfrac{(1/2-s)^n}{(1/2+s)^{n+1}} = \dfrac{[1-(1/2+s)]^n}{(1/2+s)^{n+1}}$ の分子を 2 項展開したものに等しい．また

$$\frac{1}{2\pi j}\int_{-j\infty}^{j\infty} L_n(s)L_m(-s)ds = \frac{1}{2\pi j}\int_{-j\infty}^{j\infty}\frac{(1/2-s)^{n-m-1}}{(1/2+s)^{n-m+1}}ds := \frac{1}{2\pi j}\int_{-j\infty}^{j\infty} w(s)ds$$

となる．$w(s)$ は $n > m$ のとき $s = -1/2$，また $n < m$ のときは $s = 1/2$ が極となり，$n \neq m$ であれば $s = \pm 1/2$ が極となる．よって $w(s)$ は $n \neq m$ のときは s 平面のいずれか一方の半平面のみに極をもち，かつ $w(s)$ の相対次数は常に 2 である．よって留数定理から

$$\frac{1}{2\pi j}\int_{-j\infty}^{j\infty} w(s)ds = 0, \qquad n \neq m$$

が成立する．また $n = m$ であれば，

$$\frac{1}{2\pi j}\int_{-j\infty}^{j\infty} w(s)ds = \frac{1}{2\pi j}\int_{-j\infty}^{j\infty}\left(\frac{1}{1/2+s} + \frac{1}{1/2-s}\right)ds = 1$$

となる (付録の定理 B6 に関する例参照)．

2.10 $v = t/a$ とおくと定義から，

$$\mathfrak{L}[f(t/a)] = \int_0^\infty f(t/a)e^{-st}dt = \int_0^\infty f(v)e^{-asv}d(av) = aF(as), \qquad \mathrm{Re}[as] > \sigma_f$$

(†)

を得る．よって $\mathcal{L}[f(t/a)](s)$ は $\mathrm{Re}[s] > \sigma_f/a$ で収束する．$t > 0$ のとき，$\lim_{a \to \infty} f(t/a) = f(0+)$ であるから，

$$s \lim_{a \to \infty} \int_0^\infty f(t/a) e^{-st} dt = \int_0^\infty f(0+) s e^{-st} dt = f(0+), \qquad \mathrm{Re}[s] > 0$$

となる．他方，式 (†) の右辺に $s > 0$ を掛けて，$a \to \infty$ とすると，

$$\lim_{a \to \infty} as F(as) = \lim_{s \to \infty} s F(s)$$

が成立するので，上式右辺は $f(0+)$ に等しい．

【第3章】

3.1 (a) $\dfrac{1}{(R_1 C_1 s + 1)(R_2 C_2 s + 1)}$ （アンプの入力インピーダンスは無限大，出力インピーダンスは0, ゲインは1と考える．）

(b) $\dfrac{1}{R_1 C_1 R_2 C_2 s^2 + (R_1 C_1 + R_1 C_2 + R_2 C_2)s + 1}$

3.2 M_1, M_2 の運動方程式はつぎのようになる．

$$M_1 \ddot{y}_1 = f - K_1 y_1 - K_2(y_1 - y_2) - D(\dot{y}_1 - \dot{y}_2)$$
$$M_2 \ddot{y}_2 = K_2(y_1 - y_2) + D(\dot{y}_1 - \dot{y}_2) - K_3 y_2$$

初期値を0として，上式をラプラス変換すると

$$(M_1 s^2 + Ds + K_1 + K_2) y_1(s) - (Ds + K_2) y_2(s) = f(s)$$
$$-(Ds + K_2) y_1(s) + (M_2 s^2 + Ds + K_2 + K_3) y_2(s) = 0$$

となる．これより，$y_1(s)/f(s), y_2(s)/f(s)$ が計算できる．

3.3 質量 M の基準位置からの変位は $x + y$ であるから，次式が成立する．

$$M \frac{d^2}{dt^2}(y + x) = -Ky - D\dot{y} \;\Rightarrow\; M\ddot{y} + D\dot{y} + Ky = -M\ddot{x}$$

3.4 省略．

3.5 3.4節を参照すると，

$$i_1 + i_f = i_g, \qquad e_0 = -\mu e_g, \qquad e_g - e_1 = Z_1 i_1, \qquad e_0 - e_g = Z_f i_f, \qquad e_g = Z_g i_g$$

を得る．最後の3式から i_1, i_f, i_g を求めて，上式の第1式に代入すると，

$$\frac{e_1 - e_g}{Z_1} + \frac{e_0 - e_g}{Z_f} = \frac{e_g}{Z_g} \;\Rightarrow\; \frac{e_1}{Z_1} + \frac{e_0}{Z_f} = \left(\frac{1}{Z_g} + \frac{1}{Z_1} + \frac{1}{Z_f} \right) e_g$$

となる．上式に $e_g = -e_0/\mu$ を代入して e_0 について解く．

3.6 R_1 を左から右へ流れる水量を q_{12} とすると,図 P3.4 から

$$C_1 \dot{h}_1 = q_1 - q_{12}, \qquad q_{12} = (h_1 - h_2)/R_1$$
$$C_2 \dot{h}_2 = q_{12} - q_2, \qquad q_2 = h_2/R_2$$

を得る.初期値をすべて 0 として,上式をラプラス変換すると,

$$C_1 s h_1(s) = q_1(s) - q_{12}(s), \qquad q_{12}(s) = (h_1(s) - h_2(s))/R_1$$
$$C_2 s h_2(s) = q_{12}(s) - q_2(s), \qquad q_2(s) = h_2(s)/R_2$$

となる.これに基づいて,q_1 から q_2 までのブロック線図を描くと図 S3.1 となる.

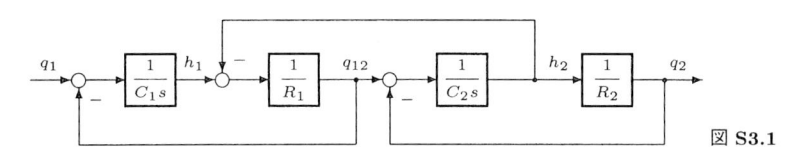

図 S3.1

また伝達関数は以下のようになる.

$$P(s) = \frac{1}{R_1 C_1 R_2 C_2 s^2 + (R_1 C_1 + R_2 C_1 + R_2 C_2)s + 1}$$

伝達関数は図 S3.1 のブロック線図を以下のように変形すれば容易に計算できる.

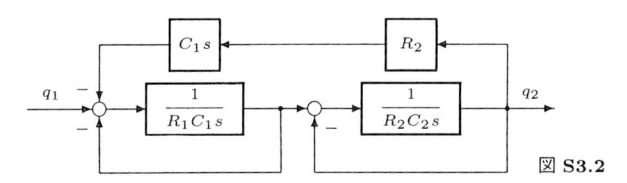

図 S3.2

3.7 タンク I から II へ流れる熱量を q_{12} とすると,次式が成立する.

タンク I: $\quad C_1 \dot{\theta}_1 = q_s - q_{12} = q_s - \dfrac{\theta_1 - \theta_2}{R_1}$

タンク II: $\quad C_2 \dot{\theta}_2 = q_i + q_{12} - q_0 = \dfrac{\theta_i}{R_2} + \dfrac{\theta_1 - \theta_2}{R_1} - \dfrac{\theta_2}{R_2}$

上式をラプラス変換すると,

$$C_1 s \theta_1(s) = q_s(s) - \frac{\theta_1(s) - \theta_2(s)}{R_1}$$
$$C_2 s \theta_2(s) = \frac{\theta_i(s)}{R_2} + \frac{\theta_1(s) - \theta_2(s)}{R_1} - \frac{\theta_2(s)}{R_2}$$

となる．上式の第1式から $\theta_1(s)$ は

$$\theta_1(s) = \frac{R_1 q_s(s) + \theta_2(s)}{R_1 C_1 s + 1} \qquad (*)$$

となる．一方また辺々を加え合わせると，

$$C_2 s \theta_2(s) = q_s(s) + \frac{\theta_i(s)}{R_2} - C_1 s \theta_1(s) - \frac{\theta_2(s)}{R_2}$$

を得る．式 $(*)$ を上式に代入すると $\theta_2(s)$ は次式で与えられる．

$$\theta_2(s) = \frac{R_2 q_s(s) + (R_1 C_1 s + 1)\theta_i(s)}{R_1 C_1 R_2 C_2 s^2 + (R_1 C_1 + R_2 C_1 + R_2 C_2)s + 1}$$

伝達関数 $\theta_2(s)/q_s(s)$, $\theta_2(s)/\theta_i(s)$ は上式からただちに得られる．ブロック線図は図 S3.3 のようになる．流入水の温度が変化しなければ，ブロック線図右下の θ_i は 0 である．

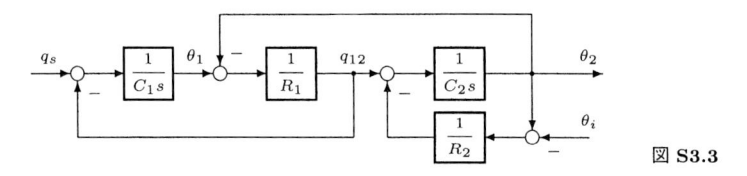

図 S3.3

【第4章】

4.1 (波形は省略) (a) $\dfrac{3}{2} - 2e^{-t} + \dfrac{1}{2}e^{-2t}$ (b) $\dfrac{1}{16}\left[4(t-2) - (1 - e^{-2(t-2)})\right]1(t-2)$

(c) $\dfrac{1}{2} - \dfrac{e^{-t}}{2}(5\sin t + \cos t)$

4.2 $y(t) = \mathfrak{L}^{-1}\left[G(s)\dfrac{1}{s} - G(s)\dfrac{1}{s}e^{-s}\right] = \mathfrak{L}^{-1}\left[G(s)\dfrac{1}{s}(1 - e^{-s})\right]$ により計算する．

4.3 (略解) (a) $y(t) = \displaystyle\int_0^t g(\tau)u(t-\tau)d\tau$, $u(t+T) = u(t)$ であるから，

$$y(t+T) = \int_0^{t+T} g(\tau)u(t+T-\tau)d\tau = \int_0^{t+T} g(\tau)u(t-\tau)d\tau$$

となる．よって $t \to \infty$ のとき次式が成立する．

$$|y(t+T) - y(t)| \leq \int_t^{t+T} |g(\tau)||u(t-\tau)|d\tau \leq u_M \int_t^{t+T} |g(\tau)|d\tau \to 0$$

ただし $u_M = \max\limits_{0 \leq t \leq T} |u(t)|$ (周期 T) である．

(b) $u(t) \to 0$ のとき，$y(t) \to 0$ となることを示す．$t_1 < t$ とすると，

$$y(t) = \int_0^{t_1} g(\tau)u(t-\tau)d\tau + \int_{t_1}^t g(\tau)u(t-\tau)d\tau = I_1 + I_2$$

$u(t-\tau) \to 0$ $(t \to \infty, \tau < t_1)$ であるから,

$$|I_1| \leq \max_\tau |u(t-\tau)| \int_0^{t_1} |g(\tau)|d\tau \to 0, \quad t \to \infty$$

また t_1 を十分大きくとると,任意の $\varepsilon > 0$ に対して

$$|I_2| \leq \int_{t_1}^t |g(\tau)||u(t-\tau)|d\tau \leq u_M \int_{t_1}^\infty |g(\tau)|d\tau < \varepsilon$$

(c) $|y(t)| \leq \left|\int_0^t g(\tau)u(t-\tau)d\tau\right| \leq \int_0^t |g(\tau)|^{1/2}|g(\tau)|^{1/2}|u(t-\tau)|d\tau$ に Schwartz の不等式を適用すると,

$$|y(t)|^2 \leq \int_0^\infty |g(\tau)|d\tau \int_0^\infty |g(\tau)||u(t-\tau)|^2 d\tau \leq M \int_0^\infty |g(\tau)||u(t-\tau)|^2 d\tau$$

両辺を t で積分すると,

$$\int_0^\infty y^2(t)dt \leq M \int_0^\infty dt \int_0^\infty |g(\tau)||u(t-\tau)|^2 d\tau$$
$$\leq M \int_0^\infty |g(\tau)|d\tau \int_0^\infty u^2(t-\tau)dt \leq M^2 \int_0^\infty u^2(t)dt < \infty$$

(d) つぎのような $g(t)$ を考えると,$\int_0^\infty |g(t)|dt < \infty$ であるが,$g(t)$ は有界でもないし,0 にも収束しない.

$$g(t) = \begin{cases} n - |t-n|n^4, & -\dfrac{1}{n^3} + n < t < n + \dfrac{1}{n^3}, \quad n = 2, 3, \cdots \\ 0, \quad \text{その他} \end{cases}$$

4.4 インパルス応答の絶対値を積分すると,

$$\int_0^\infty |g(t)|dt = \sum_{k=0}^\infty \frac{1}{k+1} \int_k^{k+1} 1\,dt = \infty$$

となるので,システムは不安定である.ただし $g(t)$ の積分は有界である.

4.5 (a) 不安定. (b) 安定条件: $0 < K < 1/4$. (c) 安定条件: $4 < K < 8$. (d) 不安定.

4.6 (a) $K > 10/7$. (b) $-30 < K < 164.64$.

4.7 (a) $12 < K < 16$. (b) $0 < K < 18$.

4.8 $K = 56$, $s = \pm 2j$.

4.9 省略.

【第5章】

5.1 $y(t) = \dfrac{2}{5}e^{t/2} - \dfrac{1}{5}(\sin t + 2\cos t)$. 右辺第1項のために発散する.

5.2 (b) のみを計算する. $s = j\omega$ とおくと,

$$G(j\omega) = \dfrac{-j\omega + 3}{-\omega^2 + 3 + 4j\omega} = \dfrac{(-j\omega + 3)(-\omega^2 + 3 - 4j\omega)}{(\omega^2 - 3)^2 + 16\omega^2}$$

$$= \dfrac{-7\omega^2 + 9}{(\omega^2 + 1)(\omega^2 + 9)} + j\dfrac{\omega(\omega^2 - 12)}{(\omega^2 + 1)(\omega^2 + 9)} = x(\omega) + jy(\omega)$$

となる. $x(\omega) = 0$ から $\omega = 3/\sqrt{7} \simeq 1.134,\ \infty$, また $y(\omega) = 0$ から $\omega = 0,\ 2\sqrt{3} \simeq 3.464,\ \infty$ を得るので, $x(\omega),\ y(\omega)\ (\omega \geq 0)$ の変化は表 S5.1 のようになる.

表 S5.1 $x(\omega),\ y(\omega)$ の変化 $(\omega \geq 0)$

ω	0	$\cdots$	$3/\sqrt{7}$	$\cdots$	$2/\sqrt{3}$	$\cdots$	∞
$x(\omega)$	1	+	0	−	−0.275	−	0
$y(\omega)$	0	−	−0.517	−	0	+	0

以上の結果により, ナイキスト線図 $(\omega \geq 0)$ は点 $(1, j0)$ から出発して第4象限に入り, $\omega = 3/\sqrt{7}$ で虚軸を横切って第3象限に入る. このときの値は $y(3/\sqrt{7}) = -0.517$ である. さらに角周波数が増加して $\omega = 2\sqrt{3}$ のとき実軸を横切って第2象限に入る. このとき $x(2\sqrt{3}) = -0.275$ である. さらに ω が大きくなると, 虚軸に沿って $(-270°$ の方向から$)$ 原点に収束する. 図 5.15 の $H_2(s)$ のナイキスト線図参照.

5.3 $|H(j\omega)| = \dfrac{1}{(\sqrt{1 + \omega^2 T^2})^n} = 1/\sqrt{2}$ より, $T\omega_b = \sqrt{2^{2/n} - 1}$.

5.4 $G(j\omega)$ のナイキスト線図は点 $(1, j0)$ を中心とする半径1の円である. $|G(j\omega)| = \sqrt{2 - 2\cos\omega L}$ であるから, 横軸を $\log_{10}\omega$ としてゲイン特性 $|G(j\omega)|$ をプロットすると, 図 S5.1 の実線となる. 破線 A, 一点鎖線 B は $W_A(s) = 2.1s/(s+1),\ W_B(s) = 3s/(s+1)$ (近似微分要素) のゲイン線図を表している.

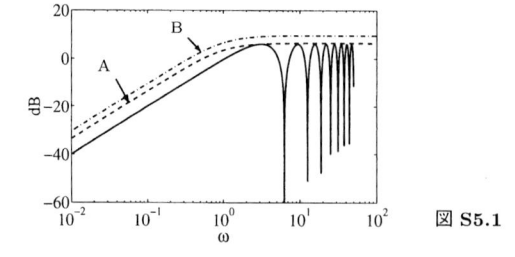

図 S5.1

5.5 $H(s)H(-s) = 1/(1 - s^6)\ \Rightarrow\ |H(j\omega)| = 1/\sqrt{1 + \omega^6}$. $H(s)$ の極は1の6乗根の中で, 左半平面に存在するものである. $N = 3$ のときは, $e^{j2\pi/3},\ e^{j\pi},\ e^{j4\pi/3}$.

5.6 $\dfrac{3(s+0.1)}{s(s+0.01)(s+3)}$.

5.7 式 (5.36) から $\theta(\omega) = -\tan(\omega T)$. $z = \log_{10}(\omega T)$ とおくと，

$$\frac{d\theta}{dz} = \frac{d\theta}{d(\omega T)}\frac{d(\omega T)}{dz} = -\frac{\omega T \log_e 10}{1+\omega^2 T^2} \;\Rightarrow\; \left.\frac{d\theta}{dz}\right|_{\omega T=1} = -1.15 \;[\text{rad/sec}]$$

よって，接線の方程式は $\theta = -1.15 z - \pi/4$ (rad) となる．$\theta = 0$ とおいて，

$$z = -0.6822 = \log_{10}\omega T \;\Rightarrow\; \omega T = 0.2079 \simeq 0.2$$

5.8 $u = \log(\omega/\omega_1)$ とおく．式 (5.50) を変形すると，

$$I = \frac{2}{\pi}\int_0^\infty \frac{\log A(\omega)}{\omega/\omega_1 - \omega_1/\omega}\frac{d\omega}{\omega} = \frac{2}{\pi}\int_{-\infty}^\infty \frac{M(u)}{e^u - e^{-u}}du = \frac{1}{\pi}\int_{-\infty}^\infty \frac{M(u)}{\sinh u}du \quad (*)$$

他方，

$$\frac{d}{du}\left(\log\coth\frac{|u|}{2}\right) = \frac{d}{du}\left(\log\cosh\frac{|u|}{2} - \log\sinh\frac{|u|}{2}\right)$$
$$= \frac{1}{2}\left(\tanh\frac{|u|}{2} - \coth\frac{|u|}{2}\right) = \frac{-1}{\sinh u}$$

が成立するので，$(*)$ を部分積分すると，

$$I = \frac{1}{\pi}\left[-M(u)\log\coth\frac{|u|}{2}\right]_{-\infty}^\infty + \frac{1}{\pi}\int_{-\infty}^\infty \frac{dM(u)}{du}\log\coth\frac{|u|}{2}du$$

上式の第 1 項は 0 であるから，式 (5.52) を得る．

【第 6 章】

6.1 $y = v+z$, $\dot{v} = v+u$, $v(0) = v_0$, $\dot{z} = -2z - 3v$, $z(0) = z_0$. ラプラス変換して，$v(s), z(s)$ を消去すると，

$$y(s) = \frac{1}{s+2}(v_0 + z_0) + \frac{1}{s+2}u(s)$$

となる．よって y に関する限り安定である．しかし，

$$v(s) = \frac{v_0}{s-1} + \frac{1}{s-1}u(s), \quad z(s) = \frac{z_0}{s+2} - \frac{3v_0}{s-1} + \frac{3}{s-1}u(s)$$

であるから，v, z は発散する．

6.2 図 6.2 と類似のブロック線図を書くと，u と y の関係はつぎのように表される．

$$\dot{y} = -y+v, \quad v = x+u, \quad \dot{x} = -2x - u$$

ラプラス変換して，$x(s)$ を消去すると，

$$y(s) = \frac{y_0}{s+1} + \frac{x_0}{(s+1)(s+2)} + \frac{1}{s+2}u(s)$$

となり，右辺は安定モードのみからなる．

6.3 (a) 明らかである．(b) 並列結合系の伝達関数は

$$T(s) = \frac{N_1(s)}{D_1(s)} + \frac{N_2(s)}{D_2(s)}$$

であるから，これも明らかである．(c) 閉ループ系の伝達関数は

$$T(s) = \frac{D_2(s)N_1(s)}{D_1(s)D_2(s) + N_1(s)N_2(s)}$$

となる．$D_i(s)$ と $N_i(s)$ は互いに素であるから，分母・分子に共通因子が存在するのは，$D_2(s)$ と $N_1(s)$ が共通因子をもつ場合である．

6.4 定義のとおりに計算すればよい．まず $F(s) = \dfrac{11s+1}{(s+1)(s+3)}$ から $F(\infty) = 0$ を得る．さらに次式が成立する．

$$H_{11}(s) = \frac{(s-1)(s+3)}{11s+1}, \qquad H_{22} = \frac{(s+2)(-s+5)}{11s+1}$$

$$H_{12} = \frac{(-s+5)(s-1)}{11s+1} = -H_{21}(s)$$

6.5 $e_1 = r_1 - G_2 e_2,\ e_2 = r_2 + G_1 e_1$ より

$$\begin{bmatrix} 1 & G_1 \\ -G_2 & 1 \end{bmatrix} \begin{bmatrix} e_1 \\ e_2 \end{bmatrix} = \begin{bmatrix} r_1 \\ r_2 \end{bmatrix} \Rightarrow \tilde{H}(s) = \frac{1}{F(s)} \begin{bmatrix} 1 & -G_2 \\ G_1 & 1 \end{bmatrix}$$

よって $\tilde{H}(s)$ が安定であれば，定理 6.1 から $H(s)$ は安定である．逆に $H(s)$ が安定であれば，$\tilde{H}_{11}(s) = \tilde{H}_{22}(s) = 1 - H_{21}(s)$ は安定となる．

6.6 省略．

6.7 (a) $K > 1$. (b) $K > 1/2$. (c) $0 < K < 3/32$.

6.8 図 P6.1 の制御系の特性方程式は次式で与えられる．

$$\frac{1}{K} + \frac{e^{-sL}}{1+Ts} := \frac{1}{K} + G(s) = 0 \qquad (*)$$

本書では証明していないが，この場合の安定性の必要十分条件は上式の根 (無限個存在する) がすべて左半平面に存在することである．式 $(*)$ の $G(s) = e^{-sL}/(1+Ts)$ は不安定極はもたないので，閉ループ系が安定となるための必要十分条件は $G(s)$ のナイキスト線図が点 $(-1/K, j0)$ を囲まないことである．図 5.9 から $G(s)$ のナイキスト線図は ω が増大するとき，実軸の負の部分を通過するので，本問の 1) ～ 3) が成立する．

6.9 ナイキスト線図が円 Δ を囲まない場合と，囲む場合の例を図 S6.1, S6.2 に示す．図 S6.1 の場合は $N = 0$ であるから $G(s)$ は安定である．図 S6.2 の場合は $N = 2 = \Pi$ であるから $G(s)$ は不安定である．(1) 安定余裕が最も厳しくなるのは，ナイキスト線図が円 Δ に接して，しかも点 $(-2, j0)$ より左で実軸と交差する場合である．これより

図 S6.1　　　　　　　　　　図 S6.2

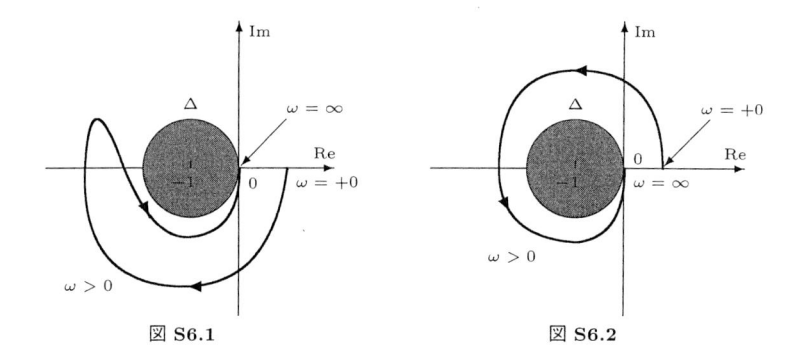

$GM \geq 1/2$, $PM \geq 60°$ となる. (交差しない場合は $GM \geq 0$ となる.)　(2) この場合も同じ結論を得る.

6.10　$G(j\omega) = \dfrac{\omega_n^2}{-\omega^2 + 2j\zeta\omega_n} = \dfrac{\omega_n^2(-\omega - 2j\zeta\omega_n)}{\omega(\omega^2 + 4\zeta^2\omega_n^2)}$ において, $|G(j\omega)| = 1$ とおくと, $\omega_c = \omega_n\sqrt{(1+4\zeta^4)^{1/2} - 2\zeta^2}$, $\arg G(\omega_c) = -\pi + \tan^{-1}(2\zeta\omega_n/\omega_c)$ となるので, $PM = \tan^{-1}(2\zeta\omega_n/\omega_c)$.

【第 7 章】

7.1　$T = PC/(1 + HPC)$ より, $\partial T/\partial P = C/(1+HPC)^2$ であるから,

$$\frac{\partial \log T}{\partial \log P} = \frac{P}{T}\frac{\partial T}{\partial P} = \frac{1}{1 + HPC}$$

となる. また

$$\frac{\partial T}{\partial H} = \frac{-P^2C^2}{(1+HPC)^2} \;\Rightarrow\; \frac{\partial \log T}{\partial \log H} = \frac{H}{T}\frac{\partial T}{\partial H} = \frac{-HPC}{1+HPC}$$

よって $|C| \to \infty$ のとき, $\partial \log T/\partial \log H = -1$.

7.2　省略.

7.3

(a)　$C_0 = \dfrac{1}{1+K}$,　　$C_1 = \dfrac{KT}{(1+K)^2}$,　　$C_2 = \dfrac{-2KT}{(1+K)^3}$

(b)　$C_0 = 0$,　　$C_1 = \dfrac{1}{K}$,　　$C_2 = \dfrac{2K(T_1+T_2) - 2}{K^2}$

(c)　$C_0 = 0$,　　$C_1 = 0$,　　$C_2 = \dfrac{2}{K}$

7.4　$G(s)$ が原点に l 個の極をもてば, 低周波帯におけるゲインの漸近線は $20\log_{10}|G| = 20\log_{10}K - 20l\log_{10}\omega$ となることを利用する.　(a) $K_p = 10^{\alpha/20}$. (b) $K_v = 10^{\beta/20}$ あるいは ω_1.　(c) $K_a = 10^{\gamma/20}$ あるいは ω_2.

7.5 まず必要性を示す．式 (7.34) およびその直後に述べたことから $F(s) = M(s)/P(s)$ は安定かつプロパーであり，式 (7.38) を満足する．また式 (7.39) から

$$Q(s) = \frac{C(s)}{1 + P(s)C(s)}$$

を得るが，これは仮定から安定かつプロパーである．つぎに十分性を示そう．$F(s)$, $P(s)$ は安定であるから，$M(s) = P(s)F(s)$ は安定であり，$\nu[P(s)] \leq \nu[M(s)]$ を満足する．また式 (7.39) を用いると，

$$\frac{C(s)}{1 + P(s)C(s)} = Q(s), \quad \frac{P(s)}{1 + P(s)C(s)} = P(s)(1 - P(s)Q(s))$$

を得る．$P(s)$, $Q(s)$ は仮定から安定かつプロパーであるので，上の2つの伝達関数はともに安定かつプロパーである．よって，定理 6.1 から閉ループ系は安定となる．

7.6 $P^{-1}(s)$ は一般にプロパーではないし，また $P(s)$ が不安定零点をもてば，不安定になる．しかし図 7.15 の構成では，このような不都合は生じない．

【第 8 章】

8.1 $K = 4$. 図 S8.1 参照．

8.2 $K = K_v = 3.48$. 図 S8.2 参照 (縮尺は歪んでいる)．閉ループ系の伝達関数は

$$T(s) = \frac{139.28(s+1)}{(s+0.8)(s^2 + 13.2s + (13.2)^2)}$$

となる．なお定数 T_1 のより小さい位相進み要素 [式 (8.9) 参照]，たとえば $C(s) = K(0.5s+1)/(0.05s+1)$ を用いると応答はより速くなる．

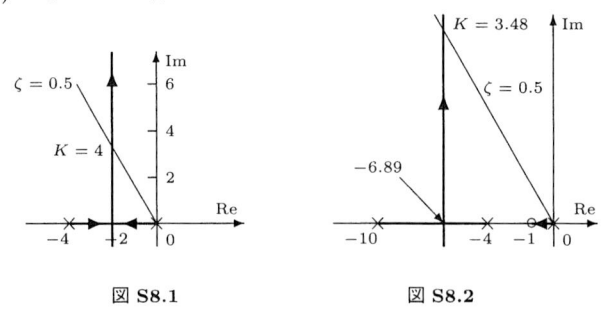

図 S8.1

図 S8.2

8.3 特性方程式は $1 + 20T_D s/(s^2 + 4s + 20) = 0$. T_D に関する根軌跡を描くと図 S8.3 のようになる．$T_D = 0.116$.

8.4 特性方程式は $1 + 4K_P(s+1)/s^2(s+4) = 0$. $K_P = 2$ のとき，$(s+2)(s^2 + 2s + 4) = 0$. 図 S8.4 参照．

演習問題の略解

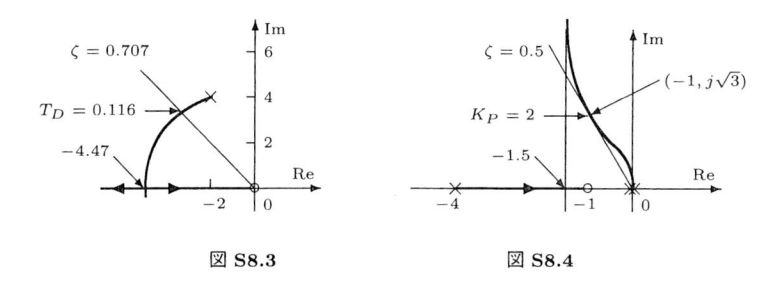

図 S8.3　　　　　図 S8.4

8.5　$K = 10$ とし，$G(s) = 40/s(s+4)$ とおく．図 S8.5 の G のボード線図 (実線 A) から，$PM' = 35°$ を得る．望ましい PM を $50°$ とすると，

$$\theta_m = 50° - 35° + 5° = 20° \quad \Rightarrow \quad \alpha = \frac{1 - \sin 20°}{1 + \sin 20°} = 0.49$$

を得る．ゲインが $-3\,\mathrm{dB} = 10\log_{10}0.49$ となる角周波数を求めると，$\omega_m = 7$ [rad]．よって，式 (8.18) から $T_1 = 0.204$ となるので，制御器は $C(s) = \dfrac{1 + 0.204s}{1 + 0.1s}$ となる．補償後のボード線図を図 S8.5 に破線 B で示す．(補償の前および後のステップ応答波形を Matlab で計算せよ．)

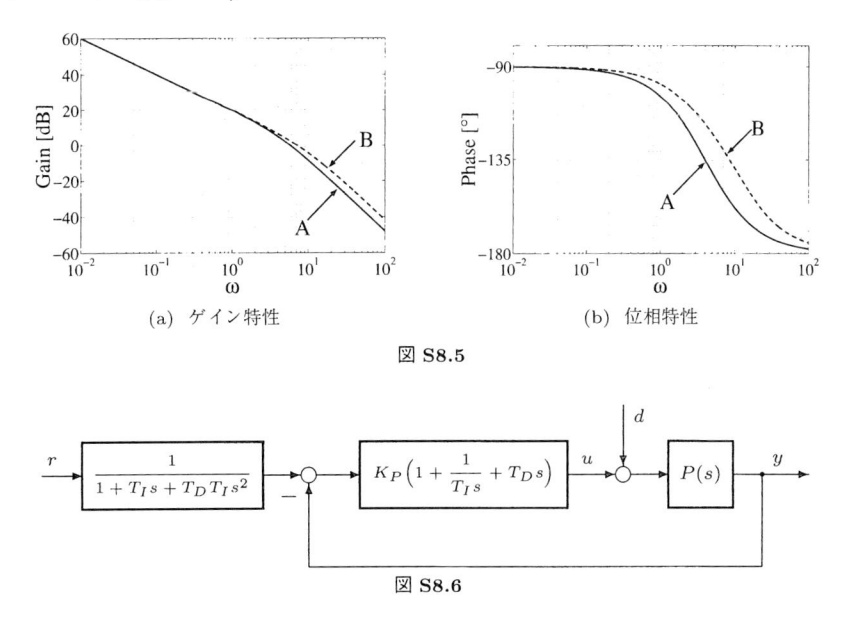

(a) ゲイン特性　　　　　(b) 位相特性
図 S8.5

図 S8.6

8.6　図 8.23 のブロック線図を変換する．1 と $T_D s$ ブロックの出力の加え合わせ点を前向きパスの積分ブロック $1/T_I s$ の前に移動すると，フィードバックパスの伝達関数は $1 + T_I s + T_I T_D s^2$ となるので，これを前向きパスに移動すると図 S8.6 を得る．

8.7 図 8.27 から $y = Pe^{-sL}u$, $y_0 := P_0 e^{-sL_0}u$, $u = C[r - (y - y_0) - \hat{z}]$, $\hat{z} = P_0 u$ が成立する．これから，$y, y_0, \hat{z}$ を消去すると，

$$u = \frac{Cr}{1 + CPe^{-sL} - CP_0 e^{-sL_0} + CP_0}$$

となる．したがって，次式を得る．

$$\tilde{T} = \frac{y}{r} = \frac{CPe^{-sL}}{1 + CPe^{-sL} - CP_0 e^{-sL_0} + CP_0}$$

とくに $P_0 = P$ であれば，

$$\tilde{T} = \frac{T}{1 + T(1 - e^{-s(L_0 - L)})}, \qquad T = \frac{CP}{1 + CP}e^{-sL} \quad (\text{式 (8.29)})$$

となる．(これはまだ時間のみにミスマッチがある場合である.)

【第 9 章】

9.1 $\Pi(s) = s^4 - 4s^2 + 100 = (s^2 - 2\sqrt{6}s + 10)(s^2 + 2\sqrt{6}s + 10)$ であるから，$T(s) = 10/(s^2 + 2\sqrt{6}s + 10)$ を得る．フィードバック制御系の構成は省略 (図 9.4 参照)．

9.2 被積分関数は以下のようになる．

$$qe(-s)e(s) + u(-s)u(s) = (q + k^2)e(-s)e(s)$$
$$= \left(\frac{-s + 2}{s^2 - 2s + 10k}\right)\left(\frac{s + 2}{s^2 + 2s + 10k}\right)$$

よって $I_2 = (q + k^2)(5k + 2)/20k$. $\partial I_2/\partial k = 0$ から $10k + 2 = 2q/k^2$ を得る．たとえば，$q = 6$ とおくと，$k = 1$.

9.3 $T(s) = 2/(s^2 + \sqrt{5}s + 2)$.

9.4 $P(s)$ は積分要素を 1 つ含んでいるから，$P(s)$ の前に $1/s$ を付加して例 9.5 の方法を用いる．$N(s) = 1$, $D'(s) = sD(s) = s^3 + s^2$ より

$$\Pi(s) = -s^6 + s^4 + q = (s^3 + \alpha s^2 + \beta s + \sqrt{q})(-s^3 + \alpha s^2 - \beta s + \sqrt{q})$$
$$\Rightarrow \quad D(s) = s^3 + \alpha s^2 + \beta s + \sqrt{q}, \qquad \alpha\beta > \sqrt{q}, \qquad \alpha, \beta > 0$$

たとえば，$q = 25$ とおくと，$\alpha^2 = 2\beta + 1$, $10\alpha = \beta^2$ より $\alpha = 3.61$, $\beta = 6.01$ を得る．フィードバック制御系の構成については省略．

9.5 特性方程式 $1 + G(s) = 0$ から

$$s^3 + (a_1 + \alpha_1 + \beta_1)s^2 + (a_2 + \alpha_1 a_1 + \beta_1 b_1 + \beta_2)s + \alpha_1 a_2 + \beta_1 b_2 = 0$$

よって $\lambda_1, \lambda_2, \lambda_3$ を任意に与えたとき，$a_1 + \alpha_1 + \beta_1 = \lambda_1$, $a_2 + \alpha_1 a_1 + \beta_1 b_1 + \beta_2 = \lambda_2$, $\alpha_1 a_2 + \beta_1 b_2 = \lambda_3$ が $\alpha_1, \beta_1, \beta_2$ について解ければよい．したがって，

$$\begin{bmatrix} 1 & 0 & 1 \\ b_1 & 1 & a_1 \\ 0 & b_1 & a_2 \end{bmatrix} \begin{bmatrix} \alpha_1 \\ \beta_1 \\ \beta_2 \end{bmatrix} = \begin{bmatrix} \lambda_1 - a_1 \\ \lambda_2 - a_2 \\ \lambda_3 \end{bmatrix}$$

から，係数行列の行列式が非零となることである．よって $P(s)$ の分母を $D(s)$ とおくとき，$D(-b_1) = b_1^2 - a_1 b_1 + a_2 \neq 0$ となる．これは $P(s)$ の零点 $s = -b_1$ が $P(s)$ の極と一致しないこと，すなわち $P(s)$ は既約であることを示している．

参 考 文 献

[1] 明石 一, 今井弘之: 制御工学演習, 共立出版, 1981.

[2] 足立修一: MATLAB による制御工学, 東京電機大学出版局, 1999.

[3] 伊藤正美, 木村英紀, 細江繁幸: 線形制御系の設計理論, (社) 計測自動制御学会, 1978 (第 5 章).

[4] 井村順一: システム制御のための安定論, コロナ社, 2000.

[5] 梅沢敏夫: やさしい複素解析, 培風館, 1984.

[6] 小河守正, 片山 徹: 操作量制約を考慮した I-PD コントローラのロバスト調整法, 計測自動制御学会論文集, vol. 34, no. 7, pp. 674–681, 1998.

[7] 片山 徹: フィードバック制御の基礎 (初版), 朝倉書店, 1987.

[8] 河田龍夫: Fourier 解析, 産業図書, 1975.

[9] 佐々木敏由紀, 家 正則: 大型望遠鏡すばるにおける計測と制御, 計測と制御 (ミニ特集: 宇宙を見る), vol. 37, no. 12, pp. 822–827, 1998.

[10] 示村悦二郎: 自動制御とは何か, コロナ社, 1980.

[11] 杉江俊治, 藤田政之: フィードバック制御入門, コロナ社, 1999.

[12] 杉山昌平: ラプラス変換入門, 実教出版, 1977.

[13] 須田信英 (編著): PID 制御, システム制御情報ライブラリー, 朝倉書店, 1992.

[14] 須田信英: 自動制御, 朝倉書店, 2000.

[15] 添田 喬, 中溝高好: 自動制御の講義と演習, 日新出版, 1978.

[16] 高木貞治: 解析概論 (第 3 版), 岩波書店, 1960.

[17] 高木貞治: 代数学講義 (改訂新版), 共立出版, 1965.

[18] 高橋礼司: 複素解析, 東京大学出版会, 1990.

[19] 竹之内 脩: フーリエ展開, 秀潤社, 1978.

[20] 浜田 望: 代数的安定論 – Routh から 100 年 –, 電子通信学会誌, vol. 62, no. 9, pp. 995–1003, 1979.

[21] 布川 昊: 制御と振動の数学, コロナ社, 1974.

[22] 藤田 宏: 解析入門 V (岩波基礎数学), 岩波書店, 1981.

[23] 前田 肇, 杉江俊治: アドバンスト制御のためのシステム制御理論, システム制御情報ライブラリー, 朝倉書店, 1992.

[24] 渡部慶二: むだ時間システムの制御, (社) 計測自動制御学会, 1993.

[25] 山本 裕: システムと制御の数学, システム制御情報ライブラリー, 朝倉書店, 1998.

[26] K. J. Åström: *Introduction to Stochastic Control Theory*, Academic Press, 1970.

[27] J. N. Aubrun, K. R. Lorell, T. W. Havas and W. C. Henninger: Performance analysis of the segmented alignment control system for the ten-meter telescope, *Automatica*, vol. 24, no. 4, pp. 437–454, 1988.

[28] R. Bellman and R. Kalaba (eds.): *Selected Papers on Mathematical Trends in Control Theory*, Dover, 1964.

[29] S. Bennett: *A History of Control Engineering: 1800–1930*, The IEE, London, 1979; 制御工学の歴史, 古田勝久, 山北昌毅訳, コロナ社, 1997.

[30] S. Bennett: Harold Hazen and the theory of servomechanisms, *Int. J. Control*, vol. 42, no. 5, pp. 989–1012, 1985.

[31] S. Bennett: *A History of Control Engineering: 1930–1955*, The IEE, London, 1993.

[32] H. S. Black: Inventing the negative feedback amplifier, *IEEE Spectrum*, vol. 14, no. 2, pp. 54–60, 1977.

[33] H. W. Bode: *Network Analysis and Feedback Amplifier Design*, Van Nostrand, 1945; 回路網と饋還の理論, 喜安善一訳, 岩波書店, 1955.

[34] H. W. Bode: Feedback – The history of an idea, *Symp. on Active Networks and Feedback Systems*, pp. 1–17, 1960 ([28] 参照).

[35] J. J. Bongiorno, Jr. and D. C. Youla: On the design of single-loop single-input-output feedback control systems in the complex-frequency domain, *IEEE Trans. Automat. Control*, vol. AC-22, no. 3, pp. 416–423, 1977.

[36] R. W. Brockett: *Finite Dimensional Linear Systems*, Wiley, 1970.

[37] C. T. Chen: *Analysis and Synthesis of Linear Control Systems*, Holt, Rinehart and Winston, 1975.

[38] C. T. Chen: *Linear System Theory and Design*, Holt, Rinehart and Winston, 1984 (第 8 章).

[39] R. V. Churchill and J. W. Brown: *Complex Variables and Applications* (4th ed.), McGraw-Hill International, 1984.

[40] M. J. Chen and C. A. Desoer: Necessary and sufficient condition for robust stability of linear distributed feedback system, *Int. J. Control*, vol. 35. no. 2, pp. 255–267, 1982.

[41] J. J. D'Azzo and C. H. Houpis: *Linear Control System Analysis and Design* (3rd ed.), McGraw-Hill, 1988.

[42] C. A. Desoer and W. S. Chan: The feedback interconnection of lumped linear time-invariant systems, *J. Franklin Institute*, vol. 300, nos. 5-6, pp. 335–351, 1975.

[43] G. Doetsch: *Introduction to the Theory and Application of the Laplace Transformation*, Springer, 1974.

[44] R. C. Dorf: *Modern Control Systems* (7th ed.), Addison-Wesley, 1995.

[45] J. C. Doyle, B. A. Francis and A. R. Tannenbaum: *Feedback Control Theory*, Mcmillan, 1992; フィードバック制御の理論 − ロバスト制御の基礎理論 −，藤井隆雄監訳，コロナ社，1996.

[46] W. R. Evans: Graphical analysis of control systems, *Trans. AIEE*, vol. 67, pp. 547–551, 1948.

[47] G. F. Franklin, J. D. Powell and A. Emani-Naeini: *Feedback Control of Dynamic Systems* (3rd ed.), Addison-Wesley, 1994.

[48] J. S. Freudenberg and D. P. Looze: Right half plane poles and zeros and design tradeoffs in feedback systems, *IEEE Trans. Automat. Control,* vol. AC-30, no. 6, pp. 555–565, 1985.

[49] A. T. Fuller: The early development of control theory I and II, *Trans. ASME, J. Dynamic Systems, Measurement and Control*, Series G, vol. 98, no. 2, pp. 109–118 and no. 3, pp. 224–235, 1976.

[50] F. R. Gantmacher: *Theory of Matrices* (vol. 2), Chelsea, 1959.

[51] D. R. Hartree, A. Poter and A. Callender: Time-lag in a control system, *Trans. Royal Society of London*, Series A, vol. 235, pp. 415–444, 1936.

[52] A. Hurwitz: On the conditions under which an equation has only roots with negative real parts, in *Selected Papers on Mathematical Trends in Control Theory* (R. Bellman and R. Kalaba, eds.), Dover, pp. 70–82, 1964 ([28] 参照).

[53] *IEEE Control Systems Magazine*, vol. 4, no. 4, Nov. 1984.

[54] H. M. James, N. B. Nichols and R. S. Phillips: *Theory of Servomechanisms*, Radiation Laboratory Series, vol. 25, McGraw-Hill, 1947 (Dover edition, 1965).

[55] C. R. Johnson Jr.: On the representation of error coefficients in introductory control theory, *Int. J. Elect. Eng. Education*, vol. 17, pp. 257–263, 1980.

[56] T. Kailath: *Linear Systems*, Prentice-Hall, 1980.

[57] A. M. Krall: An extension and proof of the root-locus method, *J. SIAM*, vol. 9, no. 4. pp. 644–653, 1961.

[58] B. C. Kuo: *Automatic Control Systems* (7th ed.), Prentice-Hall, 1995.

[59] W. S. Levine (ed.): *The Control Handbook*, CRC Press-IEEE Press, 1996.

[60] J. E. Marshall, H. Górecki, K. Walton and A. Korytowski, *Time-Delay Systems: Stability and Performance Criteria with Applications*, Ellis Horwood, 1992.

[61] S. J. Mason: Feedback theory–Some properties of signal flow graphs, *Proc. IRE*, vol. 41, pp. 1144–1156, 1953; Further properties of signal flow graphs, *Proc. IRE*, vol. 44, pp. 920–926, 1956.

[62] J. C. Maxwell: On governors, *Proc. Royal Society of London*, vol. 16, pp. 270–283, 1868 ([28], [49] 参照).

[63] G. Meinsma: Elementary proof of the Routh-Hurwitz test, *Systems & Control Letters*, vol. 25, no. 4, pp. 237–242, 1995.

[64] N. Minorsky: Directional stability of automatic steered bodies, *J. Amer. Soc. of Navel Engineers*, vol. 34, pp. 280–309, 1922 ([53] 参照).

[65] G. C. Newton, Jr., L. A. Gould and J. F. Kaiser: *Analytical Design of Linear Feedback Controls*, Wiley, 1957.

[66] N. S. Nise: *Control Systems Engineering* (3rd ed.), Wiley, 2000.

[67] H. Nyquist: Regeneration theory, *Bell System Technical Journal*, vol. 11, pp. 126–147, 1932 ([28] 参照).

[68] A. Papoulis: *The Fourier Integral and Its Applications*, McGraw-Hill, 1962; 工学のための応用フーリエ積分，大月 喬，平岡寛二訳，オーム社，1967.

[69] P. Profos: Professor Stodola's contribution to control theory, *Trans ASME, J. Dynamic Systems Measurement & Control*, Series G, vol. 98, vol. 2, pp. 119–120, 1976.

[70] Routh centenary issue: *Int. J. Control*, vol. 26, no. 2, pp. 167–324, 1977.

[71] O. J. M. Smith: *Control Systems Engineering*, McGraw-Hill, 1958.

[72] D. C. Youla, J. J. Bongiorno, Jr. and H. A. Jabr: Modern Wiener-Hopf design of optimal controllers, Part I, *IEEE Trans. Automat. Control*, vol. AC-21, no. 1, pp. 3–13, 1976.

[73] N. Wiener: *Extrapolation, Interpolation and Smoothing of Stationary Time Series*, The MIT Press, 1949 (Paperback edition, 1964).

[74] N. Wiener: *Cybernetics* (2nd ed.), Wiley, 1961; サイバネティックス (第2版)，池原止戈夫他訳，岩波書店，1962.

[75] L. A. Zedeh and C. A. Desoer: *Linear System Theory*, McGraw-Hill, 1963.

[76] A. H. Zemanian: *Distribution Theory and Transform Analysis*, McGraw-Hill, 1965 (Dover edition, 1987).

[77] J. G. Ziegler and N. B. Nichols: Optimum setting for automatic controllers, *Trans. ASME*, vol. 64, pp. 759–768, 1942.

索　引

ア　行

I-PD 制御系　161
アクチュエータ　4, 142
RLC 回路　40
RC 回路　34
安定　65
安定限界　65
安定余裕　117

行き過ぎ時間　58
位相遅れ補償　156
位相遅れ要素　96
位相交叉周波数　117
位相進み補償　149, 154
位相進み要素　96
位相特性　84
位相余裕　117, 146
1 次系　59, 87, 93
　　——のステップ応答　59
1 次変換　192
一巡伝達関数　125
位置偏差定数　132
因果的　196
インパルス応答　36, 55

l 型　131, 132
遠心調速器　7

オートメーション　6
折点角周波数　94

カ　行

開ループ制御　2, 123
影のモード　107
加速度関数　130
加速度計　53
加速度偏差定数　132

片側指数関数　15
過渡応答　55
過渡応答法　160
過渡特性　130, 143
加法的変動　119
還送差　109, 113, 125
感度関数　125, 127

機械振動系　39
基準入力要素　4
逆ラプラス変換　25
共振角周波数　95, 146
極　56
極配置　176
極零点消去　106, 174
近似微分要素　58, 86, 91

ゲイン　35, 36, 59
ゲイン–位相線図　102
ゲイン交叉周波数　117
ゲイン調整　148, 153
ゲイン特性　84, 146
ゲイン余裕　117, 146
結合系の特性　105
限界感度法　160
原始関数　25
減衰係数　60

合成可能　136
合成積　22, 37, 195
コーシー・リーマンの微分方程式　187
根軌跡　73, 80
　　——の解析的性質　75
根軌跡法　148

サ　行

最終値定理　25
最小位相関数　98

224　索　引

最大オーバーシュート　58, 62, 144
最適な伝達関数　171
サイバネティックス　8
サーボ機構　4
サーボ系　148
　——の設計　178
3次系の応答　62
3次系のステップ応答　64
サンプル値制御　6

磁気浮上システム　42
シグナルフローグラフ　50
シーケンス制御　6
指数型関数　16
システムの入出力表現　33
システムの分類　10
自然角周波数　60
時定数　35, 36
自動制御　1
自動制御系　1
自動調整　5
収束座標　17
周波数応答関数　83, 84
周波数応答法　153
周波数領域における特性　145
手動制御　1
乗法的変動　119
初期値定理　24
ジョルダンの補題　200
シルベスター行列　177

水位プロセス　34, 35, 53
ステップ応答　55
ステップ応答特性　58
ステップ関数　14, 22, 130
スペクトル分解　171, 202
スミス予測制御系　163

制御器　4, 142
制御系設計の概要　141
制御信号　4
制御対象　4
制御量　4

制御理論の歴史　8
正則関数　187
整定時間　58, 62, 145
積分器のワインドアップ　161
積分要素　46, 87, 93
絶対収束　15
絶対収束座標　17
摂動系　118
ゼロ状態応答　36
ゼロ入力応答　36
全域通過関数　96, 97
線形システムの安定性　65

相対次数　39, 135
相補感度関数　126
速度偏差定数　132

タ　行

代表特性根　57
立ち上がり時間　58, 143
単一フィードバック制御系　73, 131

遅延時間　58, 143
直流サーボモータ　47, 120
直列結合系　89, 95, 105
直列補償　143

低域フィルタ　94
ディジタル制御　6
定常特性　130
定常偏差　130
デルタ関数　17, 18, 22
電気回路　34, 40
伝達関数　37, 38
　——の性質　96
　最適な——　171

等 α 軌跡　101
等 M 軌跡　101
特性根　56, 67
特性設計　143
特性多項式　30, 67, 110
トラッキング問題　134

索　引

ナ 行

トランスミッタンス　50
トレード・オフ　127

ナイキスト線図　86, 92, 101
ナイキストの安定定理　114
ナイキストの安定判別法　112
内部安定　110
内部安定性　108
内部モデル　135, 180
内部モデル原理　133, 135

ニコルス線図　102
2次系　40, 60, 88, 94
　　——の応答　61
2次形式評価規範　168
2自由度制御系　137
入出力安定　65

熱プロセス　34, 53

ハ 行

パーセバルの公式　200
バターワースフィルタ　104
パデ近似　44
パラメータ最適化　183
パラメータ最適化法　182
反因果的　196
汎関数　169
バンド幅　95, 146

PID制御系　158
ピーク値　95, 146
非最小位相関数　98
微分器　67
微分要素　46, 59, 86, 91
評価規範　167
ヒルベルト変換　99, 196
比例要素　46

不安定　65
フィードバック増幅器　7, 44
フィードバック制御　2, 124
フィードバック制御系　4, 108
　　——の特徴　129
フィードバック補償　143, 151
フィードバック要素　4
フィードフォワード制御　124
プラント　5, 142
フーリエ変換　84, 193
フルビッツ　67
フルビッツ行列　68, 70
フルビッツ行列式　69
プロセス制御　5, 158
ブロック線図　46
　　——の変換　49
プロパー　38, 109

閉ループ系の周波数応答　100
閉ループ制御　1, 124
並列結合系　90, 106
ヘビサイドの展開定理　28
偏角原理　113, 191

ボーデ線図　91, 153
ボーデの定理　99

マ 行

むだ時間系の制御　162
むだ時間要素　43, 89

Masonの公式　50

目標値　4
モード　56

ヤ 行

有理関数　28, 38, 189

ラ 行

ラウス行列　70
ラウス数列　71
ラウスの定理　72
　　——の証明　79
ラウス表　71
ラウス・フルビッツの安定判別法　67

索　引

ラゲール関数　32
ラゲールフィルタ　32
ラプラス変換　13
　　――の一意性　25
　　――の収束域　16
　　――の性質　21
　　――の正則性　19
　　両側――　197
ランプ関数　14, 130

留数　190

零点　56

ロバスト安定性　117, 118

ワ 行

Wattのガバナー　7

著者略歴

片山　徹（かたやま・とおる）

1942 年　岡山県に生まれる
1964 年　京都大学工学部数理工学科卒業
現　在　京都大学名誉教授
　　　　工学博士

新版 フィードバック制御の基礎　　　　　　定価はカバーに表示

1987 年 5 月 20 日　初版第 1 刷
1999 年 9 月 10 日　　　第 16 刷
2002 年 2 月 20 日　新版第 1 刷
2022 年 9 月 25 日　　　第 17 刷

　　　　　　　　　　　著　者　片　山　　　徹
　　　　　　　　　　　発行者　朝　倉　誠　造
　　　　　　　　　　　発行所　株式会社　朝　倉　書　店
　　　　　　　　　　　　　　　東京都新宿区新小川町6-29
　　　　　　　　　　　　　　　郵便番号　１６２-８７０７
　　　　　　　　　　　　　　　電　話　０３(３２６０)０１４１
　　　　　　　　　　　　　　　Ｆ Ａ Ｘ　０３(３２６０)０１８０
〈検印省略〉　　　　　　　　　　https://www.asakura.co.jp

Ⓒ 2002〈無断複写・転載を禁ず〉　　　三美印刷・渡辺製本
ISBN 978-4-254-20111-6　C 3050　　　Printed in Japan

JCOPY 〈出版者著作権管理機構 委託出版物〉
本書の無断複写は著作権法上での例外を除き禁じられています．複写される場合は，そのつど事前に，出版者著作権管理機構（電話 03-5244-5088, FAX 03-5244-5089, e-mail: info@jcopy.or.jp）の許諾を得てください．

好評の事典・辞典・ハンドブック

物理データ事典	日本物理学会 編	B5判 600頁
現代物理学ハンドブック	鈴木増雄ほか 訳	A5判 448頁
物理学大事典	鈴木増雄ほか 編	B5判 896頁
統計物理学ハンドブック	鈴木増雄ほか 訳	A5判 608頁
素粒子物理学ハンドブック	山田作衛ほか 編	A5判 688頁
超伝導ハンドブック	福山秀敏ほか 編	A5判 328頁
化学測定の事典	梅澤喜夫 編	A5判 352頁
炭素の事典	伊与田正彦ほか 編	A5判 660頁
元素大百科事典	渡辺 正 監訳	B5判 712頁
ガラスの百科事典	作花済夫ほか 編	A5判 696頁
セラミックスの事典	山村 博ほか 監修	A5判 496頁
高分子分析ハンドブック	高分子分析研究懇談会 編	B5判 1268頁
エネルギーの事典	日本エネルギー学会 編	B5判 768頁
モータの事典	曽根 悟ほか 編	B5判 520頁
電子物性・材料の事典	森泉豊栄ほか 編	A5判 696頁
電子材料ハンドブック	木村忠正ほか 編	B5判 1012頁
計算力学ハンドブック	矢川元基ほか 編	B5判 680頁
コンクリート工学ハンドブック	小柳 洽ほか 編	B5判 1536頁
測量工学ハンドブック	村井俊治 編	B5判 544頁
建築設備ハンドブック	紀谷文樹ほか 編	B5判 948頁
建築大百科事典	長澤 泰ほか 編	B5判 720頁

価格・概要等は小社ホームページをご覧ください．